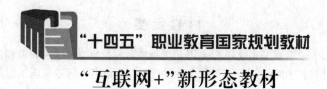

"十四五"职业教育国家规划教材

"互联网+"新形态教材

建筑工程施工组织与管理

（第 3 版）

主　编　吴伟民　　胡　慨　　颜志敏

副主编　刘莹莹　　段树萍　　王经国

　　　　刘建邦　　童　君　　苏忠高

主　审　赵　楠

黄河水利出版社

·郑 州·

内 容 提 要

　　本书是"十四五"职业教育国家规划教材,是传统纸质教材与富媒体数字资源相结合的新形态一体化教材。本书根据课程教学特点,采用项目教学法进行编写。全书包括建筑施工组织和建筑工程项目管理两个部分,由施工组织概论、流水施工基本原理、网络计划技术、单位工程施工组织设计、施工组织总设计、建设工程项目管理概论、建设工程合同与合同管理、建设工程项目目标管理、建设工程项目信息管理、建设工程职业健康安全与环境管理等 10 个项目组成。同时,教材配套建设了课程标准、全课程PPT课件、微课视频、课后"练习题""测试卷"等教学资源,对学生巩固所学知识、检验目标达成情况有很大帮助。

　　本书主要作为高等职业教育土建类专业的教学用书,也可供其他相近专业作为教学参考书,同时可供职业岗位培训或土建工程技术人员学习参考。

图书在版编目(CIP)数据

　　建筑工程施工组织与管理/吴伟民,胡慨,颜志敏主编.—3 版.—郑州:黄河水利出版社,2023.12
　　"十四五"职业教育国家规划教材
　　ISBN 978-7-5509-3713-0

　　Ⅰ.①建…　Ⅱ.①吴…　②胡…　③颜…　Ⅲ.①建筑工程-施工组织-职业教育-教材②建筑工程-施工管理-职业教育-教材　Ⅳ.①TU7

中国国家版本馆 CIP 数据核字(2023)第 161637 号

组稿编辑:王路平　电话:0371-66022212　E-mail:hhslwlp@ 163. com
　　　　　韩莹莹　　　　　66025553　　　　　hhslhyy@ 163. com

责任编辑:韩莹莹　责任校对:郭　琼　封面设计:李思璇　责任监制:常红昕
出 版 社:黄河水利出版社　　　　　　　　　　　网址:www. yrcp. com
　　　　　地址:河南省郑州市顺河路黄委会综合楼 14 层　　邮政编码:450003
发行单位:黄河水利出版社　　　　　　　　　　　E-mail:hhslcbs@ 126. com
　　　　　发行部电话:0371-66020550、66028024
承印单位:河南承创印务有限公司
开本:787 mm×1 092 mm　1/16
印张:20.75
字数:480 千字　　　　　　　　　　　　　　印数:1—4 100
版次:2010 年 8 月第 1 版　2023 年 12 月第 3 版　　印次:2023 年 12 月第 1 次印刷
　　　2017 年 7 月第 2 版

定价:59.00 元

第3版前言

本书是根据《中共中央关于认真学习宣传贯彻党的二十大精神的决定》,中共中央办公厅、国务院办公厅《关于推动现代职业教育高质量发展的意见》,国务院《国家职业教育改革实施方案》《新职业教育法》,教育部《职业院校教材管理办法》《高等学校课程思政建设指导纲要》《"十四五"职业教育规划教材建设实施方案》,水利部、教育部《关于进一步推进水利职业教育改革发展的意见》,《教育部办公厅关于公布"十四五"职业教育国家规划教材书目的通知》进行编写的。本书以学生能力提升为主线,反映当今建筑行业发展和职业教育教学改革的成果,具有鲜明的时代特点,体现了实用性、实践性、创新性,是理论联系实际、教学面向生产的高等职业教育土建类专业精品规划教材。

本书于2023年6月成功入选"十四五"职业教育国家规划教材。

本书综合了目前建筑工程施工组织与管理中常用的基本原理、方法和技术,注意与相关学科基本理论和知识的联系,注意现代管理手段和方法在生产中的运用,注意突出对学生解决工程实践问题的能力培养,强调对理论与实际相结合的"复合型人才"的培养。本书力求层次分明、条理清晰、结构合理,使全书成为有机的整体。

本书的特色之一:"构思新颖,注重思政引领"。根据课程教学特点,以实际工程项目为导向,按照从简单到复杂、单一到综合、低级到高级的认知规律,从分部分项施工组织入手,以达到编制单位工程施工组织设计和施工组织总设计的目的。各项目内容相互呼应,每一部分都配有与本书内容特别是知识点密切结合的应用案例,真正做到"教、学、做"一体。在注重对学生知识和能力培养的同时,还特别注重学生素养目标的达成;在每个项目开始之前均加入"思政导引",通过对与该项目知识点相关的典型案例讲述,采用"隐性"或"显性"的方式,达到一个思政教学子目标;使党的二十大精神进教材、进课堂、进头脑;通过对全书十个项目的讲述,采用"润物无声"的方式,最终实现"立德树人"的总目标。

特色之二:"便于教学,资源配套完整"。为方便教师"教"与学生"学",本书配套建设了课程标准、全课程PPT课件,主要知识点和技能点有"微课"视频,每个单元有课后"练习题"、每个项目后有"测试卷",且均附有答案,有利于学生巩固所学知识、检验目标达成情况。课后"练习题"还可以形成试题库,便于随机组卷和线上考试。

特色之三:"知识更新,紧跟行业发展"。本书编写时,尽可能以新的研究数据、新的组织与管理理念、新的规范和技术标准为蓝本,以土建工程施工项目组织与管理岗位的工作任务为导向,密切结合"1+X"证书制度改革,融入与所取证书密切相关的知识,使本书内容新颖、实用且符合行业发展的要求,做到"岗、课、证"相融通。

本书编写单位及编写人员如下:福建水利电力职业技术学院吴伟民、颜志敏、童君,安徽水利水电职业技术学院胡慨,河南水利与环境职业学院刘莹莹,内蒙古机电职业技术学院段树萍,山西水利职业技术学院王经国、刘建邦,福建博海工程技术有限公司苏忠高。本书由吴伟民、胡慨、颜志敏担任主编,由吴伟民负责全书内容规划和统稿;由刘莹莹、段树萍、王经国、刘建邦、童君、苏忠高担任副主编;由四川水利职业技术学院赵楠担任主审。

　　本书在编写中引用了大量的规范、教材、专业文献和资料,恕未在书中一一注明。在此,对有关作者表示诚挚的谢意。对书中存在的缺点和疏漏,恳请广大读者批评指正。

编者

2023 年 10 月

本书互联网全部资源

目　录

项目一　施工组织概论

建筑工程建设是国家基本建设的一个重要组成部分,而工程的施工组织与管理又是实现工程建设的重要环节。建筑工程项目的施工是一项多工种、多专业、复杂的系统工程,要使施工全过程顺利进行,达到预定的目标,就必须用科学的方法进行施工组织与管理,做到确保工程质量、合理控制工期、降低工程成本、实现安全文明施工,同时也能够推进施工企业的进步,提高施工企业的竞争力。

本课程研究的对象是建筑安装工程科学系统的施工组织方法和规范先进的管理手段。具体内容包含以下两个方面:

(1)建筑施工组织方面。即在国家有关建设方针政策的指导下,根据设计文件、合同和有关部门的要求,以及研究工程所在地的自然条件、社会经济状况、资源的供应情况(设备、材料、人力)、工程特点等,从施工全局出发,科学地编制施工组织设计,选择切实可行的施工方案,确定合理的工程布置、施工程序和进度安排。

(2)建设工程项目管理方面。即做好施工招标投标和合同管理工作,注重工程项目施工质量、成本和进度的控制,解决好资源管理、信息管理、职业健康安全与环境管理等问题,顺利完成工程项目的建设,最大化地实现工程的经济效益和社会效益。

【学习目标】

学习单元	能力目标	知识点
单元一	通过课堂学习和课后查找资料,进一步了解基本建设程序各阶段的主要工作内容、方法和作用	建设工程项目的概念和类型; 建筑产品及施工的特点; 基本建设程序的概念和划分方法
单元二	能根据施工准备工作内容编制"施工准备工作计划表"	施工准备工作的作用、分类和内容
单元三	初步掌握施工组织设计的贯彻、检查与调整方法	施工组织设计的概念、作用和分类,施工组织设计的编制原则

【思政导引】

北京2022年冬奥会场馆建设——秉持可持续发展理念

2015年7月31日,北京获得2022年冬奥会的主办权。这是继2001年取得2008年夏季奥运会主办权之后,中国再次圆了奥运梦,北京也就此成为历史上第一个既举办夏奥会又举办冬奥会的城市。

北京 2022 年冬奥会共使用 25 个场馆。场馆分布在 3 个赛区,分别是北京赛区、延庆赛区和张家口赛区。北京赛区共有 12 个竞赛和非竞赛场馆,其中原有场馆 8 个,新建场馆 3 个,临时场馆 1 个。进行了 3 个大项(冰壶、冰球、滑冰),5 个分项(冰壶、冰球、短道速滑、花样滑冰、速度滑冰),32 个小项的比赛。

北京奥林匹克公园是 2008 年奥运会的重要遗产,2022 年再次成为冬奥会的核心区域,冬奥会 25 个场馆中的 7 个位于北京奥林匹克公园范围内。国家体育场(鸟巢)举办了冬奥会及冬残奥会的开、闭幕式,国家游泳中心(水立方)进行了冰壶及轮椅冰壶项目的比赛,国家体育馆进行了男子冰球及冰橇冰球项目的比赛,五棵松体育中心进行了女子冰球项目的比赛,首都体育馆进行了短道速滑及花样滑冰项目的比赛,新建的国家速滑馆进行了速度滑冰的比赛。

延庆赛区共有 5 个竞赛场馆和非竞赛场馆,进行了 3 个大项(高山滑雪、雪车、雪橇),4 个分项(高山滑雪、雪车、钢架雪车、雪橇),20 个小项的比赛。延庆赛区的建设带动了周边地区交通及市政基础设施的建设,为该区域的发展创造了条件,其场馆建设与环境结合,减少了工程量,节省了投资。

张家口赛区位于张家口市崇礼区。崇礼区至今约有 20 年的滑雪产业发展历史,是中国滑雪产业发展的龙头区,是中国周边国家众多滑雪爱好者冬季滑雪休闲度假的目的地。张家口赛区共有 8 个竞赛场馆和非竞赛场馆,进行了 2 个大项(滑雪、冬季两项),6 个分项(单板滑雪、自由式滑雪、越野滑雪、跳台滑雪、北欧两项、冬季两项),50 个小项的比赛。

2022 年北京冬奥会的申办理念是“以运动员为中心、可持续发展、节俭办赛”。实践证明,在整个冬奥会举办期间,奥组委践行了一切以运动员为中心,维护运动员利益,确保运动员在奥运会期间的良好体验;坚持做到“生态优先、资源节约、环境友好”,充分发挥奥林匹克运动对经济、社会、自然环境的促进调节功能;秉持科学、严谨、审慎、可行的原则,充分利用已有的设施和场地,勤俭节约、杜绝腐败。实现“绿色、共享、开放、廉洁”的办奥目标,使该届冬奥会成为了史上最成功、最智慧的奥运会。

首钢滑雪大跳台

单元一　建设项目与基本建设程序

【单元导航】

问题1:建设工程项目的概念是什么? 如何分类?

问题2:建筑产品及施工的特点有哪些?

问题3:基本建设程序的概念是什么? 如何划分? 各阶段的主要工作内容是什么?

【单元解析】

一、建设项目的概念与分类

(一) 建设项目的概念

建设项目是指按总体设计或初步设计要求进行施工的一个或几个单体工程的总体。其概念具有以下限定:在一定的约束条件下、以形成固定资产为目标、遵循必要的建设程序、具有完整组织结构的一次性任务。

(二) 建设项目的分类

为了计划管理和统计分析研究的需要,建设项目可以从不同的角度进行分类。具体的分类方法主要有以下几种:

(1)按建设项目的建设阶段分类。一般可以分为预备项目、筹建项目、施工项目、建成投产项目等。

(2)按建设项目的建设性质分类。一般可以分为新建项目、扩建项目、改建项目、迁建项目和恢复项目等。

(3)按建设项目的土建工程性质分类。一般可以分为房屋建筑工程项目、土木建筑工程项目(如公路、桥梁、铁道、机场、港口、水利工程等)、工业建筑工程项目(如化工厂、纺织厂、汽车制造厂等)。

(4)按建设项目的使用性质分类。一般可以分为公共工程项目(如公路、通信、城市给水排水、医疗保健设施、市政建设工程等)、生产性建设项目(如各类工厂)、服务性建设项目(如宾馆、商场、饭店等)和生活设施建设项目。

(5)按建设项目的分解管理需要分类。为了满足建设项目分解管理的需要,建设项目可分解为单项工程、单位工程、分部工程、分项工程和检验批。

二、建筑产品与施工的特点

(一) 建筑产品的特点

1. 建筑产品的固定性

一般的建筑产品均由自然地面以下的基础和自然地面以上的主体两部分组成。绝大部分的建筑从建造开始直至拆除均不能移动。因此,建筑产品的建造和使用地点在空间上是固定的。不会因生产和使用而

码1-1　微课-建筑产品的特点和施工特点

移动。

2. 建筑产品的多样性

现代建筑产品不但要满足各种使用功能的要求,而且还要满足审美要求,同时也受到地区自然条件等诸多因素的限制,使建筑产品在规模和类型上呈现多样性。

3. 建筑产品的形体庞大、结构复杂

建筑产品一般是具有多功能的工程,从空间上看,可以容纳很多人和物;从结构上看,由多个单位或分部分项工程构成。因此,建筑产品形体庞大,结构复杂。

4. 建筑产品的生命周期长

一般的建筑产品具有较长的使用寿命。从古代的土结构、木结构、石结构到现代的砖混结构、钢筋混凝土结构等,使用周期短则数十年,长则数百年甚至数千年。

(二) 建筑产品施工的特点

建筑产品的特点决定了建筑产品施工的特点。其具体特点如下所述。

1. 施工的流动性

建筑产品地点的固定性决定了建筑产品施工的流动性。一般的工业产品是在固定的工厂、车间内进行生产,而建筑产品的施工是在不同的地区,或同一地区的不同现场,或同一现场的不同单位工程,或同一单位工程的不同部位,组织人工、材料、机械围绕着同一建筑产品进行生产。

2. 施工的单件性

建筑产品地点的固定性和类型的多样性决定了建筑产品施工的单件性。一般的工业产品是在一定的时期里,用统一的工艺流程进行批量生产。而具体的一个建筑产品应在国家或地区的统一规划内,根据其使用功能,在选定的地点上单独设计和单独施工。由于建筑产品所在地区的自然、技术、经济条件的不同,也使建筑产品的材料、施工组织和施工方法等要因地制宜地加以修改,从而使各建筑产品施工具有单件性。

3. 施工周期长、露天和高空作业多

由于建筑产品形体庞大、结构复杂,使得建筑产品的建成必然耗费大量的人力、物力和财力。同时,建筑产品的施工全过程还要受到工艺流程和生产程序的制约,使各专业、工种间必须按照合理的施工顺序进行配合和衔接。又由于建筑产品地点的固定性,使施工活动的空间具有局限性,从而导致建筑产品施工具有生产周期长、占用流动资金大的特点。

此外,由于形体庞大的建筑产品不可能在工厂、车间内直接进行施工,即使建筑产品生产达到高度工业化水平,也只能在工厂内生产建筑构件或配件,仍然需要在施工现场内进行总装配后才能形成最终的建筑产品。因此,建筑产品的施工具有露天和高空作业多的特点。

4. 施工组织协作的综合复杂性

建筑产品生产的涉及面广。在企业的内部,它涉及工程力学、构造、地基基础、水暖电、机械设备、材料和施工技术等学科的专业知识,要在不同时期、不同地点和不同产品上组织多专业、多工种的综合作业。在企业的外部,它涉及不同种类的专业施工企业、城市规划、征用土地、勘察设计、消防、"四通一平"、公用事业、环境保护等工作。因此,建筑产品施工的组织协作关系综合复杂。

三、基本建设程序

码 1-2　微课-
基本建设程序

基本建设程序是指工程从计划决策到竣工验收交付使用的全过程中,各项工作必须遵循的先后顺序。

我国现行的基本建设程序概括项目建议书、可行性研究报告、设计工作、建设准备(包括招标投标)、建设实施、生产准备、竣工验收、项目后评价等八个阶段。同时还可进一步将其概括为三个大的阶段:①项目决策阶段。它以可行性研究为中心,还包括调查研究、提出设想、确定建设地点、编制设计任务书等内容。②工程准备阶段。它以勘测设计工作为中心,还包括成立项目法人、安排年度计划、进行工程发包、准备设备材料、做好施工准备等内容。③工程实施阶段。它以工程的建筑安装活动为中心,还包括工程施工、生产准备、试车运行、竣工验收、交付使用等内容。前两阶段统称为前期工作。现行基本建设程序如图1-1所示。

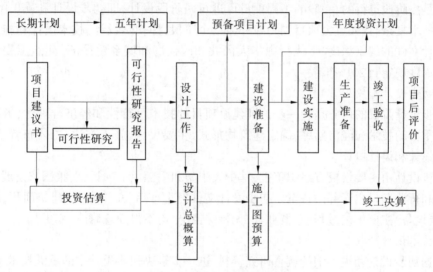

图 1-1　现行基本建设程序

(一)项目建议书阶段

项目建议书是项目建设筹建单位或项目法人,根据国民经济的发展、国家和地方中长期规划、产业政策、生产力布局、国内外市场、所在地的内外部条件,提出的某一具体项目的建议文件,是对拟建项目提出的框架性总体设想。编制项目建议书是在全面论述的基础上,重点回答项目建设的必要性、建设条件的可能性、获利的预期三个方面问题,结论要明确客观。项目建议书是初步选择项目,属于定性性质,并非最终决策。

项目建议书的作用主要有:①项目建议书是国家挑选项目的依据,项目建议书经批准后,项目才能列入国家计划;②经批准的项目建议书是编制可行性研究报告和作为拟建项目立项的依据;③涉及利用外资的项目,在项目建议书批准后,方可对外开展工作。

项目建议书可由项目建设筹建单位或项目法人委托有资质的设计单位和咨询公司进行编制。项目建议书编制完成后,按照建设总规模和限额划分的审批权限报相应层级

(国家、省、地市、县区)的发改部门审批。

(二)可行性研究阶段

项目建议书经批准后,即可进行可行性研究工作。可行性研究的任务是通过对建设项目在技术、工程和经济上的合理性进行全面分析论证和多种方案比较,提出科学的评价意见,推荐最佳方案,形成可行性研究报告。可行性研究报告为投资决策提供科学依据。

可行性研究报告的作用主要有:①作为建设项目论证、审查、决策的依据;②作为编制设计任务书和初步设计的依据;③作为筹集资金、向银行申请贷款的重要依据;④作为与项目有关的部门签订合作、协作合同或协议的依据;⑤作为引进技术、进口设备和对外谈判的依据;⑥作为环境部门审查项目对环境影响的依据。

可行性研究报告编制完成后,报原项目审批部门审批。

(三)设计工作阶段

建设项目的可行性研究报告获得批准后,项目即正式立项,可由项目法人通过委托或以招标投标方式确定有资质的设计单位进行设计。根据不同的行业特点和项目要求,设计文件是按阶段进行的,一般的工程项目可进行两阶段设计,即初步设计和施工图设计。而一些技术复杂、特大重大项目则一般分为三个阶段,即初步设计、技术设计和施工图设计。设计文件的编制深度,可执行中华人民共和国住房和城乡建设部《建筑工程设计文件编制深度规定》(2016 年版)。

1. 初步设计阶段

初步设计阶段的任务是进一步论证建设项目的技术可行性和经济合理性,解决工程建设中重要的技术和经济问题,确定建筑物形式、主要尺寸、施工方法、总体布置,编制施工组织设计和设计概算。

初步设计由主要投资方组织审批,其中大中型和限额以上项目,要报国家发展和改革委员会和行业归口主管部门备案。初步设计文件经批准后,总体布置、建筑面积、结构形式、主要设备、主要工艺过程、总概算等,无特殊情况,均不得随意修改、变更。

2. 技术设计阶段

根据初步设计和更详细的调查研究资料,进一步解决初步设计中的重大技术问题,如工艺流程、建筑结构、设备选型及数量确定等,以使建设项目的设计更具体、更完善,技术经济指标更好。

3. 施工图设计阶段

施工图设计是按照初步设计所确定的设计原则、结构方案和控制尺寸,根据建筑安装工作的需要,分期分批地绘制出工程施工图,提供给施工单位,据以施工。

施工图设计的主要内容包括进行细部结构设计,绘制出正确、完整和尽可能详尽的工程施工图纸,编制施工方案和施工图预算。其设计的深度应满足材料和设备订货,非标准设备的制作、加工和安装,编制具体施工措施和施工预算等的要求。

(四)建设准备阶段

建设准备阶段的目的是为工程施工创造一切有利条件。主要工作内容有完成征地、拆迁、施工现场的"四通一平"(通路、通水、通电、通信及场地平整)工作,组织落实设备和材料的供应,准备必要的施工图纸。根据《工程建设项目施工招标投标办法》组织施工招标投标,选择优秀的施工单位。待施工准备工作基本完成时,应由施工单位提交开工报告,获得批准后,建设项目方可开工建设。

(五)建设实施阶段

建设实施阶段将以建设项目的"三控三管一协调"(质量控制、进度控制、成本控制,安全管理、合同管理、信息管理,组织协调)为目标。

主体工程的开工一定要待开工报告审批后方可进行,此时项目法人要按照批准的建设文件,精心组织工程建设全过程,保证项目建设目标的实现,要抓好施工阶段的全面管理,施工单位在此之前应做好图纸会审工作,严格按照施工图纸施工,如需变动,应取得业主、监理及设计单位的同意。严格遵守规范、质量标准和安全操作规程,确保工程进度、质量和安全。要按照实施性施工组织设计的计划合理组织施工,特别是隐蔽工程等关键部位,一定要经过监理单位、业主单位、施工单位三方会签确认验收合格,方可进行下一道工序的施工。严把质量关,深入落实全面质量管理的思想,做到全方位、全过程、全员参与建立健全质量保证体系,确保工程质量。

(六)生产准备阶段

生产准备阶段一般应包括以下主要内容:①生产组织准备。建立生产经营管理机构及相应的管理制度。②招收培训人员。③生产技术准备。主要包括技术咨询的汇总、运营技术方案的制订、岗位操作规程制定和新技术的培训。④生产物资准备。主要是落实投产运营所需要的原材料、协作产品、工器具、备品备件和其他协作配合条件的准备。⑤及时签订产品销售合同协议,提高生产经营效益,为偿还债务和资产的保值增值创造条件。

(七)竣工验收阶段

当建设项目的建设内容全部完成,并经过单位工程验收符合设计要求,工程档案资料按规定整理齐全,竣工报告、竣工决算等必需的文件编制完成后,项目法人应按照规定向验收主管部门提出申请,根据国家或行业颁布的验收规程组织验收。一般来说,竣工验收应按下列程序进行:竣工验收准备→编制竣工验收计划→组织现场验收→进行竣工结算→移交竣工资料→办理交工手续。

如在验收过程中发现不合格的工程将不予验收,有遗留问题的项目,必须提出具体处理意见,落实责任人,限期整改。

(八)项目后评价阶段

项目后评价的目的是总结经验、肯定成绩、提高决策水平和投资效果。评价的内容主要包括项目的技术效果评价、财务和经济效益评价、环境影响评价、社会影响评价、管理效果评价。一般项目后评价在项目投入使用或是生产运营1~2年后进行,分为项目法人的自我评价、项目行业的评价、计划部门(或主要投资方)的评价三个层次。

【单元探索】

基本建设程序各阶段工作的主要任务。

【单元练习】

请扫描二维码,做"建设项目与基本建设程序"练习题。

码1-3　"建设项目与基本建设程序"练习题

单元二　建设项目施工准备工作

【单元导航】

问题1:施工准备工作的作用是什么? 如何分类?

问题2:施工准备工作的内容有哪些?

码1-4　微课–建设项目施工准备工作

【单元解析】

一、施工准备工作的重要性

现代企业管理的理论认为,企业管理的重点是生产经营,而生产经营的核心是决策。工程项目施工准备工作是生产经营管理的重要组成部分,是对拟建工程目标、资源供应、施工方案选择及空间布置和时间排列等诸方面进行的施工决策。

施工准备工作的基本任务是为拟建工程的施工建立必要的技术和物质条件,统筹安排施工力量和施工现场。施工准备工作也是施工企业搞好目标管理,推行技术经济承包的重要依据,同时还是土建施工和设备安装顺利进行的根本保证。因此,认真做好施工准备工作,对于发挥企业优势、合理供应资源、加快施工速度、提高工程质量、降低工程成本、增加企业经济效益、赢得企业社会信誉、实现企业管理现代化等具有重要的意义。

实践证明,凡是重视施工准备工作的,积极为拟建工程创造一切施工条件,其工程的施工就会顺利地进行;凡是不重视施工准备工作的,就会给工程的施工带来麻烦和损失,甚至给工程施工带来灾难,其后果不堪设想。

二、施工准备工作的分类

(一)按准备工作范围分类

1.全场性施工准备

全场性施工准备是以一个建设项目为对象而进行的各项施工准备,其目的和内容都是为全场性施工服务的,它不仅要为全场性的施工活动创造有利条件,而且要兼顾单项工程施工条件的准备。

2.单项(单位)工程施工条件准备

单项(单位)工程施工条件准备是以一个建筑物或构筑物为对象而进行的施工准备,其目的和内容都是为该单项(单位)工程服务的,它既要为单项(单位)工程做好开工前的一切准备,又要为其分部分项工程施工进行作业条件的准备。

3.分部分项工程作业条件准备

分部分项工程作业条件准备是以一个分部分项工程或冬、雨季施工工程为对象而进行的作业条件准备。

(二)按工程所处施工阶段分类

1.开工前的施工准备工作

开工前的施工准备工作是在拟建工程正式开工前所进行的一切施工准备,其目的是为工程正式开工创造必要的施工条件。它既包括全场性的施工准备,又包括单项工程施工条件的准备。

2.开工后的施工准备工作

开工后的施工准备工作是在拟建工程开工后,每个施工阶段正式开始之前所进行的施工准备。如钢筋混凝土结构住宅楼的施工,通常由地下工程、主体结构工程和装饰装修工程等各个分部工程组成,每个阶段的施工内容、环境不同,所需要的资源条件、技术条件、组织条件和现场平面布置等方面也不同。

三、施工准备工作的内容

工程项目施工准备工作按其性质和内容,通常包括技术准备、物资准备、劳动组织准备、施工现场准备和施工场外准备。其中,技术准备是施工准备工作的核心。

(一)技术准备

1.认真做好扩大初步设计方案的审查工作

建设项目确定后,建设单位应提前与设计单位结合,掌握扩大初步设计方案编制情况,使方案的设计在质量、功能、工艺技术等方面均能适应建材、建工的发展水平,为施工扫除障碍。

2.熟悉和审查施工图纸

1)熟悉和审查施工图纸的依据

(1)建设单位和设计单位提供的初步设计或扩大初步设计(技术设计)、施工图设计、建筑总平面图、土方竖向设计和城市规划等资料文件。

(2)调查、搜集的原始资料。

(3)设计、施工验收规范和有关技术规定。

2)熟悉和审查施工图纸的内容

(1)审查拟建工程的地点、建筑总平面图同国家、城市或地区规划是否一致,以及建筑物或构筑物的设计功能与使用要求是否符合卫生、防火及美化城市方面的要求。

(2)审查施工图纸是否完整、齐全,以及施工图纸和资料是否符合国家有关工程建设的设计、施工方面的方针和政策。

(3)审查施工图纸与说明书在内容上是否一致,以及施工图纸与其各组成部分之间有无矛盾和错误。

(4)审查建筑总平面图与其他结构图在几何尺寸、坐标、标高、说明等方面是否一致,技术要求是否正确。

(5)审查工业项目的生产工艺流程和技术要求,掌握配套投产的先后次序和相互关系,以及设备安装图纸与其相配合的土建施工图纸在坐标、标高上是否一致,掌握土建施工质量是否满足设备安装的要求。

(6)审查地基处理与基础设计同拟建工程地点的工程水文、地质等条件是否一致,以及建筑物或构筑物与地下建筑物或构筑物、管线之间的关系。

(7)明确拟建工程的结构形式和特点,复核主要承重结构的强度、刚度和稳定性是否满足要求,审查设计图纸中的工程复杂、施工难度大和技术要求高的分部分项工程或新结构、新材料、新工艺,检查现有施工技术水平和管理水平能否满足工期和质量要求,并采取可行的技术措施加以保证。

(8)明确建设期限、分期分批投产或交付使用的顺序和时间,以及工程所需主要材料、设备的数量、规格、来源和供货日期。

(9)明确建设、设计和施工等单位之间的协作、配合关系,以及建设单位可以提供的施工条件。

3)熟悉和审查施工图纸的程序

熟悉和审查施工图纸的程序通常分为自审阶段、会审阶段和现场签证三个阶段。

(1)施工图纸的自审阶段。图纸自审由施工单位主持,主要是对施工图纸提出疑问和对施工图纸提出有关建议等,并写出图纸自审记录。

(2)施工图纸的会审阶段。一般由建设单位主持,由设计单位、施工单位和监理单位参加,四方共同进行施工图纸的会审。图纸会审时,首先由设计单位的工程主设人向与会者说明拟建工程的设计依据、意图、功能及对特殊结构、新材料、新工艺、新技术的应用和要求;然后施工单位根据自审记录以及对设计意图的理解,提出对施工图纸的疑问和建议;最后在统一认识的基础上,对所探讨的问题逐一地做好记录,形成"图纸会审纪要",由建设单位正式行文,参加单位共同会签、盖章,作为与设计文件同时使用的技术文件和指导施工的依据,以及建设单位与施工单位进行工程结算的依据。

(3)施工图纸的现场签证阶段。在拟建工程施工的过程中,当发现施工的条件与设计图纸的条件不符,或者发现图纸中仍然有错误,或者因为材料的规格、质量不能满足设计要求,或者因为施工单位提出了合理化建议,需要对设计图纸进行及时修订时,应遵循技术核定和设计变更的签证制度,进行图纸的施工现场签证。如果设计变更的内容对拟建工程的规模、投资影响较大,则要报请项目的原批准单位批准。在施工现场的图纸修改、技术核定和设计变更资料,都要有正式的文字记录,归入拟建工程施工档案,作为指导施工、工程结算和竣工验收的依据。

3.原始资料调查分析

(1)自然条件调查分析。包括施工场地所在地区的气象、地形、地质和水文,施工现场地上和地下障碍物状况,周围民宅的坚固程度及其居民的健康状况等项调查,为编制施工现场的"四通一平"计划提供依据。

(2)技术经济条件调查分析。主要包括地方建筑生产企业情况,地方资源情况,交通运输条件,水、电和其他动力条件,主要设备、材料和特殊物资,参加施工的各单位(含分包)生产能力情况调查等。

4.编制施工预算

施工预算是根据中标后的合同价、施工图纸、施工组织设计或施工方案、施工定额等文件进行编制的,它直接受中标后合同价的控制。它是施工企业内部控制各项成本支出、考核用工、"两价"对比、签发施工任务单、限额领料、基层进行经济核算的依据。

5. 编制中标后的施工组织设计

中标后,施工企业必须根据拟建工程的规模、结构特点以及建设单位要求,编制能切实指导该工程施工全过程的实施性施工组织设计。

(二)物资准备

1. 物资准备工作内容

(1)建筑材料准备。根据施工预算的材料分析和施工进度计划的要求,编制建筑材料需要量计划,为施工备料、确定仓库和堆场面积以及组织运输提供依据。

(2)构配件和制品加工准备。根据施工预算所提供的构配件和制品加工要求,编制相应计划,为组织运输和确定堆场面积提供依据。

(3)施工机械准备。根据施工方案和进度计划的要求,编制施工机械需要量计划,为组织运输和确定施工机械停放场地提供依据。

(4)生产工艺设备准备。按照生产工艺流程及其工艺流程图的要求,编制工艺设备需要量计划,为组织运输和确定堆场面积提供依据。

2. 物资准备工作程序

(1)根据施工预算、分部分项工程施工方法和施工进度的安排,拟订国拨材料、统配材料、地方材料、构配件及制品、施工机具和工艺设备等物资的需要量计划。

(2)根据各种物资需要量计划,组织资源,确定加工、供应地点和供应方式,签订物资供应合同。

(3)根据各种物资的需要量计划和合同,拟订运输计划和运输方案。

(4)按照施工总平面图的要求,组织物资按计划时间进场,在指定地点,按规定方式进行储存或堆放。

(三)劳动组织准备

1. 建立施工项目领导机构

根据工程规模、结构特点和复杂程度,确定施工项目领导机构的人选和名额;遵循合理分工与密切协作、因事设职与因职选人的原则,建立有施工经验、有开拓精神和工作效率高的施工项目领导机构。

2. 建立精干的工作队组

根据采用的施工组织方式,确定合理的劳动组织,建立相应的专业或混合工作队组。

3. 集结施工力量,组织劳动力进场

按照开工日期和劳动力需要量计划,组织工人进场,安排好职工生活,并进行安全、防火和文明施工等教育。

4. 做好技术交底工作

为落实施工计划和技术责任制,应按管理系统逐级进行交底。交底内容通常包括工程施工进度计划和月、旬作业计划,各项安全技术措施、降低成本措施和质量保证措施,质量标准和验收规范要求,以及设计变更和技术核定事项等,都应详细交底,必要时进行现场示范。

5. 建立健全各项规章制度

各项规章制度包括项目管理人员岗位责任制度,项目技术管理制度,项目质量管理制度,项目安全管理制度,项目计划,统计与进度管理制度,项目成本核算制度,项目材料和机械设备管理制度,项目现场管理制度,项目分配与奖励制度,项目例会及施工日志制度,项目分包及劳务管理制度,项目组织协调制度,项目信息管理制度。

(四)施工现场准备

1. 施工现场控制网测量

根据给定的永久性坐标和高程,按照建筑总平面图要求,进行施工场地控制网测量,设置场区永久性控制测量标桩。

2. 做好"四通一平"

确保施工现场通水、通电、通路、通通信及其他能源的供应,并尽可能使永久性设施与临时性设施结合起来。拆除场地上妨碍施工的建筑物或构筑物,并根据建筑总平面图规定的标高和土方竖向设计图纸,进行平整场地的工作。

3. 建造施工设施

按照施工总平面图的布置,建造临时设施,为正式开工准备好生产、办公、生活、居住和储存等临时用房。

4. 组织施工机具进场

根据施工机具需要量计划,按施工平面图要求,组织施工机械、设备和工具进场,按规定地点和方式存放,并应进行相应的保养和试运转等工作。

5. 组织建筑材料进场

根据建筑材料、构配件和制品需要量计划,组织其进场,按规定地点和方式储存或堆放。

6. 拟订有关试验、试制项目计划

建筑材料进场后,应进行各项材料的试验和检验。对于新技术项目,应拟订相应试制和试验计划,并均应在开工前实施。

7. 做好季节性施工准备

按照施工组织设计要求,认真落实冬季施工、雨季施工和高温季节施工项目的施工设施和技术组织措施。

8. 设置消防、保安设施

按照施工组织设计的要求,根据施工总平面图的布置,建立消防、保安等组织机构和有关的规章制度,布置安排好消防、保安等措施。

(五)施工场外准备

1. 材料加工和订货

根据各项资源需要量计划,同建材加工和设备制造部门或单位取得联系,签订供货合同,保证按时供应。

2. 施工机械租赁或订购

对于缺少且需用的施工机械,应根据资源需求量计划,同相关单位签订租赁合同或订购合同。

3. 安排好分包或劳务

通过经济效益分析,适合分包或委托劳务而本单位难以承担的专业工程,如大型土石

方、结构安装和设备安装工程,应尽早做好分包或劳务安排。采用招标或委托方式,同相应承担单位签订分包或劳务合同,保证合同实施。

四、施工准备工作计划

为了落实各项施工准备工作,加强对其检查和监督,根据各项施工准备工作的内容、时间和人员,编制出施工准备工作计划。施工准备工作计划见表1-1。

表1-1 施工准备工作计划

序号	施工准备项目	简要内容	负责单位	负责人	起止时间		备注
					月-日	月-日	

【单元探索】

如何编制"施工准备工作计划表"?

【单元练习】

请扫描二维码,做"建设项目施工准备工作"练习题。

码1-5 "建设项目施工准备工作"练习题

单元三 施工组织设计概述

【单元导航】

问题1:施工组织设计的概念和作用是什么?
问题2:施工组织设计如何分类?
问题3:施工组织设计的编制原则、贯彻内容、检查与调整方法是什么?

码1-6 微课-施工组织设计概述

【单元解析】

一、施工组织设计的概念和作用

施工组织设计是以施工项目为对象编制的,用以指导施工的技术、经济和管理的综合性文件。它主要根据国家或建设单位对拟建工程的要求、施工图纸和编制施工组织设计的基本原则,从拟建工程施工全过程中的人力、物力和空间等三个要素着手,在人力与物力、主体与辅助、供应与消耗、生产与储存、专业与协作、使用与维修、空间布置与时间排列等方面进行科学的、合理的部署,为建筑产品生产的节奏性、均衡性和连续性提供最优方案。

施工组织设计的作用是对拟建工程施工的全过程实行科学的管理。通过施工组织设计的编制可以做到:

(1)全面考虑拟建工程的各种具体施工条件,扬长避短,拟订合理的施工方案,确定施工顺序、施工方法、劳动组织和技术经济的组织措施,合理地统筹安排施工进度计划,保证拟建工程按期投产或交付使用。

(2)为施工企业实施施工准备工作计划提供依据。

(3)为拟建工程的设计方案在经济上的合理性,在技术上的科学性和在实施工程上的可能性进行论证提供依据。

(4)为加强建设工程项目管理,履行合同,保证"进度、质量、成本"三大控制目标实现提供依据。

(5)为建设单位编制基本建设计划、施工企业编制施工预算和施工计划提供依据。

二、施工组织设计的分类

(一)按设计阶段的不同分类

1.按两个设计阶段进行

施工组织设计按两个设计阶段进行分为施工组织总设计(扩大初步施工组织设计)和单位工程施工组织设计两种。

2.按三个设计阶段进行

施工组织设计按三个设计阶段进行分为施工组织设计大纲(初步施工组织条件设计)、施工组织总设计和单位工程施工组织设计三种。

(二)按编制时间不同分类

施工组织设计按编制时间不同可分为投标前编制的施工组织设计(标前施工组织设计)和签订工程承包合同后编制的施工组织设计(实施性施工组织设计)两种。

(三)按编制对象范围不同分类

施工组织设计按编制对象范围不同可分为施工组织总设计、单位工程施工组织设计和施工方案三种。

1.施工组织总设计

施工组织总设计是以若干单位工程组成的群体工程或特大型项目为主要对象编制的施工组织设计,对整个项目的施工过程起统筹规划、重点控制的作用。施工组织总设计一般在初步设计或扩大初步设计被批准之后,由总承包单位的总工程师负责,会同建设、设计和分包单位的工程师共同编制。它也是施工单位编制年度施工计划和单位工程施工组织设计的依据。

2.单位工程施工组织设计

单位工程施工组织设计是以单位(子单位)工程为主要对象编制的施工组织设计,对单位(子单位)工程的施工过程起指导和制约作用。它是施工单位年度施工计划和施工组织总设计的具体化,内容应详细。单位工程施工组织设计是在施工图设计完成后,由工程项目主管工程师负责编制,可作为编制季度、月度计划和分部分项工程施工组织设计的依据。

3. 施工方案

施工方案是以分部分项工程或专项工程为主要对象编制的施工技术与组织方案,用以具体指导其施工过程。它结合施工单位的月、旬作业计划,把单位工程施工组织设计进一步具体化。一般由单位工程的技术人员负责编制。重点、难点分部分项工程和专项工程施工方案应由施工单位技术部门组织专家评审,施工单位技术负责人批准。

(四)按使用时间长短不同分类

施工组织设计按使用时间长短不同分为长期施工组织设计、年度施工组织设计和季度施工组织设计等三种。

三、施工组织设计的编制原则

施工组织设计的编制原则应包括:

(1)符合施工合同或招标文件中有关工程进度、质量、安全、环境保护、造价等方面的要求。

(2)积极开发、使用新技术和新工艺,推广应用新材料和新设备。

(3)坚持科学的施工程序和合理的施工顺序,采用流水施工和网络计划等方法,科学配置资源,合理布置现场,采取季节性施工措施,实现均衡施工,达到合理的经济技术指标。

(4)采取技术和管理措施,推广建筑节能和绿色施工。

(5)与质量、环境和职业健康安全三个管理体系有效结合。

此外,在施工组织设计时,还应注意做到:充分利用时间和空间、工艺与设备配套优选、最佳技术经济决策、专业化分工与紧密协作相结合、供应与消耗协调、合理安排季节性施工等要求。

四、施工组织设计的贯彻

施工组织设计的编制,只是为实施拟建工程项目的生产过程提供了一个可行的方案。这个方案的经济效果如何,必须通过实践去验证。施工组织设计贯彻的实质,就是把一个静态平衡方案,放到不断变化的施工过程中,考核其效果和检查其优劣的过程,以达到预定的目标。所以,施工组织设计贯彻的情况如何,其意义是深远的,为了保证施工组织设计的顺利实施,应做好以下几个方面的工作。

(一)做好施工组织设计交底

经过审批的施工组织设计,在开工前要召开各级生产、技术会议,逐级进行交底;详细地讲解其内容、要求、施工的关键与保证措施,组织群众广泛讨论;拟定完成任务的技术组织措施,责成计划部门制订出切实可行的和严密的施工计划;责成技术部门拟定科学合理的、具体的技术实施细则,保证施工组织设计的贯彻执行。

(二)制定各项管理制度

施工组织设计贯彻得顺利与否,主要取决于施工企业的管理素质、技术素质及经营管理水平,而体现企业素质和水平的标志在于企业各项管理制度的健全与否。实践经验证明,只有施工企业有了科学的、健全的管理制度,才能维持企业的正常生产秩序,才能保证

施工组织设计的顺利实施。

(三)推行技术经济承包

推行技术经济承包制度,开展劳动竞赛,把施工过程中的技术经济责任同职工的物质利益结合起来。如开展全优工程竞赛,推行全优工程综合奖、节约材料奖和技术进步奖等,这些对于全面贯彻施工组织设计是十分必要的。

(四)统筹安排及综合平衡

施工过程中的任何平衡都是暂时的和相对的,平衡中必然存在不平衡的因素,要及时分析和研究这些不平衡因素,不断地进行施工条件的反复综合和各专业工种的综合平衡,进一步完善施工组织设计,保证施工的节奏性、均衡性和连续性。

(五)切实做好施工准备工作

施工准备工作是保证均衡和连续施工的重要前提,也是顺利地贯彻施工组织设计的重要保证。拟建工程项目不仅在开工之前要做好准备工作,而且在施工过程中的不同阶段也要做好相应的准备工作,这对于施工组织设计的贯彻执行是非常重要的。

五、施工组织设计的检查与调整

(一)施工组织设计的检查

1.主要指标完成情况的检查

施工组织设计主要指标的检查一般采用比较法,就是把各项指标的完成情况同计划规定的指标相对比。检查的内容应该包括工程进度、工程质量、材料消耗、机械使用和成本费用等,把主要指标数额检查同其相应的施工内容、施工方法和施工进度的检查结合起来,发现问题,为进一步分析原因提供依据。

2.施工总平面图合理性的检查

施工总平面图必须按规定建造临时设施,敷设管网和运输道路,合理地存放机具,堆放材料;施工现场要符合文明施工的要求;施工现场的局部断电、断水、断路等,必须事先得到有关部门批准;施工的每个阶段都要有相应的施工总平面图;施工总平面图的任何改变都必须得到有关部门批准。如果发现施工总平面图存在不合理处,要及时制订改进方案,报请有关部门批准,不断地满足施工进展的需要。

(二)施工组织设计的调整

根据施工组织设计执行情况检查中发现的问题及其产生的原因,拟订改进措施或方案;对施工组织设计的有关部分或指标逐项进行调整;对施工总平面图进行修改。使施工组织设计在新的基础上实现新的平衡。

在项目管理的过程中,施工组织设计的贯彻、检查和调整是一项经常性的工作,必须随施工的进展情况,根据反馈信息及时地进行,并贯穿拟建工程项目施工过程的始终。

施工组织设计的贯彻、检查、调整的程序如图1-2所示。

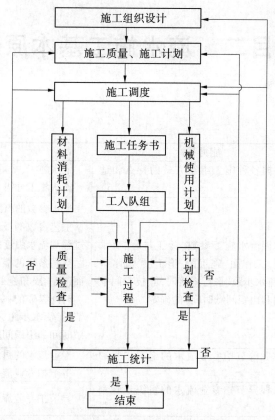

图 1-2　施工组织设计的贯彻、检查、调整的程序

【单元探索】

了解施工组织设计编制的方法。

【单元练习】

请扫描二维码,做"施工组织设计概述"练习题。

【项目测试】

请扫描二维码,做"施工组织概论"测试卷。

码 1-7 "施工组
织设计概述"
练习题

码 1-8 "施工组
织概论"测试卷

项目二　流水施工基本原理

【学习目标】

学习单元	能力目标	知识点
单元一	掌握各种施工组织方式的特点和适用性	依次施工、平行施工和流水施工原理；流水施工分级和表达方式
单元二	掌握流水施工参数(施工过程、流水强度、工作面、施工段、施工层、流水节拍、流水步距、平行搭接时间、技术间歇时间和组织间歇时间)的确定方法	流水参数的概念及分类； 工艺参数的概念及分类，并掌握施工过程和流水强度的概念； 空间参数的概念及分类，并掌握工作面、施工段和施工层的概念； 时间参数的概念及分类，并掌握流水节拍、流水步距、平行搭接时间、技术间歇时间和组织间歇时间的概念
单元三	掌握等节拍专业流水的组织步骤和方法	专业流水的概念与分类； 等节拍专业流水的概念与基本特点
单元四	掌握异节拍专业流水的组织步骤和方法	异节拍专业流水的概念与基本特点
单元五	掌握无节奏专业流水的组织步骤和方法	无节奏专业流水的概念与基本特点
单元六	掌握各种专业流水在实际工程中的应用方法	

【思政导引】

大明宫——中国宫殿建筑的巅峰之作

　　大明宫地处陕西省西安市城北的"龙首原"处,始建于唐太宗贞观八年(634年),占地面积约3.2 km²,整个宫域可分为前朝和内庭两部分,前朝以朝会为主,内庭以居住和宴游为主。前朝的中心为含元殿(外朝)、宣政殿(中朝)、紫宸殿(内朝),内庭有太液池,各种别殿、亭、观等30余所。大明宫是唐帝国最宏伟壮丽的宫殿建筑群,也是当时世界上面积最大的宫殿建筑群,2014年6月被列入《世界遗产名录》。

　　在中国古代都城发展史上经历了"多宫制—双宫制—单一宫城制"的发展演变。宫城结构也发生了以大朝正殿为中心的中心布局结构到以主要宫殿建筑轴线为中心对称布局结构的变化。西汉未央宫宫内轴线偏处于宫城东部,其权威地位主要是通过地势的刚昂实现的。而唐大明宫在高台建筑的基础上,借助轴对称布局以及大殿前更为广阔的空

大明宫全景图

间共同构成。这种空间结构对万民形成了强大的威慑力。此外,在西汉未央宫内布置有中央官署等,而大明宫内则不存在这类建筑,所以更具有宫城的性质。两大宫殿是中国历史上不同时代宫城建设的典范。其营建过程反映了中国古代建设规划思想和理论的实践与创新,具有极高的科学性和艺术性,是世界建筑史上的杰出范例。

大明宫在将古代高台建筑推向极致的同时又开创了宫城建设的典范。具体表现为:

在建筑艺术风格上,大明宫具有恢宏、朴质、真实的品格。含元殿、麟德殿、宣政殿、紫宸殿、三清殿等体量巨大的建筑物营造出了壮阔辉煌、庄严肃穆的氛围。同时,还显现出质朴、真实的特点,建筑物上没有纯粹为了装饰而加上去的构件、没有歪曲建筑材料性能使之屈从于装饰要求的显现,这和明清宫殿专好于雕琢恰恰相反,唐人营造宫殿,更看中的是单体和群体、局部和全部之间的有机联系,而不屑于追求过于繁琐纤柔的装饰和细碎俗艳的色彩,给人的印象是在形式的宏丽中蕴含的精神更为内在、更为动人的雄浑和阔大。

在建筑艺术创作上,大明宫体现出难能可贵的独创精神。无论是建筑与大环境的关系、建筑群的总体布局方式,还是单体建筑的造型、结构、空间构思以至建筑的细部处理、建筑装饰做法都有着开创性的成就。例如,开创了"前朝后苑、三大殿制、左中右三路"的总体布局方式;开创了"宫苑结合、宫城中设内苑、外拥禁苑"的宫城建筑与大环境巧妙结合的处置体系;开创了含元殿反凹字形的门网形制等。这些创举是继两汉以来在建筑艺术上的又一次伟大革新。它将古代中国建筑艺术推向了完全成熟,对后世宫殿建筑的影响深远。

在建筑技术上,大明宫解决了木构架建筑大面积、大体量的技术问题,标志着唐代宫殿木构架建筑正趋向于定型化。例如,大明宫中的麟德殿、含元殿、宣政殿、紫宸殿、浴堂殿、太和殿、三清殿、金銮殿等殿宇都是超大规模的木制建筑。不仅面积超大,而且高度也极为可观。根据建筑学家的复原,含元殿的高度能达到了四五十米;望仙台据历史记载"高一百二十尺",约 36 m,也是很高的建筑。

大明宫开创的宫殿建筑布局方式,对后世及其周边地区影响深远。大明宫沿中轴线对称,左中右三路的布局方式,成为后世宫殿遵循的基本布局。例如,金上京城宫城、元大都宫城、明清紫禁城、明代南京故宫、中都凤阳故宫,以及很多王城均沿袭了这一布局特点。三大殿制度已成为中国封建社会中后期诸多宫城的基本特征。例如,北宋开封皇宫

即借鉴了大明宫的宫殿制度,明清亦然。紫禁城太和、中和、保和三殿实际就是对唐三大殿制的临摹。

　　大明宫其他建筑特征也被后世直接借鉴。例如,承天门、丹凤门前的"T"形广场,就被明清紫禁城的午门广场借鉴,二者的功用也十分相似;含元殿的反"凹"字宫殿形制直接影响了北宋汴梁宫城的正门宣德楼、明清紫禁城的午门等;大明宫中的钟鼓楼制度对金中都、元大都、明清故宫也都有影响;二宫中的日华门、月华门、金奎殿、太和殿等建筑的名称也被后世宫城所沿用。

　　党的二十大报告指出:中华优秀传统文化源远流长、博大精深,是中华文明的智慧结晶,其中蕴含的天下为公、民为邦本、为政以德、革故鼎新、任人唯贤、天人合一、自强不息、厚德载物、讲信修睦、亲仁善邻等,是中国人民在长期生产生活中积累的宇宙观、天下观、社会观、道德观的重要体现,同科学社会主义价值观主张具有高度契合性。

　　在实现中华民族伟大复兴的征程上,我们必须坚定历史自信、文化自信,坚持守正创新,以实际行动铸就社会主义文化新辉煌。

单元一　流水施工的基本概念

【单元导航】

问题1:施工组织的方式有哪些? 其特点和适用性如何?
问题2:流水施工如何分级? 表达方式有哪些?

【单元解析】

　　生产实践已经证明,在所有的生产领域中,流水作业法是组织产品生产的理想方法;流水施工也是建筑安装工程施工有效的科学组织方法之一。它建立在分工协作的基础上,但是由于建筑产品及其生产特点的不同,流水施工的概念、特点和效果与其他产品的流水作业也有所不同。

一、流水施工

　　在组织多幢同类型房屋或将一幢房屋分成若干个施工区段进行施工时,可以采用依次施工、平行施工和流水施工三种组织施工方式,它们的特点如下所述。

(一)依次施工组织方式

　　依次施工组织方式是将拟建工程项目的整个建造过程分解成若干个施工过程,按照一定的施工顺序,前一个施工过程完成后,后一个施工过程才开始施工;或前一个工程完成后,后一个工程才开始施工。它是一种最基本、最原始的施工组织方式。

　　【例2-1】　拟建四幢相同的建筑物,其编号分别为Ⅰ、Ⅱ、Ⅲ、Ⅳ,它们的基础工程量都相等,而且都是由挖土方、做垫层、砌基础和回填土等

码2-1　微课-流水施工的基本概念

四个施工过程组成,每个施工过程的施工天数均为5天。其中,挖土方时,工作队由8人组成;做垫层时,工作队由6人组成;砌基础时,工作队由14人组成;回填土时,工作队由5人组成。按照依次施工组织方式建造,其施工进度计划如图2-1中"依次施工"栏所示。

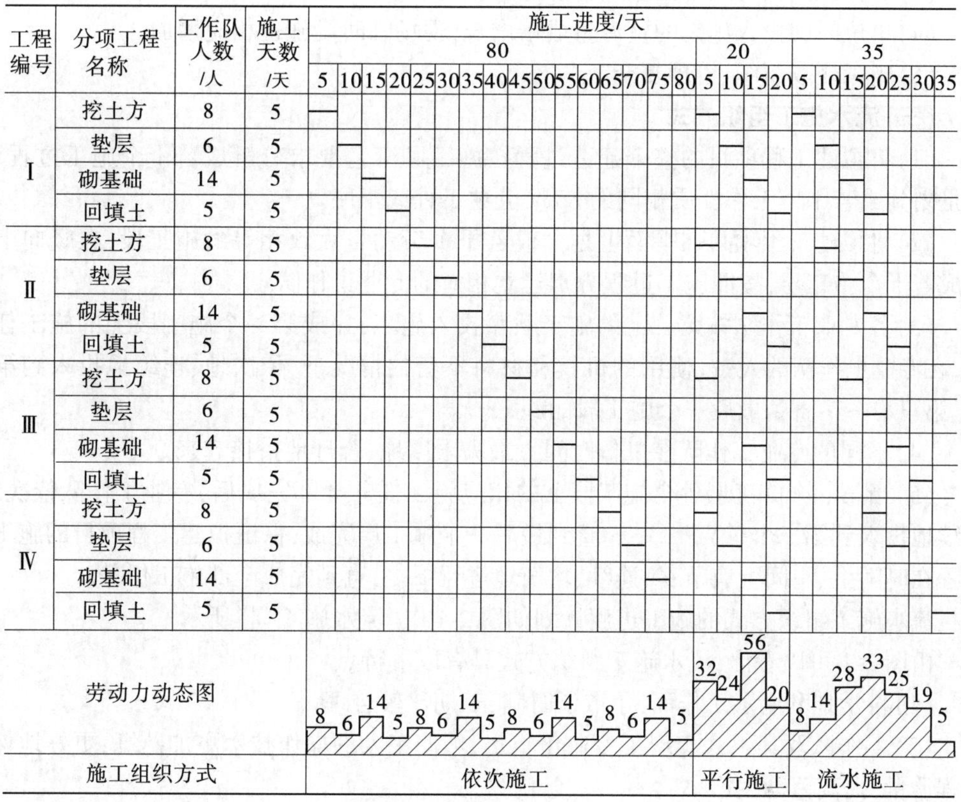

工程编号	分项工程名称	工作队人数/人	施工天数/天	施工进度/天		
				80	20	35
I	挖土方	8	5			
	垫层	6	5			
	砌基础	14	5			
	回填土	5	5			
II	挖土方	8	5			
	垫层	6	5			
	砌基础	14	5			
	回填土	5	5			
III	挖土方	8	5			
	垫层	6	5			
	砌基础	14	5			
	回填土	5	5			
IV	挖土方	8	5			
	垫层	6	5			
	砌基础	14	5			
	回填土	5	5			
劳动力动态图						
施工组织方式				依次施工	平行施工	流水施工

图2-1　施工组织方式

由图2-1可以看出,依次施工组织方式具有以下特点:

(1)由于没有充分地利用工作面去争取时间,所以工期长。

(2)工作队不能实现专业化施工,不利于改进工人的操作方法和施工机具,不利于提高工程质量和劳动生产率。

(3)工作队及工人不能连续作业。

(4)单位时间内投入的资源量比较少,有利于资源供应的组织工作。

(5)施工现场的组织、管理比较简单。

(二)平行施工组织方式

在拟建工程任务十分紧迫、工作面允许以及资源保证供应的条件下,可以组织几个相同的工作队,在同一时间、不同的空间上进行施工,这样的施工组织方式称为平行施工组织方式。

平行施工组织方式的施工进度计划如图2-1中"平行施工"栏所示。

由图2-1可以看出,平行施工组织方式具有以下特点:

(1)充分地利用了工作面,争取了时间,可以缩短工期。

(2)工作队不能实现专业化生产,不利于改进工人的操作方法和施工机具,不利于提高工程质量和劳动生产率。

(3)工作队及其工人不能连续作业。

(4)单位时间投入施工的资源量成倍增长,现场临时设施也相应增加。

(5)施工现场组织、管理复杂。

(三)流水施工组织方式

(1)将拟建工程项目的整个建造过程按施工和工艺要求分解成若干个施工过程,也就是划分成若干个工作性质相同的分部、分项工程或工序。

(2)将拟建工程项目在平面上划分成若干个劳动量大致相等的施工段,在竖向上划分成若干个施工层,按照施工过程分别建立相应的专业工作队。

(3)各专业工作队按照一定的施工顺序投入施工,完成第一个施工段上的施工任务后,在专业工作队的人数、使用的机具和材料不变的情况下,依次地、连续地投入到第二个、第三个……直到最后一个施工段的施工。

(4)不同的专业工作队在工作时间上最大限度地、合理地搭接起来。

(5)当第一个施工层各个施工段上的相应施工任务全部完成后,专业工作队依次地、连续地投入到第二个、第三个……直到最后一个施工层完成,保证拟建工程项目的施工全过程在时间上、空间上有节奏、连续、均衡地进行下去,直到完成全部施工任务。

流水施工组织方式的施工进度计划如图 2-1 中"流水施工"栏所示。

由图 2-1 可以看出,流水施工组织方式具有以下特点:

(1)科学地利用了工作面,争取了时间,工期比较合理。

(2)工作队及其工人实现了专业化施工,可使工人的操作技术更加熟练,更好地保证工程质量,提高劳动生产率。

(3)专业工作队及其工人能够连续作业,使相邻的专业工作队之间实现了最大限度的、合理的搭接。

(4)单位时间投入施工的资源量较为均衡,有利于资源供应的组织工作。

(5)为文明施工和进行现场科学管理创造了有利条件。

综上所述,由于流水施工组织方式实现了专业化施工,使工人技术水平和劳动生产率得到提高,降低了工程成本,提高了利润水平和工程质量;同时,流水施工的连续性,减少了专业工作的间隔时间,达到了缩短工期的目的;资源消耗均衡,也减少了现场管理费和物资消耗,实现合理储存与供应。因此,流水施工组织方式是一种科学有效的施工组织方法。

二、流水施工的分级和表达方式

(一)流水施工的分级

根据流水施工组织的范围不同,流水施工通常可分为:

(1)分项工程流水施工(也称为细部流水施工)。它是在一个专业工种内部组织起来的流水施工。在项目施工进度计划表上,它是一条标有施工段或工作队编号的水平进度指示线段或斜向进度指示线段。

（2）分部工程流水施工（也称为专业流水施工）。它是在一个分部工程内部、各分项工程之间组织起来的流水施工。在项目施工进度计划表上，它由一组标有施工段或工作队编号的水平进度指示线段或斜向进度指示线段来表示。

（3）单位工程流水施工（也称为综合流水施工）。它是在一个单位工程内部、各分部工程之间组织起来的流水施工。在项目施工进度计划表上，它是若干组分部工程的进度指示线段构成的一张单位工程施工进度计划。

（4）群体工程流水施工（也称为大流水施工）。它是在各单位工程之间组织起来的流水施工。反映在项目施工进度计划上，它是一张项目施工总进度计划。

流水施工的分级和它们之间的相互关系，如图2-2所示。

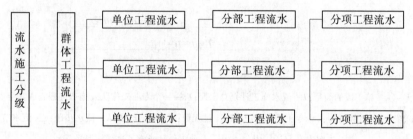

图2-2　流水施工分级示意

（二）流水施工的表达方式

流水施工的表达方式主要有横道图和网络图两种表达方式，如图2-3所示。

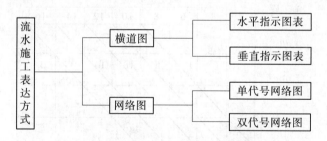

图2-3　流水施工表达方式示意

1. **横道图**

（1）水平指示图表。在流水施工水平指示图表（见图2-4）的表达方式中，横坐标表示流水施工的持续时间，纵坐标表示开展流水施工的施工过程，专业工作队的名称、编号和数目，呈梯形分布的水平线段表示流水施工的开展情况。

（2）垂直指示图表。在流水施工垂直指示图表（见图2-5）的表达方式中，横坐标表示流水施工的持续时间，纵坐标表示开展流水施工所划分的施工段编号，n条斜线段表示各专业工作队或施工过程开展流水施工的情况。

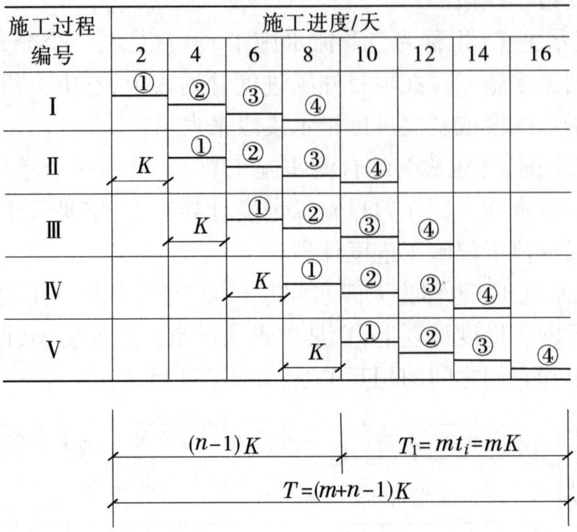

施工过程	施工进度/天							
编号	2	4	6	8	10	12	14	16
I	①	②	③	④				
II	K	①	②	③	④			
III		K	①	②	③	④		
IV			K	①	②	③	④	
V				K	①	②	③	④

$(n-1)K$　　　　　$T_1=mt_i=mK$

$T=(m+n-1)K$

①~④—施工段的编号;T—流水施工计划总工期;T_1——一个专业工作队或施工过程完成其全部施工段的持续时间;n—专业工作队数或施工过程数;m—施工段数;K—流水步距;t_i—流水节拍,本图中 $t_i=K$;I,II,…,V—专业工作队或施工过程的编号。

图 2-4　水平指示图表

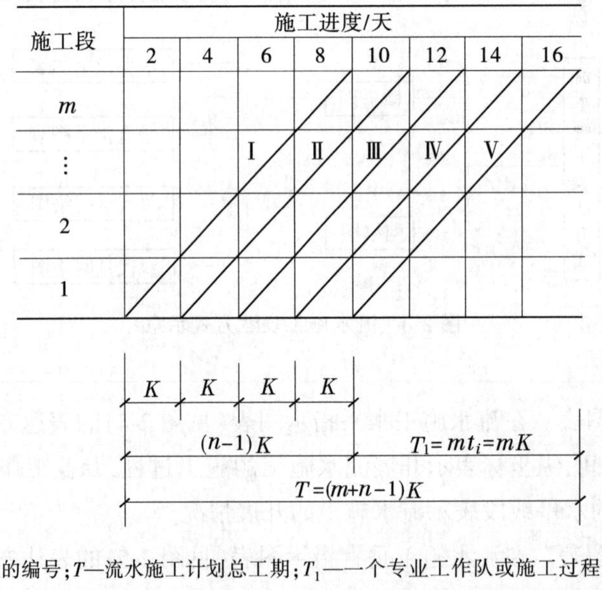

施工段	施工进度/天							
	2	4	6	8	10	12	14	16
m								
⋮			I	II	III	IV	V	
2								
1								

K　K　K　K

$(n-1)K$　　　　　$T_1=mt_i=mK$

$T=(m+n-1)K$

1,2,…,m—施工段的编号;T—流水施工计划总工期;T_1——一个专业工作队或施工过程完成其全部施工段的持续时间;n—专业工作队数或施工过程数;m—施工段数;K—流水步距;t_i—流水节拍,本图中 $t_i=K$;I,II,…,V—专业工作队或施工过程的编号。

图 2-5　垂直指示图表

2.网络图

有关流水施工网络图的表达方式,详见本书项目三。

【单元探索】

流水施工与其他施工组织方式比较具有哪些优点?

【单元练习】

请扫描二维码,做"流水施工的基本概念"练习题。

码2-2 "流水施工的基本概念"练习题

单元二 流水参数的确定

【单元导航】

问题1:何谓流水参数?其包括哪些类型?

问题2:工艺参数、空间参数和时间参数的概念及分类?

问题3:施工过程、流水强度、工作面、施工段、施工层、流水节拍、流水步距、平行搭接时间、技术间歇时间和组织间歇时间的概念及分类?

码2-3 微课-流水参数的确定(一)

【单元解析】

在组织拟建工程项目流水施工时,用以表达流水施工在工艺流程、空间布置和时间排列等方面开展状态的参数,称为流水参数。它主要包括工艺参数、空间参数和时间参数等三类。

一、工艺参数

工艺参数是指在组织流水施工时,用以表达流水施工在施工工艺上开展顺序及其特征的参数。具体来说,是指在组织流水施工时,将拟建工程项目的整个建造过程可分解为施工过程的种类、性质和数目的总称。通常,工艺参数包括施工过程数和流水强度两种,如图2-6所示。

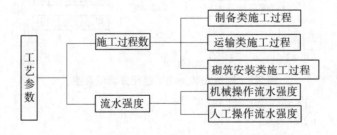

图2-6 工艺参数分类示意图

(一)施工过程

在建设项目施工中,施工过程所包括的范围可大可小,既可以是分部、分项工程,又可以是单位、单项工程。它是流水施工的基本参数之一,根据工艺性质不同,可分为制备类施工过程、运输类施工过程和砌筑安装类施工过程三种。施工过程的数目一般以 n 表示。

1.制备类施工过程

制备类施工过程是指为了提高建筑产品的装配化、工厂化、机械化和生产能力而形成的施工过程,如砂浆、混凝土、构配件、制品和门窗框扇等的制备过程。它一般不占有施工对象的空间,不影响项目总工期,因此在项目施工进度表上不表示,只有当其占有施工对象的空间并影响项目总工期时,在项目施工进度表上才列入,如在拟建车间、实验室等场地内预制或组装的大型构件等。

2.运输类施工过程

运输类施工过程是指将建筑材料、构配件、(半)成品、制品和设备等运到项目工地仓库或现场操作使用地点而形成的施工过程。它一般不占有施工对象的空间,不影响项目总工期,通常也不列入项目施工进度计划中,只有当其占有施工对象的空间并影响项目总工期时,才列入项目施工进度计划中,如结构安装工程中,采取随运随吊方案的运输过程。

3.砌筑安装类施工过程

砌筑安装类施工过程是指在施工对象的空间上,直接进行加工,最终形成建筑产品的过程,如地下工程、主体工程、结构安装工程、屋面工程和装饰工程等施工过程。它占有施工对象的空间,影响工期的长短,必须列入项目施工进度表上,而且是项目施工进度表的主要内容。

砌筑安装类施工过程通常按其在项目生产中的作用、工艺性质和复杂程度等的不同进行分类,具体分类情况如图 2-7 所示。

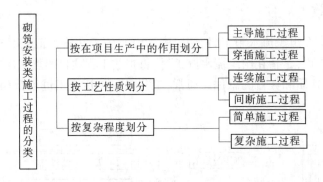

图 2-7　砌筑安装类施工过程分类示意图

4.施工过程数(n)的确定

(1)依据项目施工进度计划在客观上的作用:当编制控制性施工进度计划时,划分的施工过程较粗,一般情况下分解到分部工程;当编制实施性施工进度计划时,划分的施工过程较细,绝大多数要分解到分项工程。

(2)依据采用的施工方案:不同的施工方案其施工顺序和施工方法不同,施工过程数也就不相同。

（3）依据工程的复杂程度：一般施工工程越复杂，划分的施工过程越细。

（4）依据劳动组织及工程量大小：一般工程量较大、价值较高的主导性施工工程，划分的施工过程数要多些；而一些工艺性质相近、工程量较小的项目可合并。

（5）依据项目的性质和业主对项目建设工期的要求。

实际划分时，可参照已建类似工程的成果，结合上述原则进行。

（二）流水强度

某施工过程在单位时间内所完成的工程量，称为该施工过程的流水强度。流水强度一般以 V_i 表示，它可由式（2-1）或式（2-2）计算求得。

1. 机械操作流水强度

$$V_i = \sum_{i=1}^{x} R_i \times S_i \qquad (2\text{-}1)$$

式中　　V_i——某施工过程 i 的机械操作流水强度；

R_i——投入施工过程 i 的某种施工机械台数；

S_i——投入施工过程 i 的某种施工机械产量定额；

x——投入施工过程 i 的施工机械种类数。

2. 人工操作流水强度

$$V_i = R_i \times S_i \qquad (2\text{-}2)$$

式中　　V_i——某施工过程 i 的人工操作流水强度；

R_i——投入施工过程 i 的专业工作队工人数；

S_i——投入施工过程 i 的专业工作队平均产量定额。

二、空间参数

在组织流水施工时，用以表达流水施工在空间布置上所处状态的参数，称为空间参数。空间参数主要有工作面、施工段和施工层三种。

（一）工作面

某专业工种的工人在从事建筑产品施工生产加工过程中，所必须具备的活动空间，称为工作面。它的大小是根据相应工种单位时间内的产量定额、建筑安装工程操作规程和安全规程等的要求确定的。工作面确定的合理与否直接影响到专业工种工人的劳动生产效率，对此必须认真加以对待，合理确定。

主要工种工作面可参考表2-1选择。

（二）施工段

为了有效地组织流水施工，通常把拟建工程项目在平面上划分成若干个劳动量大致相等的施工段落，这些施工段落称为施工段。施工段的数目通常以 m 表示，它是流水施工的基本参数之一。

1. 划分施工段的目的和原则

一般情况下，一个施工段内只安排一个施工过程的专业工作队进行施工。在一个施工段上，只有前一个施工过程的工作队提供了足够的工作面，后一个施工过程的工作队才能进入该段从事下一个施工过程的施工。

表 2-1　主要工种工作面参考数据

工作项目	每个技工的工作面	说明
砖基础	7.6 m/人	以 3/2 砖计 以 2 砖乘 0.8 计 以 3 砖乘 0.55 计
砌砖墙	8.5 m/人	以 1 砖计 以 3/2 砖乘 0.71 计 以 2 砖乘 0.57 计
毛石墙基	3 m/人	以 60 cm 计
毛石墙	3.3 m/人	以 40 cm 计
混凝土柱、墙基础	8 m³/人	机拌、机捣
混凝土设备基础	7 m³/人	机拌、机捣
现浇钢筋混凝土柱	2.45 m³/人	机拌、机捣
现浇钢筋混凝土梁	3.20 m³/人	机拌、机捣
现浇钢筋混凝土墙	5 m³/人	机拌、机捣
现浇钢筋混凝土楼板	5.3 m³/人	机拌、机捣
预制钢筋混凝土柱	3.6 m³/人	机拌、机捣
预制钢筋混凝土梁	3.6 m³/人	机拌、机捣
预制钢筋混凝土屋架	2.7 m³/人	机拌、机捣
预制钢筋混凝土平板、空心板	1.91 m³/人	机拌、机捣
预制钢筋混凝土大型屋面板	2.62 m³/人	机拌、机捣
混凝土地坪及面层	40 m²/人	机拌、机捣
外墙抹灰	16 m²/人	
内墙抹灰	18.5 m²/人	
卷材屋面	18.5 m²/人	
防水水泥砂浆屋面	16 m²/人	
门窗安装	11 m²/人	

划分施工段是组织流水施工的基础。由于建筑产品生产的单件性,可以说它不适于组织流水作业;但是,建筑产品形体庞大的固有特征,又为组织流水施工提供了空间条件。可以把一个体形庞大的“单件产品”划分成具有若干个施工段、施工层的“批量产品”,使其满足流水施工的基本要求;在保证工程质量的前提下,为专业工作队确定合理的空间活动范围,使其按流水施工的原理,集中人力和物力,迅速、依次、连续地完成各段的任务,为相邻专业工作队尽早地提供工作面,达到缩短工期的目的。

施工段数要适当,过多势必要减少工人数而延长工期;过少又会造成资源供应过分集中,不利于组织流水施工。因此,为了使施工段划分得更科学、更合理,通常应遵循以下原则:

項目二　流水施工基本原理　　　　　　　　　　　　　　　　　　　　· 29 ·

（1）专业工作队在各施工段上的劳动量大致相等，其相差幅度不宜超过 10%~15%。

（2）对于多层或高层建筑物，施工段的数目要满足合理流水施工组织的要求，即 $m \geq n$。

（3）为了充分发挥工人、主导机械的效率，每个施工段要有足够的工作面，使其所容纳的劳动力人数或机械台数能满足合理劳动组织的要求。

（4）为了保证拟建工程项目的结构整体完整性，施工段的分界线应尽可能与结构的自然界线（如沉降缝、伸缩缝等）相一致。如果必须将分界线设在墙体中间，则应将其设在对结构整体性影响小的门窗洞口等部位，以减少留槎，便于修复。

（5）对于多层的拟建工程项目，既要划分施工段又要划分施工层，以保证相应的专业工作队在施工段与施工层之间，组织有节奏、连续、均衡的流水施工。

2. 施工段数（m）与施工过程数（n）的关系

1）当 $m > n$ 时

【例 2-2】　某局部二层的现浇钢筋混凝土结构建筑物，按照划分施工段的原则，在平面上将它分在四个施工段，即 $m = 4$；在竖向上划分成两个施工层，即结构层与施工层相一致；现浇结构的施工过程为支模板、绑扎钢筋和浇混凝土，即 $n = 3$；各个施工过程在各施工段上的持续时间均为 3 天，即 $t_i = 3$，则流水施工的开展状况，如图 2-8 所示。

施工层	施工过程名称	施工进度/天									
		3	6	9	12	15	18	21	24	27	30
I	支模板	①	②	③	④						
	绑扎钢筋		①	②	③	④					
	浇混凝土			①	②	③	④				
II	支模板					①	②	③	④		
	绑扎钢筋						①	②	③	④	
	浇混凝土							①	②	③	④

图 2-8　$m > n$ 时的流水施工开展状况

由图 2-8 可以看出，当 $m > n$ 时，各专业工作队能够连续作业，但施工段有空闲，如图 2-8 中各施工段在第一层浇筑完混凝土后，均空闲 3 天，即工作面空闲 3 天。这种空闲，可用于弥补由于技术间歇、组织间歇和备料等要求所必需的时间。

2）当 $m = n$ 时

【例 2-3】　在例 2-2 中，如果将该建筑物在平面上划分成三个施工段，即 $m = 3$，其余不变，则此时的流水施工开展状况如图 2-9 所示。

由图 2-9 可以看出，当 $m = n$ 时，各专业工作队能连续施工，施工段没有空闲。这是理想化的流水施工方案，此时要求项目管理者提高管理水平，只能进取，不能停歇。

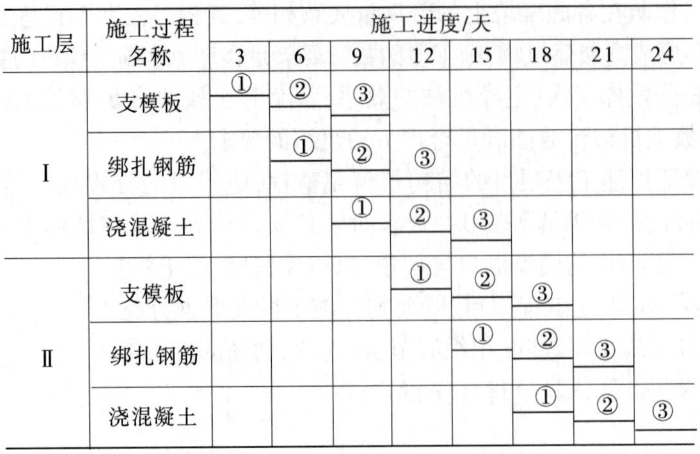

施工层	施工过程名称	施工进度/天							
		3	6	9	12	15	18	21	24
I	支模板	①	②	③					
	绑扎钢筋		①	②	③				
	浇混凝土			①	②	③			
II	支模板				①	②	③		
	绑扎钢筋					①	②	③	
	浇混凝土						①	②	③

图 2-9　$m=n$ 时的流水施工开展状况

3) 当 $m<n$ 时

【**例 2-4**】　在例 2-2 中,如果将其在平面上划分成两个施工段,即 $m=2$,其他不变,则流水施工开展状况如图 2-10 所示。

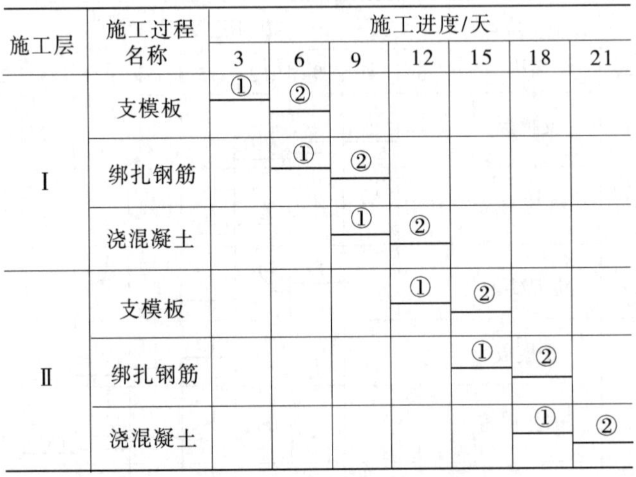

施工层	施工过程名称	施工进度/天						
		3	6	9	12	15	18	21
I	支模板	①	②					
	绑扎钢筋		①	②				
	浇混凝土			①	②			
II	支模板				①	②		
	绑扎钢筋					①	②	
	浇混凝土						①	②

图 2-10　$m<n$ 时的流水施工开展状况

由图 2-10 可见,当 $m<n$ 时,专业工作队不能连续作业。施工段没有空闲(特殊情况下施工段也会出现空闲,以致造成大多数专业工作队停工),但因为一个施工段只供一个专业工作队施工,这样超过施工段数的专业工作队就因无工作面而停工。在图 2-10 中,支模板工作队完成第一层的施工任务后,要停工 3 天才能进行第二层第一段的施工,其他队组同样也要停工 3 天。因此,工期延长。这种情况对有数幢同类型的建筑物,可组织建筑物之间的大流水施工,来弥补上述停工现象,但对单一建筑物的流水施工是不适宜的,应加以杜绝。

从上面的三种情况可以看出:施工段数的多少,直接影响工期的长短,而且要想保证专业工作队能够连续施工,必须满足

$$m \geqslant n \tag{2-3}$$

应该指出,当无层间关系或无施工层(如某些单层建筑物、基础工程等)时,施工段数不受式(2-3)的限制,可按前文所述划分施工段的原则进行确定。

(三)施工层

在组织流水施工时,为了满足专业工种对操作高度和施工工艺的要求,将拟建工程项目在竖向上划分为若干个操作层,这些操作层称为施工层。施工层一般以 j 表示。

施工层的划分,要按工程项目的具体情况,根据建筑物的高度、楼层来确定。如砌筑工程的施工层高度一般为 1.2 m,室内抹灰、木装饰、油漆、玻璃和水电安装等可按楼层进行施工层划分。

三、时间参数

在组织流水施工时,用以表达流水施工在时间排列上所处状态的参数,称为时间参数。它包括流水节拍、流水步距、平行搭接时间、技术间歇时间和组织间歇时间等五种。

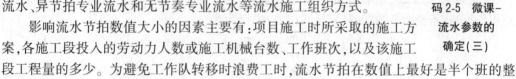

码 2-4 微课–流水参数的确定(二)

码 2-5 微课–流水参数的确定(三)

(一)流水节拍

在组织流水施工时,每个专业工作队在各个施工段上完成相应的施工任务所需要的工作延续时间,称为流水节拍。流水节拍通常以 t_i 表示,它是流水施工的基本参数之一。

流水节拍的大小可以反映出流水施工速度的快慢、节奏感的强弱和资源消耗量的多少。根据其数值特征,流水节拍一般又分为等节拍专业流水、异节拍专业流水和无节奏专业流水等流水施工组织方式。

影响流水节拍数值大小的因素主要有:项目施工时所采取的施工方案,各施工段投入的劳动力人数或施工机械台数、工作班次,以及该施工段工程量的多少。为避免工作队转移时浪费工时,流水节拍在数值上最好是半个班的整倍数。

1. 定额计算法

定额计算法适用于施工工艺和方法均已成熟的通用项目。根据各施工段的工程量、能够投入的资源量(工人数、机械台数和材料量等)、定额指标,按式(2-4)或式(2-5)进行计算

$$t_i = \frac{Q_i}{S_i \times R_i \times N_i} = \frac{P_i}{R_i \times N_i} \tag{2-4}$$

或

$$t_i = \frac{Q_i \times H_i}{R_i \times N_i} = \frac{P_i}{R_i \times N_i} \tag{2-5}$$

式中 t_i——某专业工作队在第 i 施工段的流水节拍;

     Q_i——某专业工作队在第 i 施工段要完成的工程量;

     S_i——某专业工作队在第 i 施工段的计划产量定额;

     H_i——某专业工作队在第 i 施工段的计划时间定额;

     P_i——某专业工作队在第 i 施工段需要的劳动量或机械台班数量,$P_i = \frac{Q_i}{S_i}$(或 $Q_i \times$

H_i);

R_i——某专业工作队在第 i 施工段投入的工作人数或机械台数;

N_i——某专业工作队在第 i 施工段的工作班次。

在式(2-4)和式(2-5)中,S_i 和 H_i 最好是本项目经理部的实际水平。

2. 经验估算法

经验估算法适用于采用新工艺、新方法和新材料等没有定额可循的项目,一般根据以往的施工经验进行估算。为了提高其准确程度,往往先估算出该流水节拍的最长、最短和正常(即最可能)三种时间,然后据此求出期望时间作为某专业工作队在某施工段上的流水节拍。因此,本法也称为三种时间估算法。一般按式(2-6)进行计算

$$t = \frac{a + 4c + b}{6} \tag{2-6}$$

式中　t——某施工过程在某施工段上的流水节拍;

a——某施工过程在某施工段上的最短估算时间;

b——某施工过程在某施工段上的最长估算时间;

c——某施工过程在某施工段上的正常估算时间。

3. 工期计算法

对某些施工任务在规定日期内必须完成的工程项目,往往采用倒排进度法。具体步骤如下:

(1)根据工期倒排进度,确定某施工过程的工作延续时间。

(2)确定某施工过程在某施工段上的流水节拍。若同一施工过程的流水节拍不等,则用估算法,若流水节拍相等,则按式(2-7)进行计算

$$t = \frac{T}{m} \tag{2-7}$$

式中　t——流水节拍;

T——某施工过程的工作持续时间;

m——某施工过程划分的施工段数。

当施工段数确定后,流水节拍大,则工期相应的就长。因此,从理论上讲,希望流水节拍越小越好。但实际上由于受工作面的限制,每一施工过程在各施工段上都有最小的流水节拍,其数值可按式(2-8)计算

$$t_{\min} = \frac{A_{\min} \times \mu}{S} \tag{2-8}$$

式中　$t_{\min}$——某施工过程在某施工段的最小流水节拍;

$A_{\min}$——每个工人所需最小工作面;

μ——单位工作面工程量含量;

S——产量定额。

式(2-8)计算出的数值,应取整数或半个工日的整倍数,根据工期计算的流水节拍,应大于最小流水节拍。

(二)流水步距

在组织流水施工时,相邻两个专业工作队在保证施工顺序和工程质量、满足连续施工的条件下,相继投入第一个施工段开始施工的时间间隔,称为流水步距。流水步距以 $K_{j,j+1}$ 表示,它是流水施工的基本参数之一。注意,此时的流水步距不包含间歇时间和搭接时间。

1. 确定流水步距的原则

图 2-11 所示的基础工程,挖土与垫层相继投入,第一段开始施工的时间间隔为 2 天,即流水步距 $K=2$(本图 $K_{j,j+1}=K$),其他相邻两个施工过程的流水步距均为 2 天。

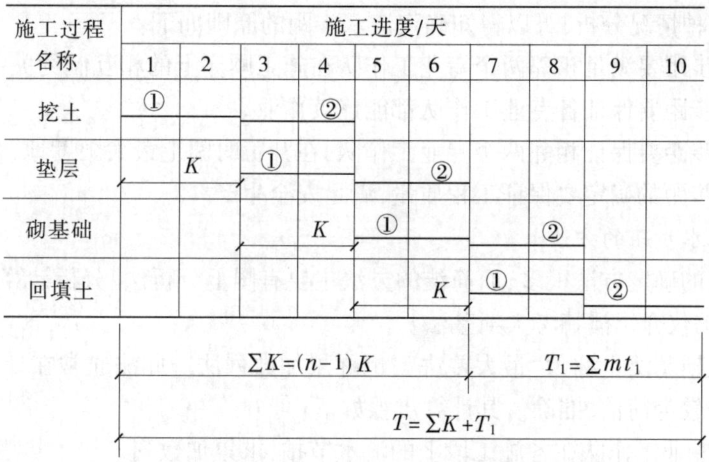

施工过程名称	\multicolumn{10}{c}{施工进度/天}
	1	2	3	4	5	6	7	8	9	10
挖土	①		②							
垫层	K	①		②						
砌基础		K	①		②					
回填土			K	①		②				

$$\sum K = (n-1)K \qquad T_1 = \sum mt_1$$
$$T = \sum K + T_1$$

图 2-11　流水步距与工期的关系

由图 2-11 可知,当施工段确定后,流水步距的大小直接影响着工期的长短。如果施工段不变,流水步距越大,则工期越长;反之,工期就越短。

图 2-12 为流水步距与流水节拍的关系。图 2-12(a)表示 A、B 两个施工过程,分两段施工,流水节拍均为 2 天的情况,此时 $K=2$;图 2-12(b)表示在工作面允许条件下,各增加一倍的工人,使流水节拍缩小,流水步距的变化情况。

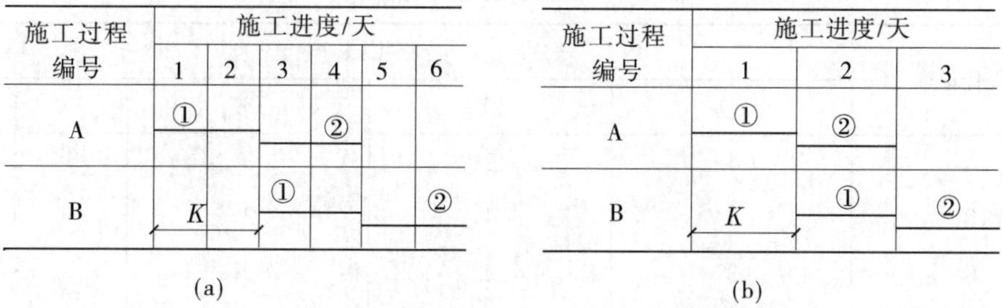

施工过程编号	\multicolumn{6}{c}{施工进度/天}
	1	2	3	4	5	6
A	①		②			
B	K		①		②	

(a)

施工过程编号	\multicolumn{3}{c}{施工进度/天}
	1	2	3
A	①	②	
B	K	①	②

(b)

图 2-12　流水步距与流水节拍的关系

由图 2-12 可知,当施工段不变时,流水步距随流水节拍的增大而增大,随流水节拍的缩小而缩小。

如果人数保持不变,增加施工段数,使每段人数达到饱和,虽然各施工过程施工持续时间总和不变,但流水节拍和流水步距会相应缩小,工期也可缩短,如图 2-13 所示。

施工过程编号	施工进度/天				
	1	2	3	4	5
A	①	②	③	④	
B		①	②	③	④

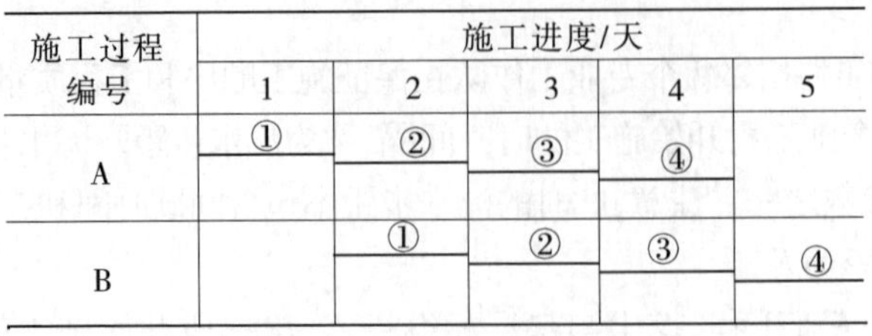

图 2-13 流水步距、流水节拍与施工段的关系

从上述几种情况分析,可以得知确定流水步距的原则如下:

(1)流水步距要满足相邻两个专业工作队在施工顺序上的相互制约关系。

(2)流水步距要保证各专业工作队都能连续作业。

(3)流水步距要保证相邻两个专业工作队,在开工时间上最大限度地、合理地搭接。

(4)流水步距的确定要保证工程质量,满足安全生产。

2.确定流水步距的方法

流水步距的确定方法很多,而简洁的方法主要有图上分析法、分析计算法和潘特考夫斯基法等,本书仅介绍潘特考夫斯基法。

潘特考夫斯基法也称为"最大差法",也称累加数列法。此法通常在计算无节奏的专业流水施工中较为简洁、准确。其计算步骤如下:

(1)根据专业工作队在各施工段上的流水节拍,求累加数列。

(2)根据施工顺序,对所求相邻的两累加数列错位相减。

(3)根据错位相减的结果,确定相邻专业工作队之间的流水步距,即相减结果中数值最大者。

【例2-5】 某项目由四个施工过程组成,分别由 A、B、C、D 四个专业工作队完成,在平面上划分成四个施工段,每个专业工作队在各施工段上的流水节拍如表2-2所示,试确定相邻专业工作队之间的流水步距。

表 2-2 各施工段上的流水节拍   单位:天

工作队	施工段			
	①	②	③	④
A	4	2	3	2
B	3	4	3	4
C	3	2	2	3
D	2	2	1	2

解 (1)求各专业工作队的累加数列。

$$A: \quad 4 \quad 6 \quad 9 \quad 11$$
$$B: \quad 3 \quad 7 \quad 10 \quad 14$$
$$C: \quad 3 \quad 5 \quad 7 \quad 10$$

$$D: 2 \quad 4 \quad 5 \quad 7$$

（2）错位相减。

A 与 B

$$
\begin{array}{r}
4 \quad 6 \quad 9 \quad 11 \\
- \quad 3 \quad 7 \quad 10 \quad 14 \\
\hline
4 \quad 3 \quad 2 \quad 1 \quad -14
\end{array}
$$

B 与 C

$$
\begin{array}{r}
3 \quad 7 \quad 10 \quad 14 \\
- \quad 3 \quad 5 \quad 7 \quad 10 \\
\hline
3 \quad 4 \quad 5 \quad 7 \quad -10
\end{array}
$$

C 与 D

$$
\begin{array}{r}
3 \quad 5 \quad 7 \quad 10 \\
- \quad 2 \quad 4 \quad 5 \quad 7 \\
\hline
3 \quad 3 \quad 3 \quad 5 \quad -7
\end{array}
$$

（3）求流水步距。

因流水步距等于错位相减所得结果中数值最大者，故有

$$K_{A,B} = \max\{4,3,2,1, -14\} = 4（天）$$
$$K_{B,C} = \max\{3,4,5,7, -10\} = 7（天）$$
$$K_{C,D} = \max\{3,3,3,5, -7\} = 5（天）$$

（三）平行搭接时间

在组织流水施工时，有时为了缩短工期，在工作面允许的条件下，如果前一个专业工作队完成部分施工任务后，能够提前为后一个专业工作队提供工作面，使后者提前进入前一个施工段，两者在同一施工段上平行搭接施工，这个搭接的时间称为平行搭接时间，通常以 $C_{j,j+1}$ 表示。

（四）技术间歇时间

在组织流水施工时，除要考虑相邻专业工作队之间的流水步距外，有时根据建筑材料或现浇构件等的工艺性质，还要考虑合理的工艺等待时间，这个等待时间称为间歇时间，如混凝土浇筑后的养护时间、砂浆抹面和油漆面的干燥时间等。技术间歇时间以 $Z_{j,j+1}$ 表示。

（五）组织间歇时间

在流水施工中，由于施工技术或施工组织造成的在流水步距以外增加的间歇时间，称为组织间歇时间。如墙体砌筑前的墙身位置弹线时间，施工人员、机械转移时间，回填土前地下管道检查验收时间等。组织间歇时间以 $G_{j,j+1}$ 表示。

在组织流水施工时，项目经理部对技术间歇时间和组织间歇时间，可根据项目施工中的具体情况分别考虑或统一考虑。但二者的概念、作用和内容是不同的，必须结合具体情况灵活处理。

【单元探索】

施工过程、流水强度、工作面、施工段、施工层、流水节拍、流水步距、平行搭接时间、技术间歇时间和组织间歇时间的确定方法有哪些?

【单元练习】

请扫描二维码,做"流水参数的确定"练习题。

码 2-6　"流水参
数的确定"
练习题

单元三　等节拍专业流水

【单元导航】

问题 1:何谓专业流水? 专业流水分为哪几种形式?
问题 2:何谓全等节拍流水? 其基本特点有哪些?

码 2-7　微课–等
节拍专业流水

【单元解析】

专业流水是指在项目施工中,为生产某一建筑产品或其组成部分的主要专业工种,按照流水施工基本原理组织项目施工的一种组织方式。常用的专业流水方式有等节拍专业流水、异节拍专业流水和无节奏专业流水等几种形式。

等节拍专业流水是指在组织流水施工时,所有的施工过程在各个施工段上的流水节拍彼此相等,也称为固定节拍流水或全等节拍流水。

一、基本特点

(1)流水节拍彼此相等。如有 n 个施工过程,流水节拍为 t_i,则:$t_1 = t_2 = \cdots = t_{n-1} = t_n = t$(常数)。

(2)流水步距彼此相等,而且等于流水节拍,即 $K_{1,2} = K_{2,3} = \cdots = K_{n-1,n} = K$(常数)。

(3)每个专业工作队都能够连续施工,施工段没有空闲。

(4)专业工作队数(n_1)等于施工过程数(n)。

二、组织步骤

(1)确定项目施工起点流向,分解施工过程(n)。

(2)确定施工顺序,划分施工段(m)。划分施工段时,其数目 m 的确定如下:

①无层间关系或无施工层时,$m = n$。

②有层间关系或有施工层时,施工段数目 m 分下面两种情况确定:无技术间歇时间和组织间歇时间时,取 $m = n$;有技术间歇时间和组织间歇时间时,为了保证各专业工作队能连续施工,应取 $m > n$。此时,每层施工段空闲数为 $m - n$,一个空闲施工段的时间为 t,则每层的空闲时间为

$$(m-n) \times t = (m-n) \times K$$

若一个楼层内各施工过程间的技术间歇时间、组织间歇时间之和为 $\sum Z_1$，楼层间技术间歇时间、组织间歇时间为 Z_2。如果每层的 $\sum Z_1$ 均相等，Z_2 也相等，而且为了保证连续施工，施工段上除 $\sum Z_1$ 和 Z_2 外无空闲，则

$$(m-n) \times K = \sum Z_1 + Z_2$$

因此，每层的施工段数 m 可按式（2-9）确定

$$m = n + \frac{\sum Z_1}{K} + \frac{Z_2}{K} \tag{2-9}$$

如果每层的 $\sum Z_1$ 不完全相等，Z_2 也不完全相等，应取各层中最大的 $\sum Z_1$ 和 Z_2，并按式（2-10）确定施工段数

$$m = n + \frac{\max \sum Z_1}{K} + \frac{\max Z_2}{K} \tag{2-10}$$

（3）根据等节拍专业流水要求，按式（2-4）~式（2-8）计算流水节拍数值。

（4）确定流水步距，$K=t$。

（5）计算流水施工的工期。

①不分施工层，可按式（2-11）进行计算

$$T = (m+n-1) \times K + \sum Z_{j,j+1} + \sum G_{j,j+1} - \sum C_{j,j+1} \tag{2-11}$$

式中　T——流水施工总工期；

　　　m——施工段数；

　　　n——施工过程数；

　　　j——施工过程编号，$1 \leqslant j \leqslant n$；

　　　$Z_{j,j+1}$——j 与 $j+1$ 两施工过程间的技术间歇时间；

　　　$G_{j,j+1}$——j 与 $j+1$ 两施工过程间的组织间歇时间；

　　　$C_{j,j+1}$——j 与 $j+1$ 两施工过程间的平行搭接时间。

②分施工层，可按式（2-12）进行计算

$$T = (m \times r + n - 1) \times K + \sum Z_1 - \sum C_{j,j+1}$$
$$\sum Z_1 = \sum Z_{j,j+1}^1 + \sum G_{j,j+1}^1 \tag{2-12}$$

式中　r——施工层数；

　　　$\sum Z_1$——第一个施工层中各施工过程之间的技术间歇时间与组织间歇时间之和；

　　　$\sum Z_{j,j+1}^1$——第一个施工层的技术间歇时间；

　　　$\sum G_{j,j+1}^1$——第一个施工层的组织间歇时间；

　　　其他符号含义同前。

在式（2-12）中，没有二层及二层以上的 $\sum Z_1$ 和 Z_2，是因为它们均已包括在式中的 $m \times r \times t$ 项内，如图 2-14 所示。注意：式（2-12）中 $m \times r \times K = m \times r \times t$。

（6）绘制流水施工指示图表。

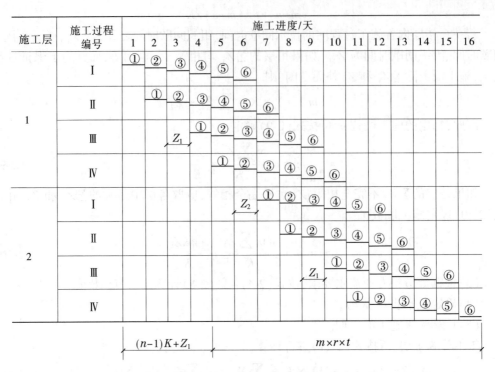

图 2-14　分层且有技术间歇时间、组织间歇时间的等节拍专业流水施工进度

三、应用举例

【例 2-6】　某分部工程由 4 个分项工程组成,划分成 5 个施工段,流水节拍均为 3 天,无技术间歇时间、组织间歇时间,试确定流水步距,计算工期,并绘制流水施工进度表。

解　由已知条件 $t_i = t = 3$ 可知,本分部工程宜组织等节拍专业流水。

(1)确定流水步距。

由等节拍专业流水的特点可知:$K = t = 3$。

(2)计算工期。

由式(2-11)得

$$T = (m + n - 1) \times K = (5 + 4 - 1) \times 3 = 24(天)$$

(3)绘制流水施工进度表,如图 2-15 所示。

【例 2-7】　某项目由 Ⅰ、Ⅱ、Ⅲ、Ⅳ 四个施工过程组成,划分两个施工层组织流水施工,施工过程 Ⅱ 完成后,需养护 1 天下一个施工过程才能施工,且层间技术间歇时间为 1 天,流水节拍均为 1 天。为了保证工作队连续作业,试确定施工段数,计算工期,绘制流水施工进度表。

解　(1)确定流水步距。

由 $t_i = t = 1$ 可知:$K = t = 1$。

(2)确定施工段数。

因项目施工时分两个施工层,其施工段数可按式(2-9)确定

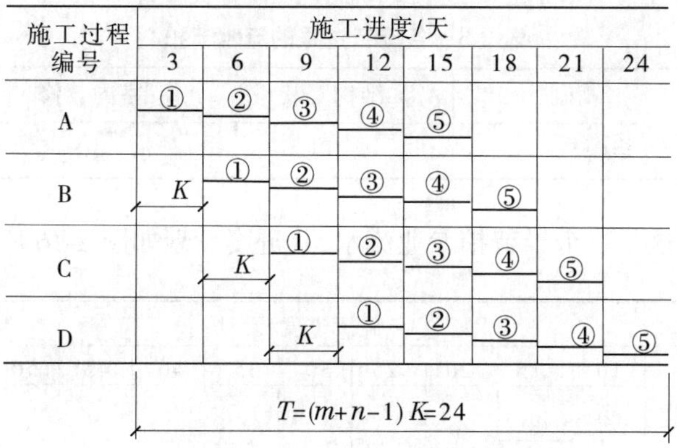

施工过程编号	施工进度/天							
	3	6	9	12	15	18	21	24
A	①	②	③	④	⑤			
B	K	①	②	③	④	⑤		
C		K	①	②	③	④	⑤	
D			K	①	②	③	④	⑤

$$T=(m+n-1)K=24$$

图 2-15 等节拍专业流水施工进度

$$m = n + \frac{\sum Z_1}{K} + \frac{Z_2}{K} = 4 + \frac{1}{1} + \frac{1}{1} = 6$$

(3)计算工期。由式(2-12)得

$$T = (m \times r + n - 1) \times K + \sum Z_1 - \sum C_{j,j+1}$$
$$= (6 \times 2 + 4 - 1) \times 1 + 1 - 0 = 16(天)$$

(4)绘制流水施工进度表。流水施工进度如图 2-14 所示。

【单元探索】

全等节拍流水的组织步骤和方法是什么？

【单元练习】

请扫描二维码，做"等节拍专业流水"练习题。

码 2-8 "等节拍专业流水"练习题

单元四 异节拍专业流水

【单元导航】

何谓异节拍专业流水？其基本特点有哪些？

【单元解析】

码 2-9 微课-异节拍专业流水

在进行等节拍专业流水施工时，有时由于各施工过程的性质、复杂程度不同，可能会出现某些施工过程所需要的人数或机械台数超出施工段上工作面所能容纳数量的情况。这时，只能按施工段所能容纳的人数或机械台数确定这些施工过程的流水节拍，这就可能使某些施工过程的流水节拍与其他施工过程的流水节拍不相等，从而形成异节拍专业流水。

例如，拟兴建四幢大板结构房屋，施工过程为基础、结构安装、室内装修和室外工程，

每幢为一个施工段,经计算,各施工过程的流水节拍如表2-3所示。

表2-3 各施工过程的流水节拍

施工过程	基础	结构安装	室内装修	室外工程
流水节拍/天	5	10	10	5

从表2-3可知,这是一个异节拍专业流水,其进度计划如图2-16所示。

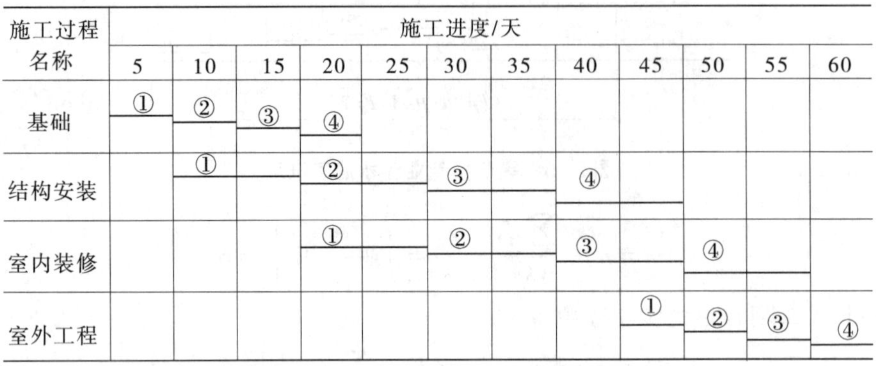

施工过程 名称	施工进度/天											
	5	10	15	20	25	30	35	40	45	50	55	60
基础	①	②	③	④								
结构安装		①		②		③		④				
室内装修				①		②		③		④		
室外工程									①	②	③	④

图2-16 异节拍专业流水施工进度

异节拍专业流水是指在组织流水施工时,如果同一个施工过程在各施工段上的流水节拍彼此相等,不同施工过程在同一施工段上的流水节拍彼此不等而互为倍数的流水施工方式,也称为成倍节拍专业流水。有时,为了加快流水施工速度,在资源供应满足的前提下,对流水节拍长的施工过程,组织几个同工种的专业工作队来完成同一施工过程在不同施工段上的任务,从而就形成了一个工期最短的、类似于等节拍专业流水的等步距的异节拍专业流水施工方案。这里我们主要讨论等步距的异节拍专业流水。

一、基本特点

(1)同一施工过程在各施工段上的流水节拍彼此相等,不同的施工过程在同一施工段上的流水节拍彼此不同,但互为倍数关系。

(2)流水步距彼此相等,且等于流水节拍的最大公约数。

(3)各专业工作队都能够保证连续施工,施工段没有空闲。

(4)专业工作队数大于施工过程数,即 $n_1 > n$。

二、组织步骤

(1)确定施工起点流向,分解施工过程(n)。

(2)确定施工顺序,划分施工段(m)。

①不分施工层时,可按划分施工段的原则确定施工段数,一般取 $m = n_1$。

②分施工层时,每层的段数可按式(2-13)确定。

$$m = n_1 + \frac{\max \sum Z_1}{K_b} + \frac{\max Z_2}{K_b} \tag{2-13}$$

式中　n_1——专业工作队总数；

　　　K_b——等步距的异节拍流水的流水步距；

　　　其他符号含义同前。

（3）按异节拍专业流水确定流水节拍。

（4）按式（2-14）确定流水步距

$$K_b = 最大公约数\{t^1, t^2, \cdots, t^n\} \tag{2-14}$$

（5）按式（2-15）和式（2-16）确定专业工作队数

$$b_j = \frac{t^j}{K_b} \tag{2-15}$$

$$n_1 = \sum_{j=1}^{n} b_j \tag{2-16}$$

式中　t^j——施工过程 j 在各施工段上的流水节拍；

　　　b_j——施工过程 j 所要组织的专业工作队数；

　　　j——施工过程编号，$1 \leqslant j < n$。

（6）确定计划总工期。可按式（2-17）或式（2-18）进行计算。

$$T = (n_1 \times r - 1) \times K_b + m^{zh} \times t^{zh} + \sum Z_{j,j+1} + \sum G_{j,j+1} - \sum C_{j,j+1} \tag{2-17}$$

$$T = (m \times r + n_1 - 1) \times K_b + \sum Z_1 - \sum C_{j,j+1} \tag{2-18}$$

式中　r——施工层数，不分层时 $r=1$，分层时 $r=$ 实际施工层数；

　　　m^{zh}——最后一个施工过程的最后一个专业工作队所要通过的施工段数；

　　　t^{zh}——最后一个施工过程的流水节拍；

　　　其他符号含义同前。

（7）绘制流水施工进度表。

三、应用举例

【例 2-8】　某项目由 Ⅰ、Ⅱ、Ⅲ 等三个施工过程组成，流水节拍分别为 $t^1=2$，$t^2=6$，$t^3=4$，试组织等步距的异节拍流水施工，并绘制流水施工进度表。

解　（1）按式（2-14）确定流水步距

$$K_b = 最大公约数\{2, 6, 4\} = 2（天）$$

（2）由式（2-15）、式（2-16）求专业工作队数

$$b_1 = \frac{t^1}{K_b} = \frac{2}{2} = 1（个）$$

$$b_2 = \frac{t^2}{K_b} = \frac{6}{2} = 3（个）$$

$$b_3 = \frac{t^3}{K_b} = \frac{4}{2} = 2（个）$$

$$n_1 = \sum_{j=1}^{3} b_j = 1 + 3 + 2 = 6（个）$$

(3)求施工段数。为了使各专业工作队都能连续工作,取 $m = n_1 = 6$

(4)计算工期。由式(2-17)式(2-18)求得

$$T = (6 - 1) \times 2 + 3 \times 4 = 22(天)$$

或

$$T = (6 + 6 - 1) \times 2 = 22(天)$$

(5)绘制流水施工进度表。流水施工进度如图2-17所示。

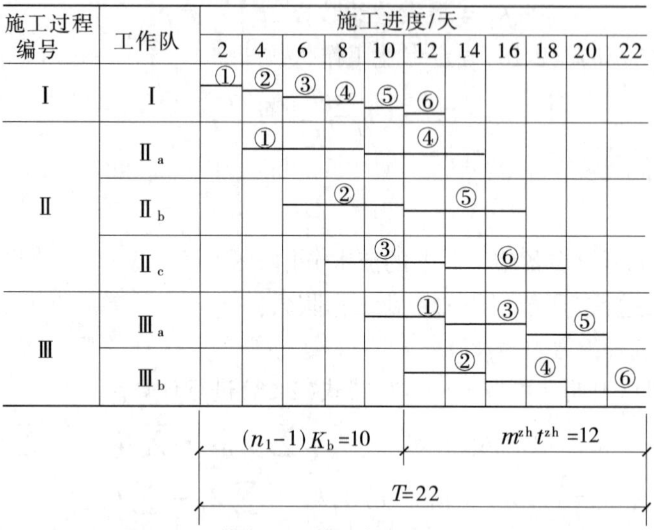

施工过程编号	工作队	施工进度/天										
		2	4	6	8	10	12	14	16	18	20	22
I	I	①	②	③	④	⑤	⑥					
II	II$_a$		①				④					
	II$_b$				②			⑤				
	II$_c$					③			⑥			
III	III$_a$						①		③		⑤	
	III$_b$							②		④		⑥

$(n_1 - 1)K_b = 10$ $m^{zh}t^{zh} = 12$

$T = 22$

图2-17 等步距异节拍专业流水施工进度

【例2-9】 对表2-3若要求缩短工期,在工作面、劳动力和资源供应允许的条件下,各增加一个安装和装修工作队,就组成了等步距异节拍专业流水,试组织等步距的异节拍流水施工,并绘制流水施工进度表。

解 (1)确定流水步距。由式(2-14)得

$$K_b = 最大公约数\{5, 10, 10, 5\} = 5(天)$$

(2)确定专业工作队数。由式(2-15)、式(2-16)得

$$b_1 = \frac{5}{5} = 1(个)$$

$$b_2 = b_3 = \frac{10}{5} = 2(个)$$

$$b_4 = \frac{5}{5} = 1(个)$$

$$n_1 = \sum_{j=1}^{4} b_j = 1 + 2 + 2 + 1 = 6(个)$$

(3)计算工期。

$$T = (m + n_1 - 1) \times K_b = (4 + 6 - 1) \times 5 = 45(天)$$

(4)绘制流水施工进度表如图2-18所示。

【例2-10】 某两层现浇钢筋混凝土工程,施工过程分为安装模板、绑扎钢筋和浇筑混凝土。已知每层每段各施工过程的流水节拍分别为:$t_模 = 2$ 天,$t_扎 = 2$ 天,$t_混 = 1$ 天。当

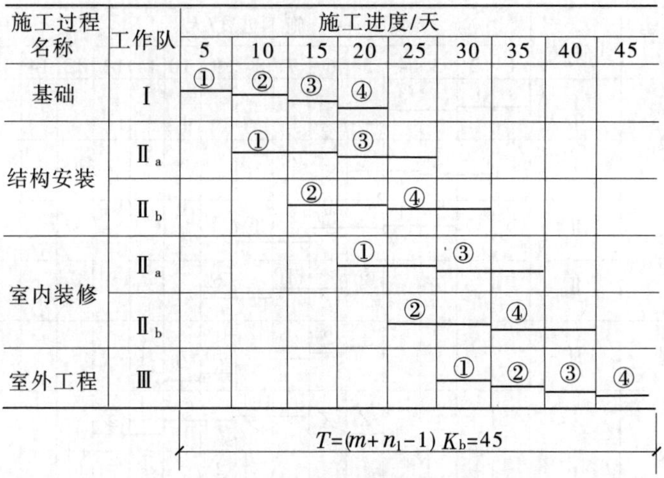

施工过程名称	工作队	施工进度/天								
		5	10	15	20	25	30	35	40	45
基础	I	①	②	③	④					
结构安装	II_a		①		③					
	II_b			②		④				
室内装修	II_a				①		·③			
	II_b					②		④		
室外工程	III					①	②	③	④	

$$T=(m+n_1-1)K_b=45$$

图 2-18　流水施工进度图

安装模板工作队转移到第二结构层的第一段施工时,需待第一层第一段的混凝土养护 1 天后才能进行。在保证各工作队连续施工的条件下,求该工程每层最少的施工段数,并绘出流水施工进度表。

解　按要求,本工程宜采用等步距异节拍专业流水。

(1)确定流水步距。由式(2-14)得

$$K_b = 最大公约数\{2,2,1\} = 1(天)$$

(2)确定专业工作队数。由式(2-15)、式(2-16)得

$$b_1 = \frac{2}{1} = 2(个)$$

$$b_2 = \frac{2}{1} = 2(个)$$

$$b_3 = \frac{1}{1} = 1(个)$$

$$n_1 = \sum_{j=1}^{3} b_j = 2 + 2 + 1 = 5(个)$$

(3)确定每层的施工段数。为保证专业工作队连续施工,其施工段数可按式(2-13)确定

$$m = n_1 + \frac{\max Z_2}{K_b} = 5 + \frac{1}{1} = 6(段)$$

(4)计算工期。由式(2-17)或式(2-18)求得

$$T = (5 \times 2 - 1) \times 1 + 6 \times 1 + 1 = 16(天)$$

或

$$T=(6\times2+5-1)\times1=16(天)$$

(5)绘制流水施工进度表,如图 2-19 或图 2-20 所示。

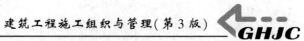

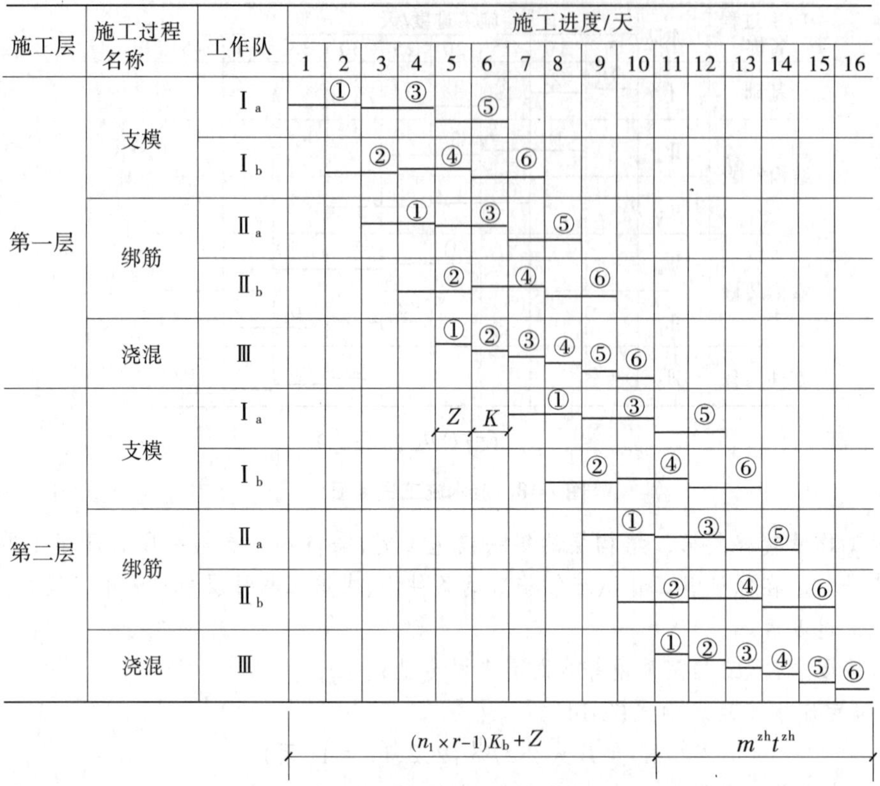

施工层	施工过程名称	工作队	1	2	3	4	5	6	7	8	9	10	11	12	13	14	15	16
第一层	支模	I_a		①		③		⑤										
		I_b			②		④		⑥									
	绑筋	II_a				①		③		⑤								
		II_b					②		④		⑥							
	浇混	III					①	②	③	④	⑤	⑥						
第二层	支模	I_a					Z	K		①		③		⑤				
		I_b									②		④		⑥			
	绑筋	II_a										①		③		⑤		
		II_b											②		④		⑥	
	浇混	III											①	②	③	④	⑤	⑥

区段划分：$(n_1 \times r-1)K_b + Z$　　　$m^{zh}t^{zh}$

图 2-19　按式(2-17)绘制的流水施工进度图

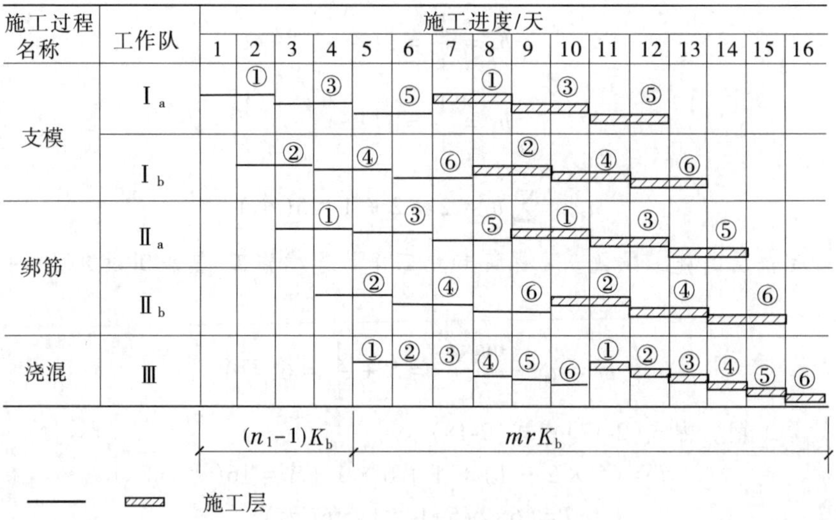

施工过程名称	工作队	1	2	3	4	5	6	7	8	9	10	11	12	13	14	15	16
支模	I_a		①		③		⑤		①		③		⑤				
	I_b			②		④		⑥		②		④		⑥			
绑筋	II_a				①		③		⑤		①		③		⑤		
	II_b					②		④		⑥		②		④		⑥	
浇混	III					①	②	③	④	⑤	①	②	③	④	⑤	⑥	⑥

区段划分：$(n_1-1)K_b$　　　mrK_b

———　▨▨▨　施工层

图 2-20　按式(2-18)绘制的流水施工进度图

【单元探索】

异节拍专业流水的组织步骤和方法有哪些?

【单元练习】

请扫描二维码,做"异节拍专业流水"练习题。

码2-10　"异节拍专业流水"练习题

单元五　无节奏专业流水

【单元导航】

何谓无节奏专业流水? 其基本特点有哪些?

【单元解析】

码2-11　微课-无节奏专业流水

在项目实际施工中,通常每个施工过程在各个施工段上的工程量彼此不等,各专业工作队的生产效率相差较大,导致大多数的流水节拍也彼此不相等,不可能组织成等节拍专业流水或异节拍专业流水。在这种情况下,往往利用流水施工的基本概念,在保证施工工艺、满足施工顺序要求的前提下,按照一定的计算方法,确定相邻专业工作队之间的流水步距,使其在开工时间上最大限度地、合理地搭接起来,形成每个专业工作队都能连续作业的流水施工方式,称为无节奏专业流水,也叫作分别流水。它是流水施工的普遍形式。

一、基本特点

(1)每个施工过程在各个施工段上的流水节拍不尽相等。

(2)在多数情况下,流水步距彼此不相等,而且流水步距与流水节拍之间存在着某种函数关系。

(3)各专业工作队都能连续施工,个别施工段可能有空闲。

(4)专业工作队数等于施工过程数,即 $n_1=n$。

二、组织步骤

(1)确定施工起点流向,分解施工过程。

(2)确定施工顺序,划分施工段。

(3)按相应的公式计算各施工过程在各个施工段上的流水节拍。

(4)按"潘特考夫斯基"法(累加数列,错位相减,取大值)确定相邻两个专业工作队之间的流水步距。

(5)按式(2-19)计算流水施工的计划工期

$$\left.\begin{array}{l} T = \sum_{j=1}^{n-1} K_{j,j+1} + \sum_{i=1}^{m} t_i^{zh} + \sum Z + \sum G - \sum C_{j,j+1} \\ \sum Z = \sum Z_{j,j+1} + \sum Z_{K,K+1} \\ \sum G = \sum G_{j,j+1} + \sum G_{K,K+1} \end{array}\right\} \qquad (2\text{-}19)$$

式中　T——流水施工的计划工期；

$K_{j,j+1}$——j 与 $j+1$ 两专业工作队之间的流水步距；

t_i^{zh}——最后一个施工过程在第 i 个施工段上的流水节拍；

$\sum Z$——技术间歇时间总和；

$\sum Z_{j,j+1}$——相邻两专业工作队 j 与 $j+1$ 之间的技术间歇时间之和（$1 \leqslant j \leqslant n-1$）；

$\sum Z_{K,K+1}$——相邻两施工层间的技术间歇时间之和（$1 \leqslant K \leqslant r-1$）；

$\sum G$——组织间歇时间之和；

$\sum G_{j,j+1}$——相邻两专业工作队 j 与 $j+1$ 之间的组织间歇时间之和（$1 \leqslant j \leqslant n-1$）；

$\sum G_{K,K+1}$——相邻两施工层间的组织间歇时间之和（$1 \leqslant K \leqslant r-1$）；

$\sum C_{j,j+1}$——相邻两专业工作队 j 与 $j+1$ 之间的平行搭接时间之和（$1 \leqslant j \leqslant n-1$）。

(6)绘制流水施工进度表。

三、应用举例

【例2-11】　某项目经理部拟承建一工程,该工程有 Ⅰ、Ⅱ、Ⅲ、Ⅳ、Ⅴ等五个施工过程。施工时在平面上划分成四个施工段,每个施工过程在各个施工段上的流水节拍如表2-4所示。规定施工过程Ⅱ完成后,其相应施工段至少养护 2 天;施工过程Ⅳ完成后,其相应施工段要留有 1 天的准备时间。为了尽早完工,允许施工过程Ⅰ与Ⅱ之间搭接施工 1 天,试编制流水施工方案。

表2-4　各个施工段上的流水节拍

施工段	施工过程				
	Ⅰ	Ⅱ	Ⅲ	Ⅳ	Ⅴ
①	3	1	2	4	3
②	2	3	1	2	4
③	2	5	3	3	2
④	4	3	5	3	1

解　根据题设条件,该工程只能组织无节奏专业流水。

(1)求流水节拍的累加数列

$$\begin{array}{llll}\text{I}: & 3 & 5 & 7 & 11 \\ \text{II}: & 1 & 4 & 9 & 12 \\ \text{III}: & 2 & 3 & 6 & 11 \\ \text{IV}: & 4 & 6 & 9 & 12 \\ \text{V}: & 3 & 7 & 9 & 10 \end{array}$$

（2）确定流水步距。采用潘特考夫斯基法确定相邻专业工作队之间的流水步距为

$$K_{\text{I,II}} = 4\ \text{天} \qquad K_{\text{II,III}} = 6\ \text{天}$$

$$K_{\text{III,IV}} = 2\ \text{天} \qquad K_{\text{IV,V}} = 4\ \text{天}$$

（3）确定计划工期。由题给条件可知：

$Z_{\text{II,III}} = 2$ 天，$G_{\text{IV,V}} = 1$ 天，$C_{\text{I,II}} = 1$ 天，代入式（2-19）得

$$T = (4+6+2+4) + (3+4+2+1) + 2 + 1 - 1 = 28(\text{天})$$

（4）绘制流水施工进度表，如图2-21所示。

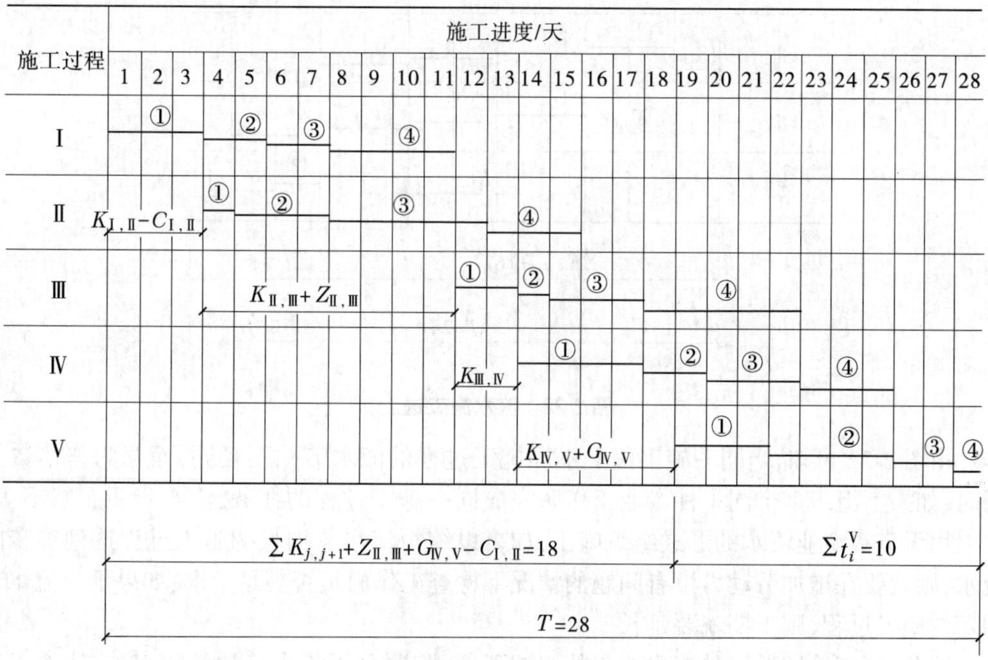

施工进度/天

| 施工过程 | 1 | 2 | 3 | 4 | 5 | 6 | 7 | 8 | 9 | 10 | 11 | 12 | 13 | 14 | 15 | 16 | 17 | 18 | 19 | 20 | 21 | 22 | 23 | 24 | 25 | 26 | 27 | 28 |

图 2-21　流水施工进度

【例2-12】　某工程由 A、B、C、D 等四个施工过程组成，施工顺序为 A→B→C→D，各施工过程的流水节拍为 $t_A = 2$ 天，$t_B = 4$ 天，$t_C = 4$ 天，$t_D = 2$ 天。在劳动力相对固定的条件下，试确定流水施工方案。

解　本例从流水节拍特点看，可组织异节拍专业流水，但因劳动力不能增加，无法做到等步距。为了保证专业工作队连续施工，按无节奏专业流水方式组织施工。

（1）确定施工段数。为使专业工作队连续施工，取施工段数等于施工过程数，即

$$m = n = 4$$

（2）求累加数列

A：　2　4　6　8
B：　4　8　12　16
C：　4　8　12　16
D：　2　4　6　8

(3)确定流水步距(过程略)。

$$K_{A,B} = 2 \text{ 天} \qquad K_{B,C} = 4 \text{ 天} \qquad K_{C,D} = 10 \text{ 天}$$

(4)计算工期。由式(2-19)得

$$T = (2 + 4 + 10) + 2 \times 4 = 24(\text{天})$$

(5)绘制流水施工进度表如图2-22所示。

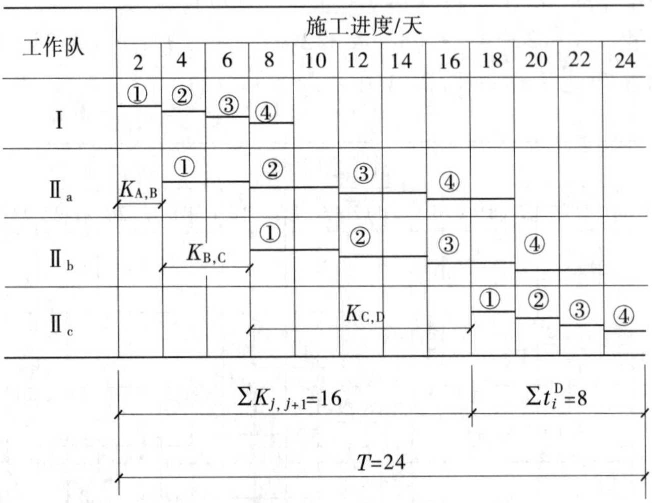

工作队	施工进度/天											
	2	4	6	8	10	12	14	16	18	20	22	24
I	①	②	③	④								
II$_a$	$K_{A,B}$	①		②		③		④				
II$_b$		$K_{B,C}$		①		②		③		④		
II$_c$				$K_{C,D}$					①	②	③	④

$\sum K_{j,j+1}=16$　　　$\sum t_i^D=8$

$T=24$

图2-22　流水施工进度

由图2-22可知,当同一施工段上不同施工过程的流水节拍不相同,而互为整倍数关系时,如果不组织多个同工种专业工作队完成同一施工过程的任务,流水步距必然不等,只能用无节奏专业流水的形式组织施工,如果以缩短流水节拍长的施工过程达到等步距流水,则就要在增加劳动力没有问题的情况下检查工作面是否满足要求;如果延长流水节拍短的施工过程,则工期就要延长。

因此,到底采取哪一种流水施工的组织形式,除要分析流水节拍的特点外,还要考虑工期要求和项目经理部自身的具体施工条件。

任何一种流水施工的组织形式,仅仅是一种组织管理手段,其最终目的是实现企业目标——工程质量好、工期短、成本低、效益高和安全施工。

【单元探索】

无节奏专业流水的组织步骤和方法是什么?

【单元练习】

请扫描二维码,做"无节奏专业流水"练习题。

码2-12　"无节奏专业流水"练习题

单元六 流水施工的应用

【单元导航】

工程实际中,如何组织各种专业流水施工?

【单元解析】

码2-13 微课-
流水施工的应用

通过对前面流水施工基本知识的学习,本单元分别以基础工程、装饰工程和主体工程等分部工程为例,介绍流水施工的组织方法,为单位工程施工组织设计的编制打下基础。

【例2-13】 某建筑公司拟建三幢相同的砖混结构办公楼,其基础工程的施工过程有:A为平整场地、人工挖基槽,B为300 mm厚混凝土垫层,C为砖基础,D为基础圈梁、基础构造柱,E为回填土。通过施工图计算出每一幢办公楼基础工程各施工过程的工程量Q,如表2-5所示。拟采用一班制组织施工,试绘制该基础工程的流水施工进度计划。

表2-5 各施工过程的工程量统计表

序号	施工过程名称	工程量
1	平整场地	335.59 m²
2	人工挖基槽	256.82 m³
3	300 mm厚混凝土垫层	39.50 m³
4	砖基础	52.20 m³
5	基础圈梁	6.43 m³
6	基础构造柱	1.06 m³
7	回填土	181.81 m³

解 (1)以某省建筑安装(装饰)工程综合劳动定额为例,查得上述各施工过程的时间定额H如表2-6所示。

(2)根据劳动量(工日)公式$P = Q \times H$,得到各施工过程的劳动量P,如表2-6所示。

砖基础:$P = Q \times H = 52.20 \times 0.976 = 50.95$(工日)。

回填土:$P = Q \times H = 181.81 \times 0.190 = 34.54$(工日)。

当某一施工过程是由两个或两个以上不同分项工程(工序)合并而成时,或某一施工过程由同一工种但不同做法、不同材料的若干个分项工程(工序)合并组成时,其总劳动量按下式计算

$$P_{\text{总}} = \sum_{i=1}^{n} P_i = P_1 + P_2 + \cdots + P_n$$

例如,本例 300 mm 厚混凝土垫层施工,其支模板、浇筑混凝土两个施工工序的工程量分别为 110.22 m、39.50 m³,查劳动定额得其时间定额分别为 0.282 工日/m、0.814 工日/m³,则完成此混凝土垫层施工所需的劳动量为

$$P_{\text{总}} = P_{\text{模}} + P_{\text{混凝土}} = 110.22 \times 0.282 + 39.50 \times 0.814 = 63.24(\text{工日})$$

同理,算得基础圈梁的劳动量为 18.62 工日,基础构造柱的劳动量为 4.71 工日。

则施工过程 D 的总劳动量为

$$P = 18.62 + 4.71 = 23.33(\text{工日})$$

同理,施工过程 A 的总劳动量为 67.90 工日。

表 2-6　每个工作班所需的工人数计算表

施工过程	名称	内容	工程量 Q	时间定额 H	劳动量 P_i/工日	总劳动量 P/工日	每天人数 R
A	平整场地		335.59 m²	2.86 工日/100 m²	9.60	67.90	17
	人工挖基槽		256.82 m³	0.227 工日/m³	58.30		
B	300 mm 厚混凝土垫层	支模	110.22 m	0.282 工日/m	31.08	63.23	16
		浇捣	39.50 m³	0.814 工日/m³	32.15		
C	砖基础		52.20 m³	0.976 工日/m³	50.95	50.95	13
D	基础圈梁	支模	53.58 m²	1.76 工日/10 m²	18.61	23.33	6
		绑筋	0.623 t	6.35 工日/t			
		浇捣	6.43 m³	0.813 工日/m³			
	砖基础内构造柱部分	支模	6.614 m²	3.32 工日/10 m²	4.71		
		绑筋	0.07 t	6.50 工日/t			
		浇捣	1.06 m³	1.93 工日/m³			
E	回填土		181.81 m³	0.190 工日/m³	34.54	34.54	9

(3)一般工程在招标投标中已限定工期,所以现场常用的方法是工期固定、资源无限。根据合同规定的总工期和本企业的施工经验,确定各分项工程的施工持续时间,然后按各分项工程需要的劳动量或机械台班数量确定每一分项工程每个工作班所需要的工人数或机械数量,也可根据施工单位现有的人员状况先确定其劳动量,再计算各分项工程的施工持续时间,从而组织相应的流水施工。

本基础工程组织等节拍流水施工,确定每个施工过程的流水节拍均为 4 天,根据公式 $R = P/(tN)$(t 为流水节拍,N 为每天工作班制),得到每个工作班所需的工人数 R,如表 2-6 所示。

施工过程 A:$R = P/(tN) = 67.90/(4 \times 1) = 16.98(\text{人})$　　　　取 17 人

施工过程 B：$R = P/(tN) = 63.23/(4 \times 1) = 15.81$（人）　　　取 16 人

施工过程 C：$R = P/(tN) = 50.95/(4 \times 1) = 12.74$（人）　　　取 13 人

施工过程 D：$R = P/(tN) = 23.33/(4 \times 1) = 5.83$（人）　　　取 6 人

施工过程 E：$R = P/(tN) = 34.54/(4 \times 1) = 8.64$（人）　　　取 9 人

本基础工程是三幢相同的办公楼工程，则 $m = 3, n = 5, K = t = 4$。

按式（2-11）计算基础工程组织等节拍流水施工的工期 T 为

$$T = (m + n - 1) \times K + \sum Z_{j,j+1} + \sum G_{j,j+1} - \sum C_{j,j+1}$$
$$= (3 + 5 - 1) \times 4 = 28（天）$$

流水施工进度计划如图 2-23 所示。

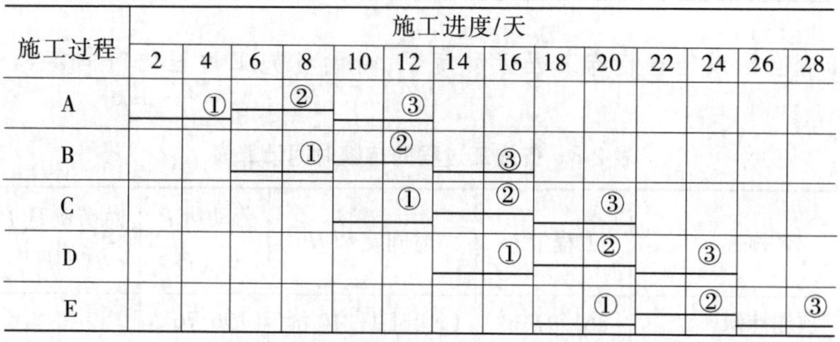

施工过程	施工进度/天													
	2	4	6	8	10	12	14	16	18	20	22	24	26	28
A		①		②			③							
B				①			②		③					
C							①		②		③			
D									①		②		③	
E											①		②	③

图 2-23　基础工程流水施工进度计划

【例 2-14】　某公司办公楼工程共四层，其室内装饰工程的施工过程有：A 为顶棚抹灰、内墙抹灰、门窗安装，B 为楼地面、踢脚线、细部，C 为楼梯抹灰，D 为刷乳胶漆、油漆、玻璃及扶手安装。通过施工图计算出该办公楼装饰工程各施工过程所包含的主要工程量 Q，如表 2-7 所示。拟采用一班制组织施工，试绘制该装饰工程的流水施工进度计划。

表 2-7　各施工过程主要工程量

序号	名称	工程量 Q
1	顶棚抹灰	863.97 m²
2	内墙抹灰	1 546.73 m²
3	木门窗框（扇、五金）安装	29 个
4	铝合金推拉门窗安装	141.12 m²
5	水泥砂浆楼地面	153.99 m²
6	800 mm×800 mm 地砖楼地面	491.59 m²
7	300 mm×300 mm 地砖楼地面	66.91 m²
8	地砖踢脚线	428.87 m
9	水泥砂浆踢脚线	249.28 m
10	卫生间墙裙贴瓷砖	154.94 m²

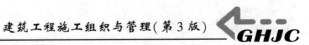

续表2-7

序号	名称	工程量 Q
11	细部	345.13 m²
12	顶棚刷乳胶漆	863.97 m²
13	内墙刷乳胶漆	1 546.73 m²
14	油漆	73.98 m²
15	玻璃安装	9.57 m²
16	楼梯抹灰	50.18 m²
17	楼梯不锈钢管扶手安装	22.35 m

解　(1)查全国或某省装饰工程劳动定额,得到各施工过程的时间定额 H,如表 2-8 所示。

表 2-8　各施工过程的持续时间计算表

施工过程	名称	工程量 Q	时间定额 H	劳动量 P_i /工日	总劳动量 P /工日	持续时间 D/天
A	顶棚抹灰	863.97 m²	1.12 工日/10 m²	96.76	455.04×1.05 =477.79	6
	内墙抹灰	1 546.73 m²	1.12 工日/10 m²	173.23		
	门窗框(扇、五金)安装	29 个	1.904 工日/个	55.22		
	铝合金推拉门窗安装	141.12 m²	9.2 工日/10 m²	129.83		
B	水泥砂浆楼地面	153.99 m²	0.935 工日/10 m²	14.40	246.81	6
	800 mm×800 mm 地砖楼地面	491.59 m²	1.99 工日/10 m²	97.83		
	300 mm×300 mm 地砖楼地面	66.91 m²	2.31 工日/10 m²	15.46		
	地砖踢脚线	428.87 m	0.741 工日/10 m	31.78		
	水泥砂浆踢脚线	249.28 m	0.396 工日/10 m	9.87		
	卫生间墙裙贴瓷砖	154.94 m²	5.00 工日/10 m²	77.47		
C	楼梯抹灰	50.18 m²	5.34 工日/10 m²	26.80	26.80	2
D	顶棚刷乳胶漆	863.97 m²	0.364 工日/10 m²	31.45	114.41	2
	内墙刷乳胶漆	1 546.73 m²	0.364 工日/10 m²	56.30		
	油漆	73.98 m²	1.34 工日/10 m²	9.91		
	玻璃安装	9.57 m²	1.11 工日/10 m²	1.06		
	楼梯不锈钢管扶手安装	22.35 m	0.702 工日/m	15.69		

(2)根据劳动量(工日)计算公式,$P_{总} = \sum_{i=1}^{n} P_i = P_1 + P_2 + \cdots + P_n$,得到各施工过程

的劳动量 $P_{总}$（见表2-8）。施工过程A、B、C、D的劳动量计算方法相同。

例如，施工过程A的劳动量为

$$P = P_1 + P_2 + P_3 + P_4 = 863.97 \times 1.12/10 + 1\,546.73 \times 1.12/10 +$$
$$29 \times 1.904 + 141.12 \times 9.2/10 = 455.04(工日)$$

考虑门窗套处等零星位置的抹灰量未计，将总用工增加5%，则施工过程A的总劳动量为

$$455.04 \times 1.05 = 477.79(工日)$$

其中，铝合金推拉门窗安装的时间定额为综合时间定额，其计算方法如表2-9所示。

铝合金推拉门窗安装的综合产量定额计算为

$$S = \frac{Q_1 + Q_2 + Q_3}{\dfrac{Q_1}{S_1} + \dfrac{Q_2}{S_2} + \dfrac{Q_3}{S_3}} = \frac{9.72 + 126.36 + 5.04}{9.72 \times 8.93/10 + 126.36 \times 9.26/10 + 5.04 \times 8.33/10}$$
$$= 1.086(\text{m}^2/工日)$$

则铝合金推拉门窗安装的综合时间定额为

$$H = \frac{1}{S} = \frac{1}{1.086} \times 10 = 9.2(工日/10\ \text{m}^2)$$

同理，门窗框（扇、五金）安装的时间定额（1.904工日/个）也为综合时间定额，计算方法同上。

表2-9　铝合金推拉门窗安装时间定额计算表

项目名称	工作内容	工程量/m²	时间定额/（工日/10 m²）
铝合金推拉门窗安装（共计141.12 m²）	铝合金推拉门安装	9.72	8.93
	铝合金推拉窗安装（有亮子）	126.36	9.26
	铝合金推拉窗安装（无亮子）	5.04	8.33

根据定额要求，当水泥砂浆楼地面为人力调制砂浆时（工程量较小时采用人力调制砂浆），其时间定额应乘以1.43的系数，即0.654×1.43=0.935（工日/10 m²）。

本装饰工程组织成倍节拍流水，根据施工单位现有的人员条件及各工种的工作面大小，确定施工过程A的劳动量为20人/天，施工过程B的劳动量为11人/天，施工过程C的劳动量为5人/天，施工过程D的劳动量为14人/天。表中的 P，对于施工过程A、B、D来说为四层的总用工，则每层的用工量为 $P/4$；对于施工过程C来说为三层的总用工，则每层的用工量为 $P/3$。各施工过程的流水节拍（见表2-8）。施工采用一班制。

施工过程A的流水节拍为：$t = P/(RN) = 477.79/(4 \times 20 \times 1) = 5.97$（天），取D为6天。

施工过程B的流水节拍为：$t = P/(RN) = 246.81/(4 \times 11 \times 1) = 5.61$（天），取D为6天。

施工过程C的流水节拍为：$t = P/(RN) = 26.80/(3 \times 5 \times 1) = 1.79$（天），取D为2天。

施工过程D的流水节拍为：$t = P/(RN) = 114.41/(4 \times 14 \times 1) = 2.04$（天），取D为

2 天。

　　本装饰工程的施工方案是从顶层向底层流水施工,考虑到刷乳胶漆、油漆和安装玻璃的工作需待楼梯抹灰从上至下全部完成后才能进行,否则就要采取一定的措施,使施工过程 C 和施工过程 D 之间不发生干扰,从而引起施工的难度和费用增加,故施工过程 D 采取不参与流水施工的方案。将本装饰施工分为四个施工段,每一层为一个施工段。

　　施工过程 A、B、C 的流水节拍之间存在着最大公约数 2,可组织成倍节拍流水,以加快施工进度。通过以上分析可知:$m = 4$,$n = 3$(流水施工过程数),$K_b = 2$。

　　施工过程 A 工作队数 = 6/2 = 3(个),施工过程 B 工作队数 = 6/2 = 3(个),施工过程 C 工作队数 = 2/2 = 1(个),总工作队数为 $n_1 = 3 + 3 + 1 = 7$(个)。

　　由于施工过程 D 在四个施工段上的持续时间是 8 天,施工过程 A、B 为四个施工段,而 C 只有三个施工段(把三、四层间的楼梯段看成是四层的楼梯段,二、三层间的楼梯段看成是三层的楼梯段,一、二层间的楼梯段看成是二层的楼梯段),$\sum Z_1$ 和 $\sum C_{j,j+1}$ 均为 0。利用式(2-18)进行工期计算时,需扣除施工过程 C 的一个流水节拍 $t_C = 2$ 天,再加上不参与流水施工的施工过程 D 在四个施工段上的持续时间 $\sum t_D = 8$ 天,即:

$$T = (m \times r + n_1 - 1) \times K_b - t_C + \sum t_D = (4 \times 1 + 7 - 1) \times 2 - 2 + 8 = 26(天)$$

　　流水施工进度计划如图 2-24 所示。

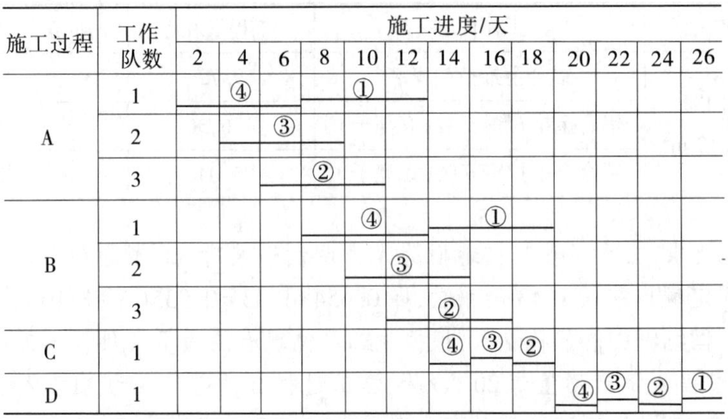

施工过程	工作队数	施工进度/天												
		2	4	6	8	10	12	14	16	18	20	22	24	26
A	1		④			①								
	2			③										
	3				②									
B	1					④			①					
	2						③							
	3							②						
C	1							④	③	②				
D	1										④	③	②	①

图 2-24　装饰工程流水施工进度计划

　　【例 2-15】　某公司办公楼工程为四层,其主体工程的施工过程划分为砌砖工程和混凝土工程两个施工过程。通过施工图计算出该办公楼主体工程各施工过程所包含的主要工程量 Q,如表 2-10 所示,拟采用一班制组织施工,试绘制该主体工程的流水进度计划。

表 2-10　各施工过程的工程量统计表

序号	施工过程名称	工程量
1	内外砖墙	238.31 m³
2	零星砌砖	18.20 m³
3	预制空心板安装	366 块
4	预制梯梁安装	7 个
5	预制梯板安装	6 块
6	预制过梁安装	84 个
7	现浇单跨梁	20.96 m³
8	构造柱	12.39 m³
9	现浇圈梁	17.57 m³
10	现浇混凝土挑檐	0.49 m³
11	现浇混凝土平板	5.67 m³
12	现浇混凝土扶手	0.54 m³
13	现浇混凝土压顶	0.42 m³
14	构造柱模板	85.41 m²
15	单梁模板	140.74 m²
16	现浇圈梁模板	92.83 m²
17	现浇混凝土平板模板	56.70 m²
18	现浇混凝土扶手模板	10.81 m²
19	现浇混凝土压顶模板	8.50 m²
20	预应力钢筋	2.42 t
21	预制构件钢筋	0.56 t
22	现浇构件钢筋	7.32 t

解　(1)查劳动定额,得到各施工过程所包含的主要工作的时间定额 H,如表 2-11 所示。

(2)表 2-11 中综合定额的计算过程和例 2-14 中铝合金推拉门窗安装的综合时间定额的计算方法相同。现浇构件钢筋的制作、预应力钢筋和预制构件钢筋的制作与绑扎为制备类项目,不参与流水作业,但现浇构件钢筋的现场绑扎需参与流水作业。计算结果如表 2-11 所示。

表 2-11 各施工过程的时间定额

序号	施工过程名称	工程量	时间定额 H	综合时间定额
1	内外砖墙	238.31 m³	0.976 工日/m³	
2	零星砌砖	18.20 m³	1.81 工日/m³	
3	预制空心板安装	366 块	0.114 工日/块	0.302 工日/块
4	预制梯梁安装	7 个	1.092 工日/个	
5	预制梯板安装	6 块	0.267 工日/块	
6	预制过梁安装	84 个	1.06 工日/个	
7	现浇单跨梁	20.96 m³	1.13 工日/m³	
8	构造柱	12.39 m³	1.93 工日/m³	
9	现浇圈梁	17.57 m³	1.79 工日/m³	
10	现浇混凝土挑檐	0.49 m³	1.86 工日/m³	1.486 工日/m³
11	现浇混凝土平板	5.67 m³	0.80 工日/m³	
12	现浇混凝土扶手	0.54 m³	1.85 工日/m³	
13	现浇混凝土压顶	0.42 m³	1.85 工日/m³	
14	构造柱模板	85.41 m²	3.32 工日/10 m²	
15	单梁模板	140.74 m²	1.85 工日/10 m²	
16	现浇圈梁模板	92.83 m²	2.16 工日/10 m²	2.22 工日/10 m²
17	现浇混凝土平板模板	56.70 m²	1.47 工日/10 m²	
18	现浇混凝土扶手模板	10.81 m²	2.57 工日/10 m²	
19	现浇混凝土压顶模板	8.50 m²	2.54 工日/10 m²	
20	现浇构件钢筋绑扎	7.32 t	4.92 工日/t	

(3)由式 $R = P/(tN)$(下列计算式中 $P/4$ 为一个施工段上的工程量),得到每个工作班所需的工人数 R,如表 2-12 所示。

砌砖工程:$R = P/(tN) = 265.53/(4 \times 4 \times 1) = 16.60$(人)   取 17 人

混凝土工程:$R = P/(tN) = 349.95/(4 \times 7 \times 1) = 12.50$(人)   取 13 人

表 2-12 每个工作班所需工人数计算表

施工过程	名称	工程量 Q	时间定额 H	劳动量 P_i/工日	总劳动量 P/工日	每天人数 R/人
砌砖	内外墙	238.31 m³	0.976 工日/m³	232.59	265.53	17
	零星砌砖	18.20 m³	1.81 工日/m³	32.94		
混凝土工程	预制构件安装	463 块	0.302 工日/块	140	349.95	13
	模板工程	395 m²	2.22 工日/10 m²	87.69		
	钢筋工程	7.32 t	4.92 工日/t	36.01		
	混凝土工程	58.04 m³	1.486 工日/m³	86.25		

(4)由于办公楼工程为四层,故按每一个自然层划分为一个施工段。主体工程仅有两个施工过程,确定砌砖工程的流水节拍为 4 天,混凝土工程的流水节拍为 7 天,组织异

节奏流水,则两个施工过程的流水步距为4天,根据式(2-19)计算工期 T 为

$$T = \sum_{j=1}^{n-1} K_{j,j+1} + \sum_{i=1}^{m} t_i^{zh} + \sum Z + \sum G - \sum C_{j,j+1} = 4 + 4 \times 7 = 32(天)$$

流水施工进度计划如图 2-25 所示。

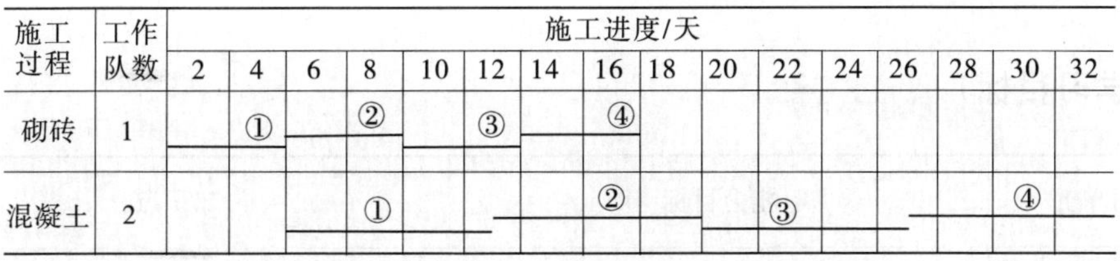

施工过程	工作队数	施工进度/天														
		2	4	6	8	10	12	14	16	18	20	22	24	26	28	30	32
砌砖	1		①		②		③		④								
混凝土	2				①				②			③				④	

图 2-25 主体工程流水施工进度计划

【项目测试】

请扫描二维码,做"流水施工基本原理"测试卷。

码 2-14 "流水施工基本原理"测试卷

项目三　　网络计划技术

【学习目标】

学习单元	能力目标	知识点
单元一	初步了解网络图,其优越性和在工程实际中的应用情况	网络计划的概念和特点; 网络计划的类型
单元二	掌握双代号网络图基本要素的确定方法,关键线路的确定方法	双代号网络图的概念和基本组成要素; 虚工作、关键工作、关键线路
单元三	掌握双代号网络图的绘制规则,虚工作的表达方法,双代号网络图的节点编号和绘制方法	逻辑关系,虚工作的作用
单元四	掌握工作图上计算法、节点图上计算法和节点标号法的计算步骤和方法	时间参数计算的目的,工作持续时间、工期、工作的六个时间参数、节点的两个时间参数
单元五	双代号时标网络计划时间参数计算; 双代号时标网络计划的编制步骤和方法	双代号时标网络计划的概念和特点; 双代号时标网络计划的一般规定
单元六	掌握工期、资源、费用优化的方法	网络计划优化的概念、内容和原则
单元七	初步掌握网络计划在工程实际中的应用	

【思政引导】

港珠澳大桥——展现民族精神的世纪工程

　　港珠澳大桥是中国境内一座连接香港、广东珠海和澳门的桥隧工程,于 2009 年 12 月 15 日动工建设,2017 年 7 月 7 日实现主体工程全线贯通。桥隧全长 55 km,是目前世界上最长的跨海大桥。

　　港珠澳大桥工程具有规模大、工期短,技术新、经验少,工序多、专业广,要求高、难点多的特点,在设计施工、使用年限,以及防撞防震、抗洪抗风、环境保护等方面均有超高标准要求。

港珠澳大桥

港珠澳大桥地处外海,气象水文条件复杂,HSE(健康、安全与环境管理体系)管理难度大。伶仃洋地处珠江口,平日涌浪暗流及每年的南海台风都极大地影响高难度和高精度要求的桥隧施工;海底软基深厚,即工程所处海床面的淤泥质土、粉质黏土深厚,下卧基岩面起伏变化大,基岩埋深基本处于 50~110 m;海水氯盐可腐蚀常规的钢筋混凝土桥结构。伶仃洋是弱洋流海域,大量的淤泥不仅容易在新建桥墩、人工岛屿或在采用盾构技术开挖隧道过程中堆积并阻塞航道、形成冲积平原,而且会干扰人工填岛以及预制沉管的安置与对接;同时,淤泥为生态环境的重要成分,过度开挖可致灾难性破坏;因此桥隧工程既要满足低于 10%阻水率的苛刻要求,又不能过度转移淤泥。伶仃洋立体空间区域内包括重要的水运航道和空运航线,伶仃洋航道每天有 4 000 多艘船只穿梭,毗邻周边机场,通航大桥的规模和施建受到很大限制,部分区域无法修建大桥,只能采用海底隧道方案。港珠澳大桥穿越自然生态保护区,对中华白海豚等世界濒危海洋哺乳动物存在威胁;同时,大桥两端进入香港、珠海市,亦可能对城市产生空气或噪声污染。此外,粤港澳三地在各自法律法规、技术标准、工程管理、市场环境、责任体系、机制效率等均存在较大差异,大桥运营管理复杂。

港珠澳大桥海底隧道所在区域没有现成的自然岛屿,需要人工造岛。受 800 万 t 海床淤泥的影响,施工团队采用了"钢筒围岛"方案:在陆地上预先制造 120 个直径 22.5 m、高度 55 m、重量达 550 t 的巨型圆形钢筒,通过船只将其直接固定在海床上,然后在钢筒合围的中间填土造岛。这种施工方法既能避免过度开挖淤泥,又能避免抛石沉箱在淤泥中滑动。岛上建筑采用表面平整光滑、色泽均匀、棱角分明、无碰损和污染的新型清水混凝土,施工时一次浇注成型,无任何外装饰,有效应对外海高风压、高盐和高湿度的不利环境。

沉管隧道对接技术,就是在海床上浅挖出沟槽,然后将预制好的隧道沉放置沟槽,再进行水下对接。沉管隧道安放和对接的精准要求极高,沉降控制范围在 10 cm 之内,基槽开挖误差范围在 0~0.5 m。沉管隧道最终接头是一个巨大楔形钢筋混凝土结构,重 6 000 t,为中国首个钢壳与混凝土浇筑,由外墙、中墙、内墙和隔板等组成的"三明治"梯形结构沉管,入水后会受洋流、浮力等影响而变化姿态;为了保证吊装完成后顺利止水,高低差需控制在 15 mm 内。沉管隧道安置采用集数字化集成控制、数控拉合、精准声呐测控、遥感压载等为一体的无人对接沉管系统;沉管对接采用多艘大型巨轮、多种技术手段和人工水下作业相结合的方式。在水下沉管对接过程期间,设计师们提出"复合地基"方案,即保留碎石垫层设置,并将岛壁下已使用的挤密砂桩方案移至隧道,形成"复合地基",避免原基槽基础构造方案可能出现的隧道大面积沉降风险。建设者们在海底铺设了 2~3 m 的块石并夯平,将沉管要穿越不同特性的多种地层可能出现的沉降值控制在 10 cm 内,避免整条隧道发生不均匀沉降而漏水。

港珠澳大桥的斜拉桥距离机场很近,受密集航班影响,海上作业建筑限高严格,传统的架设临时塔式起重机吊装方法无法施展。为此,施工团队采用预制索塔牵引吊装的方案,即在陆地上造桥塔,然后通过桥梁底座上的连接轴进行连接,由巨大的钢缆将原水平置放的桥塔牵引旋转 90° 角垂直于桥面后再固定。

港珠澳大桥拱北隧道是全球最大断面双层公路隧道,隧道顶部距离拱北口岸地表不足 5 m,隧道洞口上方是广珠城际高速铁路及其珠海站,施工范围极为有限;为避开"星罗棋布"的管线、桩基,降低对口岸建筑及通关的影响,施工如"针尖上跳舞,麦芒上绣花"。拱北隧道采用上下并行的双层隧道方案,隧道开挖断面达 336.8 m²;同时采用"大断面曲线管幕顶管施工""长距离水平环向冻结""分台阶多步开挖"相结合的施工工法,即先将 36 根直径 1.62 m、平均长度约 257.9 m 的顶管,从隧道一侧工作井顶入、另一侧工作井穿出,再通过冻结管道和低温盐水,让土层中水结冰形成 2 m 厚的冻土层,以此隔绝地下水。

为满足港珠澳大桥高标准的抗震、抗腐蚀等要求,我国科学家研制了多种高性能材料,应用于桥隧建设。其中,港珠澳大桥斜拉桥锚具材料采用经热处理与表面改性超高强韧化技术的碳低合金钢,力学性能极大提高。具有低水化热、低收缩的混凝土配合比,提高了混凝土的抗裂性能,满足沉管隧道 120 年内不漏水的要求。

港珠澳大桥是国家工程、国之重器,其建设创下多项世界之最,非常了不起,体现了一个国家逢山开路、遇水架桥的奋斗精神,体现了我国综合国力、自主创新的能力,体现了勇创世界一流的民族志气。这是一座圆梦桥、同心桥、自信桥、复兴桥。

单元一　网络计划的基本概念

【单元导航】

问题1:何谓网络计划? 其特点有哪些?

问题2:网络计划有哪些类型?

【单元解析】

20 世纪 50 年代,网络计划开始兴起于美国,在美国杜邦公司的工程项目管理和美国海军"北极星"导弹计划中得到了成功应用。随着现代科学技术和工业生产的发展,网络计划成为比较盛行的一种现代生产管理的科学方法。我国从 20 世纪 60 年代中期开始引进这种方法,经过多年的实践和推广,网络计划技术在我国的工程建设领域得到广泛应用,

码3-1　微课–网络计划的概念和特点

尤其是在大中型工程项目的建设中,对资源的合理安排及进度计划的编制、优化和控制等应用效果显著。目前,网络计划技术已成为我国工程建设领域中在工程项目管理方面必不可少的现代化管理方法。

2012 年,中华人民共和国国家质量监督检验检疫总局和中国国家标准化管理委员会颁布了中华人民共和国系列国家标准《网络计划技术》(GB/T 13400.1~3);2015 年,住房和城乡建设部颁布了中华人民共和国行业标准《工程网络计划技术规程》(JGJ/T 121—2015),使工程网络计划技术在计划的编制与控制管理的实际应用中有了一个可遵循的、统一的技术标准,保证了计划的严谨性,对提高建设工程项目的管理科学化发挥了重大作用。

一、网络计划的特点

网络计划是以箭线和节点组成的网状图形来表达工作间的关系和进程的一种进度计划,如图 3-1 所示。与横道计划相比,网络计划具有如下特点:

(1)通过箭线和节点把计划中的所有工作有向、有序地组成一个网状整体,能全面而明确地反映出各项工作之间的相互制约、相互依赖的关系。

(2)通过对时间参数的计算,能找出决定工程进度计划工期的关键工作和关键线路,便于在工程项目管理中抓住主要矛盾,确保进度目标的实现。

(3)根据计划目标,能从许多可行方案中,比较、优选出最佳方案。

(4)利用工作的机动时间,可以合理地进行资源安排和配置,达到降低成本的目的。

(5)能够利用电子计算机编制网络图,并在计划的执行过程中进行有效的监督与控制,实现计划管理的微机化、科学化。

(6)网络图的绘制较麻烦,且表达不像横道图那么直观明了和便于检查、计算资源需求状况。

网络计划技术既是一种计划方法,又是一种科学的管理方法,它可以为项目管理者提供更多信息,有利于加强对计划的控制和计划目标的优化,以取得更大的经济效益。

二、网络计划的分类

网络计划技术繁多,可以划分为多种类型。常见的分类方法有以下几种。

(一)按肯定程度不同分类

根据工作之间逻辑关系和持续时间的肯定程度,网络计划可分为肯定型网络计划和非肯定型网络计划,如表 3-1 所示。

表 3-1　网络计划的类型

类型		持续时间	
		肯定	非肯定
逻辑关系	肯定	关键线路法、搭接网络计划	计划评审技术
	非肯定	决策网络计划	图示评审技术、风险评审技术

本项目重点讨论肯定型网络计划,包括关键线路法和搭接网络计划。

(1)关键线路法是指工作间的逻辑关系肯定不变、各工作的完成时间是确定的,所以工作之间先后顺序的安排是明确的,工程的工期是确定的。由此,可找出决定工期的关键工作、关键线路,通过关键线路控制工程进度计划,提高工程项目管理的效益。

(2)搭接网络计划是在关键线路法的基础上,更方便地表达工作间多种搭接方式的逻辑关系的网络计划。

在实际工程中,由于自然条件、施工方案和材料设备等资源发生变化,工作间的逻辑关系、各工作的完成时间往往并不是如此"肯定",这就是非肯定型网络计划。其包括决策网络计划、计划评审技术、图示评审技术和风险评审技术等。

(二)按代号的不同分类

根据工作的代号,网络计划可分为双代号网络计划和单代号网络计划。

(1)双代号网络图中以节点表示工作的开始或结束,以箭线表示一个工作。这样,箭尾节点和箭头节点两个节点编号作为一个工作的代号,由此组成的网状图形称为双代号网络图,如图3-1(a)所示。

(2)单代号网络图中各项工作是由节点表示,以箭线表示各项工作的相互制约关系。这样,一个节点编号作为一个工作的代号,由此组成的网状图形称为单代号网络图,如图3-1(b)所示。

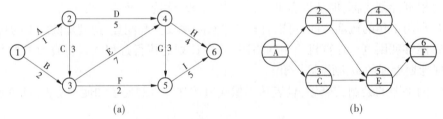

(a)　　　　　　　　　　　　　　　　　　(b)

图3-1　双代号网络图和单代号网络图

(三)按目标的不同分类

根据最终目标的多少,网络计划可分为单目标网络计划和多目标网络计划两种形式。

(1)单目标网络计划是指只有一个最终目标的网络计划,在网络图上表达为只有一个终点节点。如以一个分部工程作为一个目标,而把相互有联系的工作组成的网络称为单目标网络计划,如图3-1所示。

(2)多目标网络计划是指有若干个独立的最终目标的网络计划,在网络图上表达为有若干个终点节点。如以一个群体工程作为多个目标,而把相互有联系的工作组成的网络称为多目标网络计划,如图3-2所示。

单目标、多目标网络计划可以是肯定型或非肯定型的,也可以是单代号或双代号的网络计划。

(四)按时标的不同分类

根据有无时间坐标,网络计划可分为有时间坐标网络计划和无时间坐标网络计划。

在一般双代号网络图中,箭线的长度是任意的。而在双代号有时间坐标网络计划中,网络图上附有时间刻度,箭线按工作的持续时间成比例进行绘制,每个箭线的水平投影长度就是其持续时间,如图3-3所示。

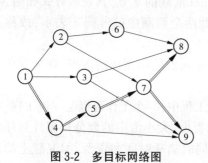

图3-2　多目标网络图

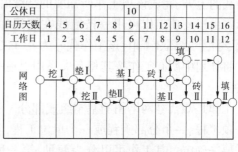

图3-3　有时间坐标网络图

有时间坐标网络计划结合了横道图和网络图的优点,计划明确、直观明了,容易发现工作是提前还是落后于计划,便于对网络计划进行控制、管理。其缺点是随着计划的改变,往往要重新绘制整个网络图。

(五)按编制对象的不同分类

根据编制的对象(范围)不同,网络计划可分为局部网络计划、单位工程网络计划和综合网络计划。

【单元探索】

了解各种类型网络图在工程实际中的应用情况。

【单元练习】

请扫描二维码,做"网络计划的基本概念"练习题。

码3-2　"网络
计划的基本
概念"练习题

单元二　双代号网络图的组成

【单元导航】

问题1:何谓双代号网络图?

问题2:双代号网络图的基本组成要素有哪些?其含义和特征是什么?

问题3:什么是虚工作、关键工作和关键线路?有何特征?

码3-3　微课-
双代号网络
图的组成

【单元解析】

双代号网络图由箭线、节点和线路三个基本要素组成。

一、箭线(工作)

在双代号网络图中,每一条箭线表示一项工作。箭头的方向就是工作的进展方向,工作从箭线的箭尾处开始,一直到箭线的箭头处结束。箭线一般不按比例绘制,其长度原则上是任意的,箭线可以为直线、折线或斜线,但其行进方向均应从左向右,工作的名称标注在箭线的上方,完成该项工作所需要的持续时间标注在箭线的下方,其表示方式如图3-4所示。由于一项工作可用一条箭线在箭尾和箭头处两个圆圈中的号码来表示,故称为"双代号"。在图3-4中,该工作代号为 $i—j$ 工作。

将计划中所有工作按其相互关系用上述符号从左向右绘制而成的图形,称为双代号网络图。

工作是双代号网络图的基本组成部分。在建筑工程中,一个工作可以是一道工序、一个分项工程、一个分部工程或一个单位工程,其粗细程度、大小范围的划分根据计划任务的需要来确定。其工作可以分为两种:第一种需要同时消耗时间和资源,如混凝土的浇筑,既需要消耗时间,也需要消耗劳动力、水泥、砂石等资源;第二种仅仅消耗时间而不消耗资源,如混凝土的养护、油漆的干燥等。

在双代号网络图中,还存在一种特殊的工作——虚工作(虚箭线)。为了正确地表达网络图中各工作之间的逻辑关系,往往需要应用虚工作,虚工作是实际工作中并不存在的一项虚拟工作,它既不占用时间,也不消耗资源,其表示方式如图3-5所示。由于虚工作持续时间为零,也称"零箭线"。

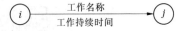

图3-4　双代号网络图工作表示法　　**图3-5　双代号网络图虚工作表示法**

在双代号网络图中,各项工作之间的关系如图3-6所示。通常将被研究的对象称为本工作($i—j$ 工作),紧排在本工作之前的工作称为紧前工作($h—i$ 工作),紧排在本工作之后的工作称为紧后工作($j—k$ 工作),与之平行进行的工作称为平行工作($i—l$ 工作)。

图3-6　双代号网络图工作间的关系

在双代号网络图中,没有紧前工作的工作称为起始工作,没有紧后工作的工作称为结束工作,本工作之前的所有工作称为先行工作,本工作之后的所有工作称为后续工作。

二、节点

节点是双代号网络图中箭线之间的连接点,即工作结束与开始之间的交接之点。在双代号网络图中,节点既不占用时间,也不消耗资源,是个瞬时值,即它只表示工作的开始或结束的瞬间,起着承上启下的衔接作用。

节点一般用圆圈或其他形状的封闭图形表示,圆圈中编上整数号码。每项工作都可用箭尾和箭头的节点的两个编号($i—j$)作为该工作的代号。节点的编号一般应满足 $i<j$ 的要求,即箭尾号码要小于箭头号码,节点的编号顺序应从小到大,可不连续,但不允许重复。

网络图中的第一个节点称为起点节点,它表示一项计划(或工程)的开始;最后一个节点称为终点节点,它表示一项计划(或工程)的结束;其他节点都称为中间节点,每个中间节点既是紧前工作的结束节点,又是紧后工作的开始节点。

三、线路

网络图中从起点节点开始,沿箭头方向顺序通过一系列箭线与节点,最后达到终点节点的通路称为线路。线路上各项工作持续时间的总和称为该线路的计算工期。一般网络图有多条线路,可依次用该线路上的节点代号来记述,其中持续时间最长的一条线路称为关键线路(至少有一条关键线路),该关键线路的计算工期即为该计划的计算工期,位于关键线路上的工作称为关键工作。其余线路称为非关键线路,位于非关键线路上的工作称为非关键工作。

在图 3-7 中,共有三条线路:1—2—3—5—6(12 天),1—2—3…4—5—6(11 天),1—2—4—5—6(13 天),则 1—2—4—5—6 为关键线路,该网络计划工期为 13 天。

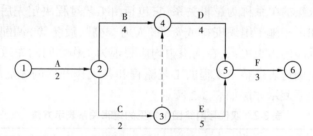

图 3-7 双代号网络图

在网络图中,关键线路要用双箭线、粗箭线或彩色箭线表示,关键线路控制着工程计划的进度,决定着工程计划的工期。在计划执行中,要注意关键线路并不是一成不变的。在一定条件下,关键线路和非关键线路可以相互转化,如关键线路上的工作持续时间缩短,或非关键线路上的工作持续时间增加,都有可能使关键线路与非关键线路发生转换。

【单元探索】

双代号网络图关键线路的确定方法是什么?

【单元练习】

请扫描二维码,做"双代号网络图的组成"练习题。

码 3-4 "双代号网络图的组成"练习题

单元三　双代号网络图的绘制方法

【单元导航】

问题1:何谓工作间的逻辑关系?

问题2:双代号网络图的绘制规则有哪些?

问题3:虚工作的作用和表达方法有哪些?

【单元解析】

一、双代号网络图的绘制规则

(1)网络图必须正确表达工作间的逻辑关系。网络图中工作之间相互制约或相互依赖的关系称为逻辑关系,它包括由工艺过程决定先后顺序的工艺关系和由于施工组织安排或资源(人力、材料、设备等)调配需要而规定先后顺序的组织关系,在网络中均应表现为工作之间的先后顺序。

码3-5　微课-双代号网络图的绘制规则

网络图必须正确地表达整个工程的工艺流程和各工作开展的先后顺序,双代号网络图中常见的逻辑关系表示方法如表3-2所示。

表3-2　双代号网络图中常见的逻辑关系表示方法

序号	工作之间的逻辑关系	表示方法
1	A完成后,进行B和C (A是B、C的紧前工作)	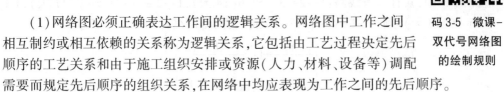
2	A、B完成以后,进行C (C是A、B的紧后工作)	
3	A完成后,进行B;B完成后, 进行C;D完成后,进行C (A是B的紧前工作, B、D是C的紧前工作)	
4	A完成后,进行C; B完成后,进行C、D (A是C的紧前工作, B是C、D的紧前工作)	

续表 3-2

序号	工作之间的逻辑关系	表示方法
5	A 完成后,进行 C、D; B 完成后,进行 D、E (A 是 C、D 的紧前工作, B 是 D、E 的紧前工作)	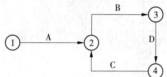

（2）在双代号网络图中,严禁出现循环回路。所谓循环回路,是指从网络图中的某一个节点出发,顺着箭线方向又回到了原来出发点的线路。如图 3-8 所示,2—3—4 形成循环回路,由于其逻辑关系相互矛盾,此网络图表达必定是错误的。

（3）在双代号网络图中,节点间严禁出现双向箭头或无箭头的连线,如图 3-9 所示。

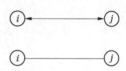

图 3-8　循环回路示意　　　　　图 3-9　错误的箭头画法

（4）在双代号网络图中,严禁出现没有箭头节点或没有箭尾节点的箭线,任何一个箭线的两头必须要有节点,如图 3-10 所示。

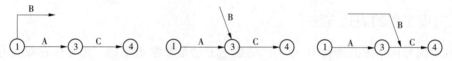

图 3-10　没有箭头节点或没有箭尾节点的箭线

（5）在双代号网络图中,不允许出现相同编号的节点或箭线。如图 3-11 所示,1 节点编号重复,B、C 工作具有相同代号 1—3。

（6）在双代号网络图中,同一项工作不能出现两次。如图 3-12 所示,C 工作出现了两次。

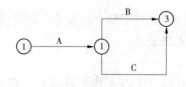　　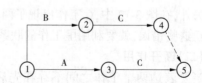

图 3-11　相同编号的节点或箭线　　　　图 3-12　同一项工作出现两次

（7）在双代号网络图中,应只有一个起点节点和一个终点节点。如图 3-13 所示,有 1、3 两个起点节点,5、6 两个终点节点。

（8）绘制网络图时,箭线不宜交叉;当交叉不可避免时,可用过桥法或指向法,如图 3-14 所示。

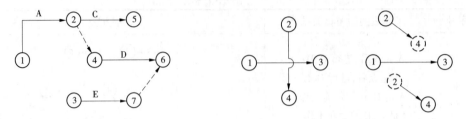

图 3-13　多个起点、终点节点　　　　　图 3-14　箭线交叉的处理方法

(9)在网络图中,箭线的箭头指向一节点,称为该节点的内向箭线;箭线的箭尾从一节点出发,称为该节点的外向箭线。当双代号网络图的某些节点有多条外向箭线或多条内向箭线时,为使图形简洁,可使用母线法绘制,如图 3-15 所示。

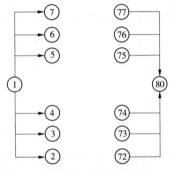

图 3-15　母线法

二、虚工作的表达方法

在双代号网络图的绘制中,虚工作的表达方法是非常重要的。虚工作在双代号网络图中主要有三个作用。

(一)联系作用

当要表达两个工作之间存在先后关系时,可加一个虚工作相连。在图 3-16(a)中,D是 B 的紧后工作,C 是 A 的紧后工作,如果 C 又是 B 的紧后工作,这时可加 3—4 虚工作表达联系作用。虽然从图上看,C 的紧前工作是 A 和 3—4 虚工作,但虚工作本身是个虚拟工作,它表达了 B 是 C 的紧前工作。

另外,在图 3-12 中,C 工作出现了两次;图 3-13 中,出现了两个起点节点和终点节点。要改正这些错误,就要利用虚工作的联系作用进行正确表达。

(二)断开作用

当要表达两个工作之间不存在先后关系时,可加一个虚工作形成断路。在图 3-16(b)中,如果 E 不是 B 的紧后工作,则可加 2—4 虚工作表达断开作用,这样,E 仅是 A 工作的紧后工作,和 B 工作断开了联系,但仍然保证了 C 既是 A 又是 B 的紧后工作。

(三)区分作用

当工作同时开始、同时完成时,不能共有开始节点、结束节点。如图 3-11 所示,B、C 工作有相同的工作代号,造成工作代号混淆,这时,必须加 2—3 或 3—4 虚工作,使 B、C 工作各

有自己的工作代号,并表达 B、C 工作同时开始、同时完成的关系,如图 3-16(c)所示。

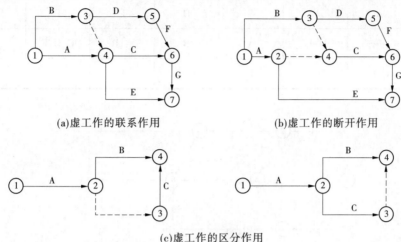

(a)虚工作的联系作用　　　　　　　　　　(b)虚工作的断开作用

(c)虚工作的区分作用

图 3-16　虚工作的作用

三、双代号网络图的节点编号

除满足前述节点编号的基本要求外,原则上只要号码不重复,节点可以任意编号。不过为了计算方便和容易发现回路,最好从小到大依次进行节点编号,考虑增添工作的需要,编号可不必连续。一般按以下原则进行节点编号:

(1)起点节点最先编号,所编节点号为本图中的最小号码。

(2)终点节点最后编号,所编节点号为本图中的最大号码。

(3)中间节点在它的内向箭线的箭尾节点都已编号后,再为箭头节点编号。

(4)节点编号次序可以跳跃,但不能重号。

四、双代号网络图的绘制步骤

(1)根据工艺顺序和施工组织安排,确定各工作之间的逻辑关系。

(2)按照绘制规则从左向右(从起点到终点)绘出网络图草图,特别要注意虚工作的表达方法。

码 3-6　微课–双代号网络图的绘制步骤

(3)检查草图是否正确,并去除多余的虚工作(去除后不影响逻辑关系、不会造成工作代号重复)。

(4)对网络图进行整理,箭线以水平线为主、竖线为辅,节点横竖对齐,尽量做到简洁清楚、层次分明。

(5)对节点进行编号。

五、双代号网络图绘制示例

(1)根据表 3-3 中各工作的逻辑关系,绘制双代号网络图(见图 3-17)。

表 3-3　某分部工程中各工作的逻辑关系表

工作	A	B	C	D	E	F	G
紧前工作	—	—	A	B	A、B	C、D、E	D
紧后工作	C、E	D、E	F	F、G	F	—	—

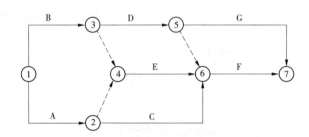

图 3-17　某分部工程双代号网络图

(2)某基础工艺顺序为:挖土(W)—垫层(D)—养护(Y)—基础(J)—回填土(T),当施工段 m=3,绘制双代号网络图(见图 3-18 和图 3-19)。

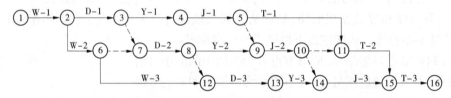

图 3-18　某基础工程按施工段水平排列双代号网络图

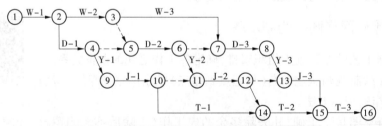

图 3-19　某基础工程按工序水平排列双代号网络图

【单元探索】

双代号网络图的节点编号和绘制方法有哪些?

【单元练习】

请扫描二维码,做"双代号网络图的绘制方法"练习题。

码 3-7　"双代号网络图的绘制方法"练习题

单元四 双代号网络图时间参数的计算

【单元导航】

问题1:时间参数计算的目的是什么?

问题2:工作持续时间、工期、工作的六个时间参数、节点的两个时间参数的概念和确定方法是什么?

【单元解析】

双代号网络图时间参数计算的目的主要有三个:一是计算工期,做到工程进度安排心中有数;二是确定网络计划的关键工作、关键线路,以便在工程施工中抓住主要矛盾;三是为网络计划的执行、优化和调整提供明确的时间参数。

双代号网络图时间参数的计算方法很多,一般常用的有按工作计算法和按节点计算法;在计算方式上又有分析计算法、表上计算法、图上计算法、矩阵计算法和电算法等。本单元只介绍按工作、节点计算法在图上进行计算的方法,由于各种方法在本质上都是一样的,学会工作图上计算法和节点图上计算法,其他方法可以举一反三。

一、时间参数的概念及其符号

码3-8 微课-
双代号网络图
时间参数概念

(一)工作持续时间(D_{i-j})

工作持续时间是对一项工作规定的从开始到完成的时间。在双代号网络计划中,工作 $i-j$ 的持续时间用 D_{i-j} 表示。

(二)工期(T)

工期泛指完成任务所需要的时间,一般有以下三种:

(1)计算工期:根据网络计划时间参数计算出来的工期,用 T_c 表示。

(2)要求工期:任务委托人所提出的指令性工期,用 T_r 表示。

(3)计划工期:根据要求工期和计算工期所确定的作为实施目标的工期,用 T_p 表示。

当已规定了要求工期时,网络计划的计划工期不应大于要求工期;当未规定要求工期时,可令计划工期等于计算工期。

(三)工作的六个时间参数

(1)工作最早开始时间(ES_{i-j}):是指在各紧前工作全部完成后,本工作有可能开始的最早时刻。工作 $i-j$ 的最早开始时间用 ES_{i-j} 表示。

(2)工作最早完成时间(EF_{i-j}):是指在各紧前工作全部完成后,本工作有可能完成的最早时刻。工作 $i-j$ 的最早完成时间用 EF_{i-j} 表示。

(3)工作最迟开始时间(LS_{i-j}):是指在不影响整个任务按期完成的前提下,本工作必须开始的最迟时刻。工作 $i-j$ 的最迟开始时间用 LS_{i-j} 表示。

(4)工作最迟完成时间(LF_{i-j}):是指在不影响整个任务按期完成的前提下,本工作必须完成的最迟时刻。工作 $i—j$ 的最迟完成时间用 $LF_{i—j}$ 表示。

(5)总时差($TF_{i—j}$):是指在不影响总工期的前提下,本工作可以利用的机动时间。工作 $i—j$ 的总时差用 $TF_{i—j}$ 表示。

(6)自由时差($FF_{i—j}$):是指在不影响其紧后工作最早开始的前提下,本工作可以利用的机动时间。工作 $i—j$ 的自由时差用 $FF_{i—j}$ 表示。

(四)节点的两个时间参数

(1)节点最早时间(ET_i):是指该节点的内向箭线全部完成,外向箭线有可能开始的最早时刻。节点 i 的最早时间用 ET_i 表示。

(2)节点最迟时间(LT_i):是指在不影响终点节点最迟时间的前提下,该节点的内向箭线最迟必须完成的时间。节点 i 的最迟时间用 LT_i 表示。

二、工作图上计算法

按工作图上计算法计算网络计划中各时间参数,其计算结果应直接标注在箭线的上方,如图 3-20 所示。

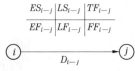

图 3-20　按工作计算时间
参数标注形式

码 3-9　微课–
工作图上计算
法的时间参数

(一)计算步骤

1. 工作最早开始时间和最早完成时间的计算

从定义可知,工作最早时间参数受到紧前工作的约束,故其计算顺序应从左向右,从起点节点开始,顺着箭线方向依次逐项计算,一直到终点节点。

当网络计划没有规定开始时间时,从起点节点出发的工作的最早开始时间为零。如网络计划起点节点的编号为1,则

$$ES_{i—j} = 0(i = 1) \tag{3-1}$$

每个工作最早完成时间等于工作的最早开始时间加上其持续时间,即

$$EF_{i—j} = ES_{i—j} + D_{i—j} \tag{3-2}$$

除以起点节点起始工作外,每个工作的最早开始时间等于各紧前工作的最早完成时间 $EF_{h—i}$ 的最大值,即

$$ES_{i—j} = \max[EF_{h—i}] \tag{3-3}$$

或
$$ES_{i—j} = \max[ES_{h—i} + D_{h—i}] \tag{3-4}$$

2. 确定计算工期 T_c

计算工期等于以网络计划的终点节点为箭头节点的各个工作的最早完成时间的最大值。当网络计划终点节点的编号为 n 时,计算工期为

$$T_c = \max[EF_{i—n}] \tag{3-5}$$

当无要求工期的限制时,取计划工期等于计算工期,即 $T_p = T_c$。

3.工作最迟开始时间和最迟完成时间的计算

从定义可知,工作最迟时间参数受到紧后工作的约束,故其计算顺序应从右向左,从终点节点起,逆着箭线方向依次逐项计算,一直到起点节点。

以网络计划的终点节点$(j=n)$结束的工作的最迟完成时间等于计划工期 T_p,即

$$LF_{i-n} = T_p \tag{3-6}$$

每个工作的最迟开始时间等于工作最迟完成时间减去其持续时间,即

$$LS_{i-j} = LF_{i-j} - D_{i-j} \tag{3-7}$$

除以终点节点结束的工作外,每个工作的最迟完成时间等于各紧后工作的最迟开始时间 LS_{j-k} 的最小值,即

$$LF_{i-j} = \min[LS_{j-k}] \tag{3-8}$$

或

$$LF_{i-j} = \min[LF_{j-k} - D_{j-k}] \tag{3-9}$$

4.计算工作总时差

总时差是指在不影响总工期的前提下本工作可以利用的机动时间。总时差等于其最迟开始时间减去最早开始时间,或等于最迟完成时间减去最早完成时间,即

$$TF_{i-j} = LS_{i-j} - ES_{i-j} \tag{3-10}$$

或

$$TF_{i-j} = LF_{i-j} - EF_{i-j} \tag{3-11}$$

5.计算工作自由时差

自由时差是指在不影响其紧后工作最早开始时间的前提下,本工作可以利用的机动时间。当工作 $i-j$ 有紧后工作 $j-k$ 时,其自由时差应为

$$FF_{i-j} = ES_{j-k} - EF_{i-j} \tag{3-12}$$

或

$$FF_{i-j} = ES_{j-k} - ES_{i-j} - D_{i-j} \tag{3-13}$$

以网络计划的终点节点$(j=n)$结束的工作,其自由时差 FF_{i-n} 应按网络计划的计划工期 T_p 确定,即

$$FF_{i-n} = T_p - EF_{i-n} \tag{3-14}$$

6.关键工作和关键线路的确定

当 $T_p = T_c$ 时,总时差为正值或零,总时差等于零的工作为关键工作;当 $T_p > T_c$ 或 $T_p < T_c$ 时,总时差为正值或负值,总时差最小的工作为关键工作。

自始至终全部由关键工作组成的线路为关键线路,即线路上总的工作持续时间最长的线路为关键线路。网络图上的关键线路可用双线、粗线或彩色线标注。

(二)计算示例

【例3-1】 已知网络计划如图3-21所示,若计划工期等于计算工期,试计算各项工作的六个时间参数并确定关键线路,标注在网络计划上。

解 (1)计算各项工作的最早开始时间和最早完成时间。

从起点节点(1节点)开始顺着箭线方向依次逐项计算到终点节点(6节点)。

以网络计划起点节点开始的各工作的最早开始时间为零,即

$$ES_{1-2} = ES_{1-3} = 0$$

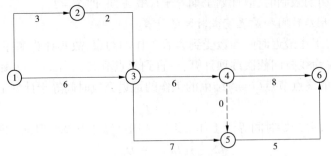

图 3-21　某双代号网络计划

计算各项工作的最早开始时间和最早完成时间,有

$$EF_{1-2} = ES_{1-2} + D_{1-2} = 0 + 3 = 3$$
$$EF_{1-3} = ES_{1-3} + D_{1-3} = 0 + 6 = 6$$
$$ES_{2-3} = EF_{1-2} = 3$$
$$EF_{2-3} = ES_{2-3} + D_{2-3} = 3 + 2 = 5$$
$$ES_{3-4} = ES_{3-5} = \max[EF_{1-3}, EF_{2-3}] = \max[6,5] = 6$$
$$EF_{3-4} = ES_{3-4} + D_{3-4} = 6 + 6 = 12$$
$$EF_{3-5} = ES_{3-5} + D_{3-5} = 6 + 7 = 13$$
$$ES_{4-6} = ES_{4-5} = EF_{3-4} = 12$$
$$EF_{4-6} = ES_{4-6} + D_{4-6} = 12 + 8 = 20$$
$$EF_{4-5} = 12 + 0 = 12$$
$$ES_{5-6} = \max[EF_{3-5}, EF_{4-5}] = \max[13,12] = 13$$
$$EF_{5-6} = ES_{5-6} + D_{5-6} = 13 + 5 = 18$$

将以上计算结果标注在图 3-22 中的相应位置。

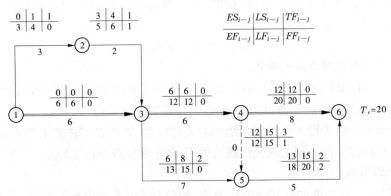

图 3-22　某双代号网络计划工作图上计算法

(2)确定计算工期 T_c 及计划工期 T_p。

计算工期为　　　$T_c = \max[EF_{5-6}, EF_{4-6}] = \max[18,20] = 20$

已知计划工期等于计算工期,即

$$T_p = T_c = 20$$

（3）计算各项工作的最迟开始时间和最迟完成时间。

从终点节点（6节点）开始逆着箭线方向依次逐项计算到起点节点（1节点）。

以网络计划终点节点结束的工作的最迟完成时间等于计划工期，即

$$LF_{4-6} = LF_{5-6} = 20$$

计算各项工作的最迟开始时间和最迟完成时间，即

$$LS_{4-6} = LF_{4-6} - D_{4-6} = 20 - 8 = 12$$

$$LS_{5-6} = LF_{5-6} - D_{5-6} = 20 - 5 = 15$$

$$LF_{3-5} = LF_{4-5} = LS_{5-6} = 15$$

$$LS_{3-5} = LF_{3-5} - D_{3-5} = 15 - 7 = 8$$

$$LS_{4-5} = LF_{4-5} - D_{4-5} = 15 - 0 = 15$$

$$LF_{3-4} = \min[LS_{4-5}, LS_{4-6}] = \min[15, 12] = 12$$

$$LS_{3-4} = LF_{3-4} - D_{3-4} = 12 - 6 = 6$$

$$LF_{1-3} = LF_{2-3} = \min[LS_{3-4}, LS_{3-5}] = \min[6, 8] = 6$$

$$LS_{1-3} = LF_{1-3} - D_{1-3} = 6 - 6 = 0$$

$$LS_{2-3} = LF_{2-3} - D_{2-3} = 6 - 2 = 4$$

$$LF_{1-2} = LS_{2-3} = 4$$

$$LS_{1-2} = LF_{1-2} - D_{1-2} = 4 - 3 = 1$$

将以上计算结果标注在图 3-22 中的相应位置。

（4）计算各项工作的总时差 TF_{i-j}。

可以用式（3-10）或式（3-11）计算，得

$$TF_{1-2} = LS_{1-2} - ES_{1-2} = 1 - 0 = 1$$

或
$$TF_{1-2} = LF_{1-2} - EF_{1-2} = 4 - 3 = 1$$

$$TF_{1-3} = LS_{1-3} - ES_{1-3} = 0 - 0 = 0$$

$$TF_{2-3} = LS_{2-3} - ES_{2-3} = 4 - 3 = 1$$

$$TF_{3-4} = LS_{3-4} - ES_{3-4} = 6 - 6 = 0$$

$$TF_{3-5} = LS_{3-5} - ES_{3-5} = 8 - 6 = 2$$

$$TF_{4-5} = LS_{4-5} - ES_{4-5} = 15 - 12 = 3$$

$$TF_{4-6} = LS_{4-6} - ES_{4-6} = 12 - 12 = 0$$

$$TF_{5-6} = LS_{5-6} - ES_{5-6} = 15 - 13 = 2$$

将以上计算结果标注在图 3-22 中的相应位置。

（5）计算各项工作的自由时差 FF_{i-j}。

可以用式（3-12）和式（3-14）计算，得

$$FF_{1-2} = ES_{2-3} - EF_{1-2} = 3 - 3 = 0$$

$$FF_{1-3} = ES_{3-4} - EF_{1-3} = 6 - 6 = 0$$

$$FF_{2-3} = ES_{3-5} - EF_{2-3} = 6 - 5 = 1$$

$$FF_{3-4} = ES_{4-6} - EF_{3-4} = 12 - 12 = 0$$

$$FF_{3-5} = ES_{5-6} - EF_{3-5} = 13 - 13 = 0$$

$$FF_{4-5} = ES_{5-6} - EF_{4-5} = 13 - 12 = 1$$

$$FF_{4-6} = T_p - EF_{4-6} = 20 - 20 = 0$$
$$FF_{5-6} = T_p - EF_{5-6} = 20 - 18 = 2$$

将以上计算结果标注在图3-22中的相应位置。

(6)确定关键工作及关键线路。

在图3-22中,最小的总时差是0,所以凡是总时差为0的工作均为关键工作,即关键工作是:1—3、3—4、4—6。

全由关键工作组成的关键线路是:1—3—4—6。关键线路用双箭线进行标注,如图3-22所示。

(7)时差分析。

首先,分析关键工作,可知其总时差等于0,自由时差也都等于0,即关键工作没有任何机动时间。其次,分析非关键工作,可知其总时差大于0,自由时差可大于0(如工作2—3、4—5、5—6),自由时差也可等于0(如工作1—2、3—5),即自由时差为总时差的一部分,其值小于或等于总时差。总时差不仅用于本工作,而且与前后工作都有关系,它为一条线路或线段所共有,而自由时差对后续工作没有影响,利用某项工作的自由时差时,其后续工作仍可按最早可能开始的时间开始。当以关键线路上的节点为结束节点的工作时,其自由时差与总时差相等(如工作2—3、5—6)。

三、节点图上计算法

按节点图上计算法计算网络计划中各时间参数,其计算结果应直接标注在节点的上方,如图3-23所示。

码3-10　微课-节点图上计算法的时间参数

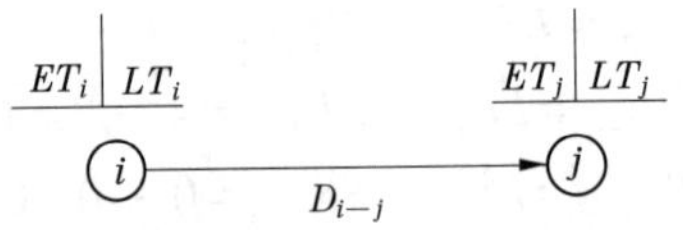

图3-23　按节点计算时间参数标注形式

(一)计算步骤

1.节点最早时间的计算

节点最早时间参数应从左向右,从起点节点开始顺着箭线方向依次逐项计算,一直到终点节点。

当网络计划没有规定开始时间时,起点节点的最早时间为零。如网络计划起点节点的编号为1,则

$$ET_i = 0(i = 1) \tag{3-15}$$

除起点节点外,每个节点的最早时间等于各内向箭线的箭尾节点最早时间与箭线持续时间之和的最大值,即

$$ET_j = \max[ET_i + D_{i-j}] \tag{3-16}$$

2.确定计算工期

计算工期等于网络计划的终点节点最早时间。当网络计划终点节点的编号为n时,计算工期为

$$T_c = ET_n \tag{3-17}$$

当无要求工期的限制时,取计划工期等于计算工期,即 $T_p = T_c$。

3.节点最迟时间的计算

节点最迟时间参数应从右向左,从终点节点起逆着箭线方向依次逐项计算,一直到起点节点。

终点节点 n 的最迟时间等于计划工期 T_p,即

$$LT_n = T_p \tag{3-18}$$

除终点节点外,每个节点的最迟时间等于各外向箭线的箭头节点的最迟时间与箭线持续时间之差的最小值,即

$$LT_i = \min[LT_j - D_{i-j}] \tag{3-19}$$

4.计算工作总时差

总时差等于工作箭头节点最迟时间减去箭尾节点最早时间再减去工作持续时间,即

$$TF_{i-j} = LT_j - ET_i - D_{i-j} \tag{3-20}$$

5.计算工作自由时差

自由时差等于工作箭头节点最早时间减去箭尾节点最早时间再减去工作持续时间,即

$$FF_{i-j} = ET_j - ET_i - D_{i-j} \tag{3-21}$$

6.工作的最早、最迟时间参数

工作的最早开始时间、最早完成时间参数是与工作箭尾节点最早时间对应的,即

$$ES_{i-j} = ET_i \tag{3-22}$$

$$EF_{i-j} = ET_i + D_{i-j} \tag{3-23}$$

工作的最迟开始时间、最迟完成时间参数是与工作箭头节点最迟时间对应的,即

$$LF_{i-j} = LT_j \tag{3-24}$$

$$LS_{i-j} = LT_j - D_{i-j} \tag{3-25}$$

7.关键工作和关键线路的确定

关键工作和关键线路的确定与工作计算法的确定原则是一致的。

(二)计算示例

【例3-2】 已知网络计划如图3-21所示,若计划工期等于计算工期,试用节点图上计算法计算各时间参数并确定关键线路,标注在网络计划上。

解 (1)节点最早时间的计算

$$ET_1 = 0$$
$$ET_2 = 0 + 3 = 3$$
$$ET_3 = \max[(0+6),(3+2)] = 6$$
$$ET_4 = 6 + 6 = 12$$
$$ET_5 = \max[(12+0),(6+7)] = 13$$
$$ET_6 = \max[(12+8),(13+5)] = 20$$

将以上计算结果标注在图3-24中的相应位置。

(2)确定计算工期 T_c

$$T_c = ET_6 = 20$$

已知计划工期等于计算工期,即

$$T_p = T_c = 20$$

(3)节点最迟时间的计算

$$LT_6 = T_p = 20$$
$$LT_5 = 20-5 = 15$$
$$LT_4 = \min[(20-8),(15-0)] = 12$$
$$LT_3 = \min[(12-6),(15-7)] = 6$$
$$LT_2 = 6-2 = 4$$
$$LT_1 = \min[(4-3),(6-6)] = 0$$

将以上计算结果标注在图 3-24 中的相应位置。

(4)计算工作时间参数。

按式(3-20)~式(3-25)计算工作的总时差、自由时差,工作最早开始时间、完成时间,工作最迟开始时间、完成时间。计算结果如图 3-24 所示。

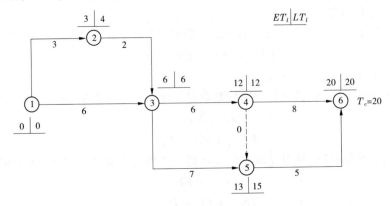

图 3-24　某双代号网络计划节点图上计算法

四、节点标号法

在前面网络图计算中,是以总时差最小的工作为关键工作,而自始至终全部由关键工作组成的线路为关键线路。实际上,只要计算节点最早时间参数并标出源节点编号,就可寻找到网络图中持续时间最长的线路,即关键线路和关键工作,这种方法称为节点标号法。

通过节点标号法,不需计算全部时间参数,就可快速确定网络计划的计算工期和关键线路,便于在网络计划编制中对网络计划做出调整、优化。

(一)计算步骤

1.计算节点的最早时间

按式(3-15)、式(3-16),从左向右计算各节点的最早时间 ET_i。

2.标出源节点号

除起点节点外,每个节点标出该节点 ET_i 是由哪一个节点计算得来的,即标出源节点号。

3.确定计算工期

计算工期等于网络计划的终点节点最早时间,即式(3-17)。

4.确定关键线路和关键工作

从网络计划终点节点开始,从右向左,逆箭线方向,按源节点号到达起点节点的线路就是网络图中持续时间最长的线路,即关键线路,在关键线路上的工作为关键工作。在网络图上,关键线路可用双线、粗线或彩色线标注。

(二)计算示例

【例3-3】 已知网络计划如图3-25所示,试用节点标号法确定计算工期和关键线路,标注在网络计划上。

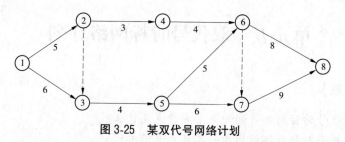

图3-25 某双代号网络计划

解 (1)节点最早时间的计算

$$ET_1 = 0$$
$$ET_2 = 0+5 = 5,源节点号:(1)$$
$$ET_3 = \max[(0+6),(5+0)] = 6,源节点号:(1)$$
$$ET_4 = 5+3 = 8,源节点号:(2)$$
$$ET_5 = 6+4 = 10,源节点号:(3)$$
$$ET_6 = \max[(8+4),(10+5)] = 15,源节点号:(5)$$
$$ET_7 = \max[(15+0),(10+6)] = 16,源节点号:(5)$$
$$ET_8 = \max[(15+8),(16+9)] = 25,源节点号:(7)$$

将以上计算结果标注在图3-26中的相应位置。

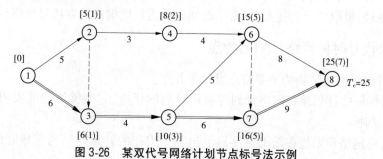

图3-26 某双代号网络计划节点标号法示例

(2)确定计算工期

$$T_c = ET_8 = 25$$

(3)确定关键线路和关键工作。

从终点节点8开始,逆箭线方向,按源节点号到达起点节点1的线路为8—7—5—3—1,即为关键线路。该线路上的1—3、3—5、5—7、7—8为关键工作。

关键线路用双线表示,如图3-26所示。

【单元探索】

工作图上计算法、节点图上计算法、节点标号法的计算步骤和方法比较。

码3-11 "双代号网络图时间参数的计算"练习题

【单元练习】

请扫描二维码,做"双代号网络图时间参数的计算"练习题。

单元五　双代号时标网络计划

【单元导航】

问题1:双代号时标网络计划的概念和特点是什么?

问题2:双代号时标网络计划的一般规定有哪些?

问题3:如何计算双代号时标网络计划的时间参数?

【单元解析】

一、双代号时标网络计划的概念

码3-12 微课-双代号时标网络计划的基本概念

一般双代号网络计划都是不带时标的,工作持续时间与箭线长短无关。虽然绘制较方便,但因为没有时标,看起来不太直观,不像建筑工程中常用的横道图可从图上直接看出各项工作的开始时间和完成时间,并可按天统计资源需要量,编制资源需要量计划。

双代号时标网络计划是综合应用一般双代号网络计划和横道图的时间坐标原理,吸取二者的优点,以水平时间坐标为尺度编制的双代号网络计划。

二、双代号时标网络计划的特点

双代号时标网络计划的主要特点有以下几点:

(1)时标网络计划兼有网络计划与横道计划的优点,它能够清楚地表明计划的时间进程,表达清晰。

(2)时标网络计划能在图上直接显示出各项工作的开始时间与完成时间、工作的自由时差及关键线路,而不必通过计算才能得到时间参数。

(3)在时标网络计划中可以统计每一个单位时间对资源的需要量,可绘出资源动态图,并方便进行资源优化和调整。

(4)由于箭线受到时间坐标的限制,当计划发生变化时,对网络图的修改比较麻烦,往往要重新绘图,但可利用计算机绘制网络图解决这一问题。

三、双代号时标网络计划的一般规定

（1）时标网络计划必须以水平时间坐标为尺度表示工作时间,时间坐标的时间单位应根据需要在编制网络计划之前确定,可为季、月、周、天等。

（2）时标网络计划应以实箭线表示工作,以虚箭线表示虚工作,以波形线表示工作的自由时差。

（3）时标网络计划中所有符号在时间坐标上的水平投影位置都必须与其时间参数相对应,节点中心必须对准相应的时标位置。

（4）虚工作必须以垂直方向的虚箭线表示(不能从右向左),有自由时差时加波形线表示。

四、双代号时标网络计划的编制

时标网络计划宜按各个工作的最早开始时间编制。在编制时标网络计划之前,应先按已确定的时间单位绘制出时标计划表,如表3-4所示。

表3-4　时标计划表

日历												
（时间单位）	1	2	3	4	5	6	7	8	9	10	11	12
时标网络计划												

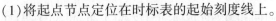

双代号时标网络计划的编制方法有以下两种。

（一）间接法绘制

先绘制出非时标网络计划,计算各工作的最早时间参数,再根据最早时间参数在时标计划表上确定节点位置,连线完成,当某些工作箭线长度不足以到达该工作的完成节点时,用波形线补足。

（二）直接法绘制

根据网络计划中工作之间的逻辑关系及各工作的持续时间,直接在时标计划表上绘制时标网络计划。绘制步骤如下:

（1）将起点节点定位在时标表的起始刻度线上。

（2）按工作持续时间在时标计划表上绘制起点节点的外向箭线。

码3-13　微课—
直接法绘制双代
号时标网络图

（3）其他工作的开始节点必须在其所有紧前工作都绘出以后,定位在这些紧前工作最早完成时间最大值的时间刻度上,当某些工作的箭线长度不足以到达该节点时,用波形线补足,箭头画在波形线与节点连接处。

（4）用上述方法从左至右依次确定其他节点位置,直至网络计划终点节点定位,绘图完成。

绘图口诀可表达为:箭线长短坐标限,零线至少画垂直,最远箭线画节点,画完节点补波线。

五、关键线路和计算工期的确定

(1)时标网络计划关键线路的确定,应自终点节点逆箭线方向朝起点节点逐次进行判定:从终点到起点不出现波形线的线路即为关键线路。

(2)时标网络计划的计算工期应是终点节点与起点节点所在位置的时标值之差。

六、工作时间参数的确定

在时标网络计划中,六个工作时间参数的确定步骤如下。

(一)工作最早时间参数的确定

按最早开始时间绘制时标网络计划,最早时间参数可以从图上直接确定。

1. 工作最早开始时间 ES_{i-j}

每条实箭线左端箭尾节点(i 节点)中心所对应的时标值,即为该工作的最早开始时间。

2. 工作最早完成时间 EF_{i-j}

如箭线右端无波形线,则该箭线右端节点(j 节点)中心所对应的时标值为该工作的最早完成时间;如箭线右端有波形线,则实箭线右端末所对应的时标值即为该工作的最早完成时间。

(二)自由时差的确定

时标网络计划中各工作的自由时差值即为工作的箭线中波形线部分在坐标轴上的水平投影长度,当箭线无波形部分时,自由时差为零。

(三)总时差的确定

时标网络计划中工作的总时差的计算应自右向左进行,且符合下列规定:

(1)以终点节点($j=n$)为箭头节点的工作的总时差 TF_{i-n} 应按网络计划的计划工期 T_p 计算确定,即

$$TF_{i-n} = T_p - EF_{i-n} \tag{3-26}$$

(2)其他工作的总时差等于其紧后工作 $j-k$ 总时差的最小值与本工作的自由时差之和,即

$$TF_{i-j} = \min[TF_{j-k}] + FF_{i-j} \tag{3-27}$$

(四)最迟时间参数的确定

时标网络计划中工作的最迟开始时间和最迟完成时间可按式(3-28)和式(3-29)计算:

$$LS_{i-j} = ES_{i-j} + TF_{i-j} \tag{3-28}$$

$$LF_{i-j} = EF_{i-j} + TF_{i-j} \tag{3-29}$$

七、时标网络计划绘制示例

【例3-4】 已知图3-21为一般双代号网络计划,试用直接法绘制双代号时标网络计划。

解　绘制双代号时标网络计划如表3-5所示。

表3-5可直接读出各项工作的最早开始时间、最早完成时间、自由时差,并可得到计算工期为20天,找出关键线路为1—3—4—6,关键线路用双箭线进行标注。

表 3-5　双代号时标网络计划

日历																				
工作日	1	2	3	4	5	6	7	8	9	10	11	12	13	14	15	16	17	18	19	20
时标网络计划																				

对于关键工作,其总时差、自由时差都为零;对于非关键工作,可进一步计算其总时差

$$TF_{5-6}=T_p-EF_{5-6}=20-18=2$$

$$TF_{4-5}=TF_{5-6}+FF_{4-5}=2+1=3$$

$$TF_{3-5}=TF_{5-6}+FF_{3-5}=2+0=2$$

$$TF_{2-3}=\min\left[TF_{3-4},TF_{3-5}\right]+FF_{2-3}=\min\left[0,2\right]+1=0+1=1$$

$$TF_{1-2}=TF_{2-3}+FF_{1-2}=1+0=1$$

1—2、1—3 工作的最迟开始时间和最迟完成时间如下

$$LS_{1-2}=ES_{1-2}+TF_{1-2}=0+1=1$$

$$LF_{1-2}=EF_{1-2}+TF_{1-2}=3+1=4$$

$$LS_{1-3}=ES_{1-3}+TF_{1-3}=0+0=0$$

$$LF_{1-3}=EF_{1-3}+TF_{1-3}=6+0=6$$

以此类推,可计算出各项工作的最迟开始时间和最迟完成时间。由于所有工作的最早开始时间、最早完成时间和总时差均为已知,故计算容易,此处不再一一列举。

【单元探索】

比较双代号时标网络计划与非时标网络计划编制步骤和方法的异同。

【单元练习】

请扫描二维码,做"双代号时标网络计划"练习题。

码 3-14 "双代号时标网络计划"练习题

单元六　网络计划优化

【单元导航】

问题1:网络计划优化的概念、内容和原则是什么?

问题2:如何进行工期、资源、费用优化?

码3-15　微课-网
络计划的优化

【单元解析】

根据工作之间的逻辑关系,可以绘制出网络图,计算时间参数,得到关键工作和关键线路。但这只是一个初始网络计划,还需要根据不同要求进行优化,从而得到一个满足工程要求、成本低、效益好的网络实施计划。

网络计划优化,就是在满足既定的约束条件下,按某一目标,通过不断调整,寻找最优网络计划方案的过程。如计算工期大于要求工期,就要压缩关键工作持续时间以缩短工期,称为工期优化;如某种资源供应有一定的限制,就要调整工作安排以经济有效地利用资源,称为资源优化;如要降低工程成本,就要重新调整计划以寻求最低成本,称为费用优化。在工程施工中,工期目标、资源目标和费用目标是相互影响的,必须综合考虑各方面的要求,力求获得最好的效果,得到最优的网络计划。

网络计划优化的原理主要有两个:一是压缩关键工作持续时间,以优化工期目标、费用目标;二是调整非关键工作的安排,以优化资源目标。

一、工期优化

网络工期优化是指当计算工期不满足要求工期时,通过压缩关键工作的持续时间满足工期要求的过程。

(一)压缩关键工作的原则

工期优化通常通过压缩关键工作的持续时间来实现,在这一过程中,要注意以下两个原则:

(1)不能将关键工作压缩为非关键工作。

(2)当出现多条关键线路时,要将各条关键线路作相同程度的压缩,否则不能有效缩短工期。

(二)压缩关键工作的选择

在对关键工作的持续时间压缩时,要注意到其对工程质量、施工安全、施工成本和施工资源供应的影响。一般按下列因素择优选择关键工作进行压缩:

(1)缩短持续时间后对工程质量、安全影响不大的关键工作。

(2)备用资源充足的关键工作。

(3)缩短持续时间后所增加的费用最少的关键工作。

(三)工期优化的步骤

(1)计算并找出初始网络计划的计算工期、关键线路及关键工作。

（2）按要求工期确定应压缩的时间 ΔT，即

$$\Delta T = T_c - T_r \tag{3-30}$$

（3）确定各关键工作可能的压缩时间。

（4）按优先顺序选择将压缩的关键工作，调整其持续时间，并重新计算网络计划的计算工期。

（5）当计算工期仍大于要求工期时，则重复上述步骤，直到满足工期要求或工期不能再压缩为止。

（6）当所有关键活动的持续时间均压缩到极限，仍不满足工期要求时，应对计划的原技术、组织方案进行调整，或对要求工期重新审定。

（四）工期优化示例

【例 3-5】 已知网络计划如图 3-27 所示，箭线下方括号外为工作正常持续时间，括号内为工作最短持续时间，若要求工期 $T_r = 55$ 天，优先压缩工作持续时间的顺序为：E、G、D、B、C、F、A，试对网络计划进行工期优化。

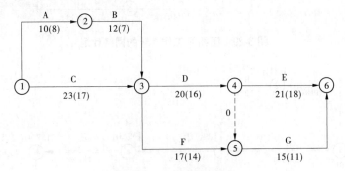

图 3-27　初始网络计划

解　（1）计算初始网络计划的计算工期、关键线路及关键工作。

用标号法求得计算工期 $T_c = 64$ 天，关键线路为 1—3—4—6，关键工作为 C、D、E，如图 3-28 所示。

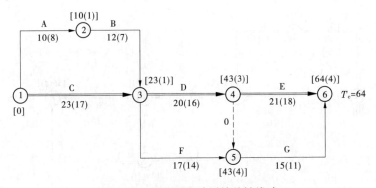

图 3-28　初始网络计划的关键线路

（2）按要求工期确定应压缩的时间 ΔT 为

$$\Delta T = T_c - T_r = 64 - 55 = 9(\text{天})$$

（3）按优先顺序压缩关键工作。

按已知条件,首先压缩 E 工作,其最短持续时间为 18 天,即压缩 3 天。重新计算工期 $T_{c1}=61$ 天,如图 3-29 所示。

由于 $T_{c1}=61>T_r=55$,继续压缩 D 工作,其最短持续时间为 16 天,即压缩 4 天。重新计算工期 $T_{c2}=57$ 天,如图 3-30 所示。

由于 $T_{c2}=57>T_r=55$,继续压缩 C 工作,其最短持续时间为 17 天,只需压缩 2 天。重新计算工期 $T_{c3}=56$ 天,如图 3-31 所示。

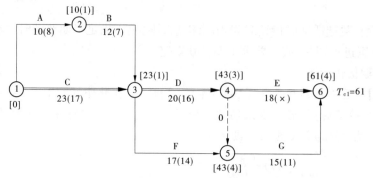

图 3-29　压缩 E 工作 3 天的网络计划

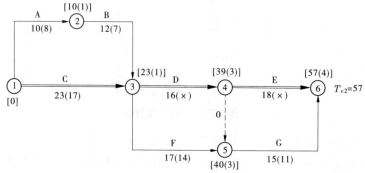

图 3-30　压缩 D 工作 4 天的网络计划

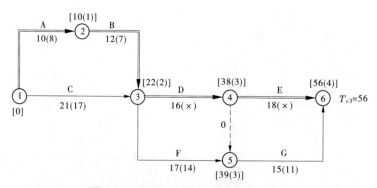

图 3-31　压缩 C 工作 2 天的网络计划

由于 C 工作缩短 2 天后,关键线路变为 1—2—3—4—6,关键工作为 A、B、D、E。要保持 C 关键工作不变,必须在压缩 C 工作 2 天的同时,压缩 B 工作 1 天。重新计算工期 $T_{c4}=55$ 天,满足工期要求,工期优化完成,如图 3-32 所示。

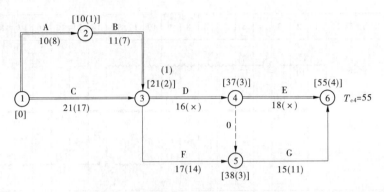

图 3-32　工期优化完成的网络计划

二、资源优化

所谓资源是指完成工程项目所需的人力、材料、机械设备和资金等的统称。在一定时期内,某个工程项目所需的资源量基本上是不变的,一般情况下,受各种条件的制约,这些资源也是有一定限量的。因此,在编制网络计划时必须对资源进行统筹安排,保证资源需要量在其限量之内且尽量均衡。资源优化就是通过调整工作之间的安排,使资源按时间的分布符合优化的目标。资源优化可分为"资源有限、工期最短"和"工期固定、资源均衡"两类问题。

码 3-16　微课–资源优化

(一) 资源有限、工期最短的优化

资源有限、工期最短的优化是指在资源有限的条件下,保证各工作的每日资源需要量不变,寻求工期最短的施工计划过程。

1. 资源有限、工期最短的优化步骤

(1)根据工程情况,确定资源在一个时间单位的最大限量 R_a。

(2)按最早时间参数绘制双代号时标网络图,根据各个工作在每个时间单位的资源需要量,统计出每个时间单位内的资源需要量 R_t。

(3)从左向右逐个时间单位检查。当 $R_t \leqslant R_a$ 时,资源符合要求,不需调整工作安排;当 $R_t > R_a$ 时,资源不符合要求,按工期最短的原则调整工作安排,即选择一项工作向右移到另一项工作的后面,使 $R_t \leqslant R_a$,同时使工期延长的时间 ΔD 最小。若将 $i—j$ 工作移到 $m—n$ 之后,则使工期延长的时间 ΔD 为

$$\Delta D_{m-n,i-j} = (EF_{m-n} + D_{i-j}) - LF_{i-j} = EF_{m-n} - LS_{i-j} \tag{3-31}$$

(4)绘制出调整后的时标网络计划图。

(5)重复上述步骤(2)~(4),直至所有时间单位内的资源需要量都不超过资源限量,资源优化即告完成。

2. 资源有限、工期最短的优化示例

【例 3-6】 已知时标网络计划如图 3-33 所示,箭线上方括号内为工作的总时差,箭线下方为工作的每天资源需要量,若资源限量 R_a 为 25,试对网络计划进行资源有限、工期最短的优化。

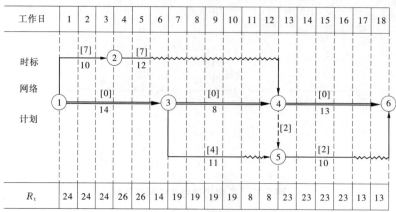

图 3-33　初始时标网络计划

解　(1)根据各工作每天资源需要量,统计出网络计划每天的资源需要量 R_t ,如图 3-33 所示。

(2)由图 3-33 可知 $R_4=26>R_a=25$,必须进行调整。根据网络计划优化的原理可知,通过调整非关键工作的安排,来优化资源目标。因此,只需将 2—4 工作移到 1—3 工作之后,则使工期延长的时间 ΔD 为

$$\Delta D_{1-3,2-4}=EF_{1-3}-LS_{2-4}=6-(3+7)=-4(天)$$

调整后的网络计划如图 3-34 所示。

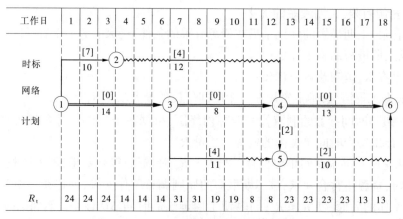

图 3-34　第一次调整后的时标网络计划

(3)由图 3-34 可知 $R_7=31>R_a=25$,必须进行调整。共有四种调整方案:

一是将 2—4 工作移到 3—4 工作之后,则使工期延长的时间 ΔD 为

$$\Delta D_{3-4,2-4}=EF_{3-4}-LS_{2-4}=12-(6+4)=2(天)$$

二是将 2—4 工作移到 3—5 工作之后,则使工期延长的时间 ΔD 为

$$\Delta D_{3-5,2-4}=EF_{3-5}-LS_{2-4}=10-(6+4)=0(天)$$

三是将 3—5 工作移到 2—4 工作之后,则使工期延长的时间 ΔD 为

$$\Delta D_{2-4,3-5}=EF_{2-4}-LS_{3-5}=8-(6+4)=-2(天)$$

四是将 3—5 工作移到 3—4 工作之后,则使工期延长的时间 ΔD 为

$$\Delta D_{3-4,3-5} = EF_{3-4} - LS_{3-5} = 12 - (6+4) = 2(\text{天})$$

因 $\Delta D_{2-4,3-5} = -2$ 最小,故采取第三种方案,如图 3-35 所示。

由图 3-35 可知,满足 $R_t \leqslant R_a$,即资源优化完成。

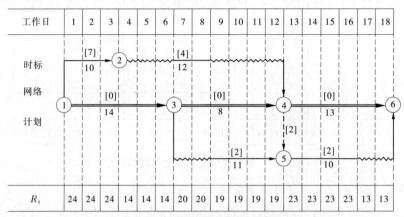

图 3-35 优化完成后的时标网络计划

(二) 工期固定、资源均衡的优化

工期固定、资源均衡的优化是指在工期保持不变的条件下,使资源需要量尽可能分布均衡的过程。也就是在资源需要量曲线上尽可能不出现短期高峰或长期低谷情况,力求使每天资源需要量接近于平均值。

工期固定、资源均衡的优化方法有多种,如方差值最小法、极差值最小法、削高峰法等。这里仅介绍削高峰法,即利用非关键工作的机动时间,在工期固定的条件下,使得资源峰值尽可能减小。

1. 工期固定、资源均衡的优化步骤

(1)按最早时间参数绘制双代号时标网络图,根据各个工作在每个时间单位资源需要量,统计出每个时间单位内的资源需要量 R_t。

(2)找出资源高峰时段的最后时刻 T_h,计算非关键工作如果向右移到 T_h 处开始,还剩下的机动时间 ΔT_{i-j},即:

$$\Delta T_{i-j} = TF_{i-j} - (T_h - ES_{i-j}) \tag{3-32}$$

当 $\Delta T_{i-j} \geqslant 0$ 时,说明该工作可以向右移出高峰时段,使得峰值减小,并且不影响工期。当有多个工作 $\Delta T_{i-j} \geqslant 0$ 时,应选择 ΔT_{i-j} 值最大的工作向右移出高峰时段。

(3)绘制出调整后的时标网络计划图。

(4)重复上述步骤(2)~(3),直至高峰时段的峰值不能再减少,资源优化即告完成。

2. 工期固定、资源均衡的优化示例

【例 3-7】 已知时标网络计划如图 3-33 所示,箭线上方括号内为工作的总时差,箭线下方为工作的每天资源需要量,试对该网络计划进行工期固定、资源均衡的优化。

解 (1)由图 3-33 中统计的资源需要量 R_t 可知,$R_{max} = 26$,$T_h = 5$,则

$$\Delta T_{2-4} = TF_{2-4} - (T_h - ES_{2-4}) = 7 - (5-3) = 5$$

因 $\Delta T_{2-4} = 5 > 0$,故将 2—4 右移 2 天,如图 3-36 所示。

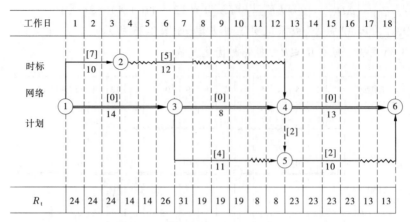

图 3-36　第一次削峰后的时标网络计划

(2)由图 3-36 中统计的资源需要量 R_t 可知,$R_{max}=31$,$T_h=7$,则

$$\Delta T_{2-4} = TF_{2-4} - (T_h - ES_{2-4}) = 5 - (7-5) = 3$$
$$\Delta T_{3-5} = TF_{3-5} - (T_h - ES_{3-5}) = 4 - (7-6) = 3$$

因 $\Delta T_{2-4} = \Delta T_{3-5} = 3 > 0$,调整 2—4、3—5 工作均可,现将 2—4 右移 2 天,如图 3-37 所示。

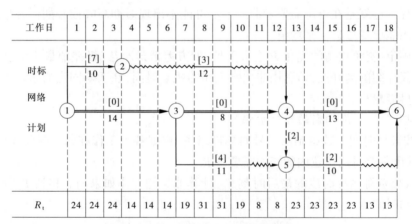

图 3-37　第二次削峰后的时标网络计划

(3)由图 3-37 中统计的资源需要量 R_t 可知,$R_{max}=31$,$T_h=9$,则

$$\Delta T_{2-4} = TF_{2-4} - (T_h - ES_{2-4}) = 3 - (9-7) = 1$$
$$\Delta T_{3-5} = TF_{3-5} - (T_h - ES_{3-5}) = 4 - (9-6) = 1$$

因 $\Delta T_{2-4} = \Delta T_{3-5} = 1 > 0$,调整 2—4、3—5 工作均可,现将 3—5 右移 3 天,如图 3-38 所示。

由图 3-38 中统计的资源需要量 R_t 可知,$R_{max}=24$,$T_h=3$。因再调整不能使峰值减小(计算略),故资源优化完成。

三、费用优化

费用优化又称为工期成本优化,即通过分析工期与工程成本(费用)的相互关系,寻求最低工程总成本(总费用)。

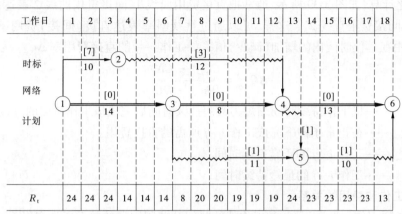

图 3-38　削峰法优化后的时标网络计划

(一)工期和费用的关系

码 3-17　微课–费用优化

工程费用包括直接费用和间接费用两部分,直接费用是直接投入到工程中的成本,即在施工过程中耗费的人工费、材料费、机械设备费等构成工程实体相关的各项费用;而间接费用是间接投入到工程中的成本,主要由公司管理费、财务费用和工期变化带来的其他损益(如效益增量和资金的时间价值)等构成。一般情况下,直接费用随工期的缩短而增加,与工期成反比;间接费用随工期的缩短而减少,与工期成正比。如图 3-39 所示的工期—费用曲线中,在总费用曲线上总存在一个最低的点,即最小的工程总成本 C_0,与此相对应的工期为最优工期 T_0,这就是费用优化所寻求的目标。

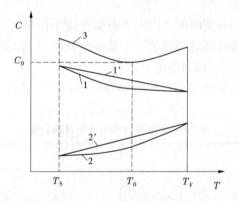

1、1′—直接费用曲线、直线;2、2′—间接费用曲线、直线;3—总费用曲线;
T_S—最短工期;T_0—最优工期;T_F—正常工期;C_0—最低总成本。

图 3-39　工期—费用曲线

在图 3-39 中,直接费用曲线表明当缩短工期时,会造成直接费用的增加。这是因为在施工时为了加快作业速度,必须采用加班加点和多班制等突击作业方式,增加材料、劳动力及机械设备等资源的投入,使得直接投入工程的成本增加。然而,在施工中存在着一个最短工期 T_S,无论再增加多少直接费用,工期也不能再缩短了。另外,也同样存在着一个正常工期 T_F,不管怎样再延长工期也不能使得直接费用再减少。

为简化计算,如图 3-39 所示,通常把直接费用曲线 1、间接费用曲线 2 表达为直接费用直线 1′、间接费用直线 2′。这样,可以通过直线斜率表达直接(间接)费用率,即直接(间接)费用在单位时间内的增加(减少)值。如工作 i—j 的直接费用率 Δc_{i-j} 为

$$\Delta C_{i-j} = \frac{CC_{i-j} - CN_{i-j}}{DN_{i-j} - DC_{i-j}} \tag{3-33}$$

式中　　CC_{i-j}——将工作持续时间缩短为最短持续时间后完成该工作所需的直接费用;

　　　　CN_{i-j}——在正常条件下完成工作 i—j 所需的直接费用;

　　　　DN_{i-j}——工作 i—j 的正常持续时间;

　　　　DC_{i-j}——工作 i—j 的最短持续时间。

(二)工作和费用的关系

根据各项工作的性质不同,其工作持续时间和费用之间的关系通常有以下两种情况。

1.连续型变化关系

当工作的费用随着工作持续时间的改变而改变时,其介于正常持续时间和最短持续时间之间的任意持续时间的费用可根据其费用斜率计算出来,称为连续型变化关系。

如某工序为连续型变化关系,其正常持续时间 DN 为 16 天,所需直接费用 C_{16} 为 500元;最短持续时间 DC 为 10 天,所需直接费用 C_{10} 为 1 100 元,则当工作为 12 天时,所需直接费用 C_{12} 为

$$\Delta C_{i-j} = \frac{CC_{i-j} - CN_{i-j}}{DN_{i-j} - DC_{i-j}} = \frac{1\ 100 - 500}{16 - 10} = 100(元／天)$$
$$C_{12} = 500 + (16 - 12) \times 100 = 900(元)$$

2.非连续型变化关系

当工作的直接费用与持续时间之间的关系是根据不同施工方案分别估算时,其介于正常持续时间与最短持续时间之间的关系不是线性关系,不能通过费用斜率计算,只能存在几种情况供选择,称为非连续型变化关系。

如某工序为非连续型变化关系,其持续时间、所需直接费用有三种施工方法可供选择,如表 3-6 所示。

表 3-6　某工序持续时间与直接费用

施工方法	A	B	C
持续时间/天	10	12	6
直接费用/元	2 900	2 500	4 500

在工程施工中,根据工期、成本要求,制订施工方案确定持续时间、直接费用。

(三)费用优化的步骤

寻求最低费用和最优工期的基本思路是从网络计划的各活动持续时间和费用的关系中,依次找出能使计划工期缩短,而又能使直接费用增加最少的活动,不断地缩短其持续时间,同时考虑其间接费用叠加,即可求出工程费用最低时的最优工期和工期确定时相应的最低费用。其具体步骤如下:

（1）绘出网络图，按工作的正常持续时间确定计算工期和关键线路。

（2）计算间接费用率 $\Delta C'$ 和各项工作的直接费用率 ΔC_{i-j}。

（3）当只有一条关键线路时，应找出直接费用率 ΔC_{i-j} 最小的一项关键工作，作为缩短持续时间的对象；当有多条关键线路时，应找出组合直接费用率 $\sum(\Delta C_{i-j})$ 最小的一组关键工作，作为缩短持续时间的对象。

（4）对选定的压缩对象缩短其持续时间，缩短值 ΔT 必须符合两个原则：一是不能压缩成非关键工作；二是缩短后其持续时间不小于最短持续时间。

（5）计算压缩对象缩短后总费用的变化 C_i，其表达式为

$$C_i = \sum(\Delta C_{i-j} \times \Delta T) - \Delta C' \times \Delta T \tag{3-34}$$

（6）当 $C_i \leqslant 0$ 时，重复上述步骤（3）～（5），一直计算到 $C_i > 0$，即总费用不能降低为止，费用优化即告完成。

（四）费用优化示例

【例3-8】　已知网络计划如图3-40所示，箭线下方括号外为工作正常持续时间 DN，括号内为工作最短持续时间 DC，各工作所需直接费用如表3-7所示，假定间接费用率为180元/天，试对该网络计划进行费用优化。

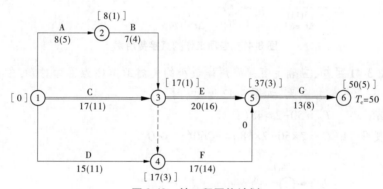

图3-40　某工程网络计划

表3-7　各工序直接费用

工作名称	正常持续时间所需费用 CN/元	最短持续时间所需费用 CC/元	工作与费用的关系
A	1 000	1 150	连续
B	1 500	1 740	连续
C	2 000	2 300	连续
D	1 200	1 460	连续
E	1 800	2 600	非连续
F	1 700	2 210	连续
G	1 100	1 900	连续
合计	10 300	13 360	

解　（1）按工作的正常持续时间确定计算工期和关键线路。

如图 3-40 所示,用标号法求得关键线路为 1—3—5—6,关键工作为 C、E、G。计算工期 $T_c = 50$ 天,工程总费用为 $C = 10\ 300 + 50 \times 180 = 19\ 300(元)$。

(2)计算各项工作的直接费用率 ΔC_{i-j}。

A 工作 $\quad \Delta C_{1-2} = \dfrac{CC_{1-2} - CN_{1-2}}{DN_{1-2} - DC_{1-2}} = \dfrac{1\ 150 - 1\ 000}{8 - 5} = 50(元/天)$

B 工作 $\quad \Delta C_{2-3} = \dfrac{CC_{2-3} - CN_{2-3}}{DN_{2-3} - DC_{2-3}} = \dfrac{1\ 740 - 1\ 500}{7 - 4} = 80(元/天)$

同理,可得出各工作的直接费用率,如图 3-41 所示。

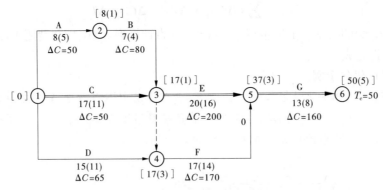

图 3-41　各项工作的直接费用率

(3)由图 3-41 可知,应确定直接费用率最小的关键工作 C 为压缩对象,在不改变关键线路的情况下,只能缩短 2 天,如图 3-42 所示,则

计算工期 $\quad T_{c1} = 50 - 2 = 48(天)$

总费用变化 $\quad C_1 = 2 \times 50 - 2 \times 180 = -260(元) < 0$

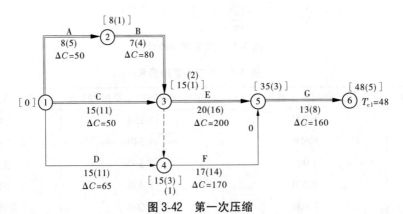

图 3-42　第一次压缩

(4)由图 3-42 可知,关键线路已变为 2 条,即 1—3—5—6 和 1—2—3—5—6,关键工作为 A、B、C、E、G。因为 C 工作直接费用率最小,应选择 C 工作来组合压缩方案,此时 C 工作组合压缩方案有两个,即

压缩 A、C 工作 $\quad \sum(\Delta C) = 50 + 50 = 100(元/天)$

压缩 B、C 工作 $\quad \sum(\Delta C) = 50 + 80 = 130(元/天)$

应确定组合直接费用率最小的关键工作 A、C 为压缩对象,在不改变关键线路的情况下,A、C 工作同时缩短 3 天,如图 3-43 所示,则

计算工期　　　　$T_{c2}=48-3=45(天)$

总费用变化　　　$C_2=3\times(50+50)-3\times180=-240(元)<0$

(5)由图 3-43 可知,关键线路已变为 3 条,即 1—3—5—6、1—2—3—5—6 和 1—4—5—6,关键工作为 A、B、C、D、E、F、G。此时 C 工作组合压缩方案有两个,即

压缩 B、C、D 工作　　　$\sum(\Delta C)=80+50+65=195(元/天)$

压缩 B、C、F 工作　　　$\sum(\Delta C)=80+50+170=300(元/天)$

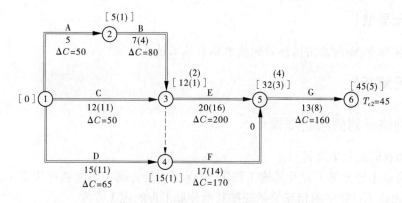

图 3-43　第二次压缩

因这两个方案都大于 G 工作的直接费用率,故确定 G 工作为压缩对象,因 G 工作为 3 条关键线路共有,可缩短 5 天至最短持续时间,如图 3-44 所示,则

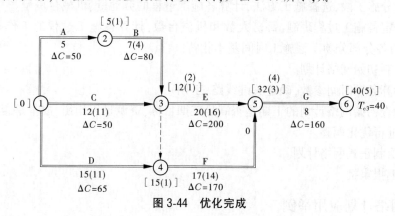

图 3-44　优化完成

计算工期　　　　$T_{c3}=45-5=40(天)$

总费用变化　　　$C_3=5\times160-5\times180=-100(元)<0$

因再压缩工期,$C_i>0$,工程总费用将会增加,即费用优化完成。最低总费用为 $C=19\,300-260-240-100=18\,700(元)$,最优工期为 40 天。

码 3-18 "网络计划优化"练习题

【单元探索】

在工程实际中如何应用网络计划优化?

【单元练习】

请扫描二维码,做"网络计划优化"练习题。

单元七　网络计划的应用

【单元导航】

工程实际中,如何应用网络计划技术编制施工进度计划?

【单元解析】

一、网络计划的编制步骤

(1)调查研究收集资料。

(2)确定主导分部工程及其施工程序,并保证主导分部工程能够连续施工,然后根据工艺要求和施工过程间的相互关系安排其他分部工程的施工进度。

(3)由各分部工程划分分项工程,确定各分项工程的施工顺序,并计算各施工过程的工程量。

(4)根据工期目标,初拟各分部分项工程的施工时间。

(5)划分施工段,选择施工方法,计算各施工过程的劳动量、机械台班量。

(6)确定各施工过程班制、每班人数和机械台数,计算各施工过程的工作持续时间,并与初拟的各分部分项工程施工时间基本相符。

(7)绘制初始网络计划。

(8)计算各项时间参数,确定关键线路、工期。

(9)检查初始网络计划的工期是否满足工期目标,资源是否均衡,成本是否较低。

(10)进行优化调整。

(11)绘制正式网络计划。

(12)上报审批。

二、网络计划应用举例

某公司四层办公楼,主体为砖混结构,建筑面积 845.22 m²,平面形状一字形。基础为砖砌条形基础,采用 MU15 机制标准砖、M7.5 水泥砂浆砌筑;混凝土垫层强度等级为 C15,厚 300 mm;现浇混凝土构件强度等级均为 C20;砖墙采用 MU15 机制标准砖、M5 混合砂浆砌筑;卫生间、室内底层地面为缸砖,走廊、楼梯间地面为水泥砂浆;卫生间瓷砖墙裙高 1 800 mm;内墙、天棚为中级抹灰,面层为 106 涂料两遍;外墙镶贴面砖;屋面为 SBS

防水屋面。本工程的基础分为两段施工,主体及内装修每层为一段,屋面不分段,外装修自上而下一次完成。试绘制该工程的网络计划图。

（一）工期的确定

可根据施工合同或《全国统一建筑安装工程工期定额》来确定。本工程建筑面积为845.22 m^2,四层,若建在Ⅰ类地区,查得工期为135天,但本工程合同工期为80天。

（二）计算工程量

进行主要项目的工程量计算,对工期不造成影响或影响很小的次要作业忽略计算,因为这部分项目可采取与主要项目平行施工的方式来进行。根据设计图纸,主要项目的工程量计算结果见表3-8。

表3-8　主要项目的工程量计算结果

序号	名称	工程量	序号	名称	工程量
1	平整场地	335.59 m^2	28	预制构件钢筋	0.56 t
2	人工挖地槽	256.82 m^3	29	现浇构件钢筋	7.32 t
3	300 mm 厚混凝土垫层	39.98 m^3	30	天棚抹灰	863.97 m^2
4	砖基础	52.20 m^3	31	内墙抹灰	1 546.73 m^2
5	基础圈梁	6.43 m^3	32	木门窗框(扇、五金)安装	29 个
6	基础构造柱	1.06 m^3	33	铝合金推拉门窗安装	141.12 m^2
7	回填土	181.81 m^3	34	水泥砂浆楼地面	153.99 m^2
8	内外砖墙	238.31 m^3	35	800 mm×800 mm 地砖楼地面	491.59 m^2
9	零星砌砖	18.20 m^3	36	300 mm×300 mm 地砖楼地面	66.91 m^2
10	预制空心板安装	366 块	37	地砖踢脚线	428.87 m
11	预制梯梁安装	7 块	38	水泥砂浆踢脚线	249.28 m
12	预制梯板安装	6 块	39	卫生间墙裙贴瓷砖	154.94 m^2
13	预制过梁安装	84 个	40	细部	345.13 m^2
14	现浇单梁	20.96 m^3	41	顶棚刷乳胶漆	863.97 m^2
15	构造柱	12.39 m^3	42	内墙刷乳胶漆	1 546.73 m^2
16	现浇圈梁	17.57 m^3	43	油漆	73.98 m^2
17	现浇混凝土挑檐	0.49 m^3	44	玻璃安装	9.57 m^2
18	现浇混凝土平板	5.67 m^3	45	楼梯抹灰	50.18 m^2
19	现浇混凝土扶手	0.54 m^3	46	楼梯不锈钢管扶手安装	22.35 m
20	现浇混凝土压顶	0.42 m^3	47	SBS 防水屋面	219.18 m^2
21	构造柱模板	85.41 m^2	48	1:6水泥炉渣保温层找坡	31.89 m^3
22	单梁模板	140.74 m^2	49	保温层上找平层	205.75 m^2
23	现浇圈梁模板	92.83 m^2	50	屋面板上找平层	200.82 m^2
24	现浇混凝土平板模板	56.70 m^2	51	外墙抹灰	732.11 m^2
25	现浇混凝土扶手模板	10.81 m^2	52	零星抹灰	294.86 m^2
26	现浇混凝土压顶	8.50 m^2	53	外墙刷水泥漆	665.14 m^2
27	预应力钢筋	2.42 t	54	花格刷水泥漆	29.81 m^2

(三)分部工程双代号网络进度计划的编制

本单位工程划分为四个分部工程组织流水施工,分别为基础工程、主体工程、屋面工程和装饰工程。

1. 基础工程进度计划的编制

(1)确定各分项工程的持续时间。本砖混结构基础工程包括人工挖土方、基础混凝土垫层、砌基础、基础混凝土工程、回填土五个分项工程,各分项工程的劳动量(工日)及持续时间,根据所选用的施工方案和工程所在地的"建筑安装工程定额"计算确定(计算方法可参见项目二单元六"流水施工的应用"),其持续时间如下:人工挖土方4天,基础混凝土垫层4天,砌基础4天,基础混凝土工程4天,回填土4天。

(2)确定工期。将基础工程分为工程量大致相等的两段进行施工,每段各施工过程的作业时间均为2天,组织等节拍流水施工,则施工段数 $m=2$,施工过程数 $n=5$,流水节拍 $t=2$,流水步距 $K=2$,则基础工程的施工工期为

$$T=(m+n-1)\times K=(2+5-1)\times 2=12(天)$$

2. 主体工程进度计划的编制

(1)确定各分项工程的持续时间。本工程为四层砖混结构,以一个自然层为一个施工段,共划分为四个施工段。施工过程划分为砌筑工程和混凝土工程两个部分,这两个分项工程的持续时间也是根据所选用的施工方案和工程所在地的《建筑安装工程定额》计算确定的,结果为砌筑工程每层4天,混凝土工程每层7天。

(2)确定工期。主体工程仅有两个施工过程,组织异节拍流水,两个施工过程的流水步距为4天,根据式(2-19)计算工期 T 为

$$T=\sum_{j=1}^{n-1}K_{j,j+1}+\sum_{i=1}^{m}t_i^{zh}+\sum Z+\sum G-\sum C_{j,j+1}=4+4\times 7=32(天)$$

3. 屋面工程进度计划的编制

因本工程规模较小,屋面工程不组织流水施工,可直接确定屋面工程的工期。屋面工程主要分项工程的工程量及根据劳动定额查得的各分项工程的时间定额见表3-9。

表3-9　屋面工程主要分项工程的工程量及时间定额

序号	名称	工程量	时间定额
1	SBS防水屋面	219.18 m²	0.22 工日/10 m²
2	1:6水泥炉渣保温层找坡	31.89 m³	0.652 工日/10 m³
3	保温层上找平层	205.75 m²	0.526 工日/10 m²
4	屋面板上找平层	200.82 m²	0.483 工日/10 m²

因未计天沟防水等细部防水的工程量,故将总劳动量增加5%,增加后的总劳动量为 $R=(219.18\times 0.22/10+31.89\times 0.652/10+205.75\times 0.526/10+200.82\times 0.483/10)\times 1.05=28.79(工日)$

若屋面工程安排5人施工,则屋面工程的工期 $T=28.79/5=5.76(天)$,取6天。

4. 装饰工程进度计划的编制

本装饰工程划分为室外装饰工程和室内装饰工程,根据工期要求及本工程的特点,采

取室外装饰和室内装饰平行施工的方案。

（1）室内装饰工程进度计划的编制。工期为 26 天（参见项目二单元六例 2-14，计算工作略）。

（2）室外装饰工程进度计划的编制。主要分项工程的工程量及根据劳动定额查得的各分项工程的时间定额见表 3-10。因未考虑门窗边线、腰线、窗台等处抹灰和涂刷的工程量，故将总劳动量增加 5%，则

$R = (732.11 \times 1.34/10 + 294.86 \times 1.46/10 + 665.14 \times 0.192/10 + 29.81 \times 1.88/10) \times 1.05$
$= 167.50(工日)$

表 3-10　装饰工程主要分项工程的工程量及时间定额

序号	名称	工程量	时间定额
1	外墙抹灰	732.11 m²	1.34 工日/10 m²
2	零星抹灰	294.86 m²	1.46 工日/10 m²
3	外墙刷水泥漆	665.14 m²	0.192 工日/10 m²
4	花格刷水泥漆	29.81 m²	1.88 工日/10 m²

若室外装饰安排 10 人施工，则室外装饰工程的工期 $T = 167.50/10 = 16.75(天)$，取 17 天。

本工程双代号时标网络进度计划图，如图 3-45 所示。

【项目测试】

请扫描二维码，做"网络计划技术"测试卷。

码 3-19　"网络计划技术"测试卷

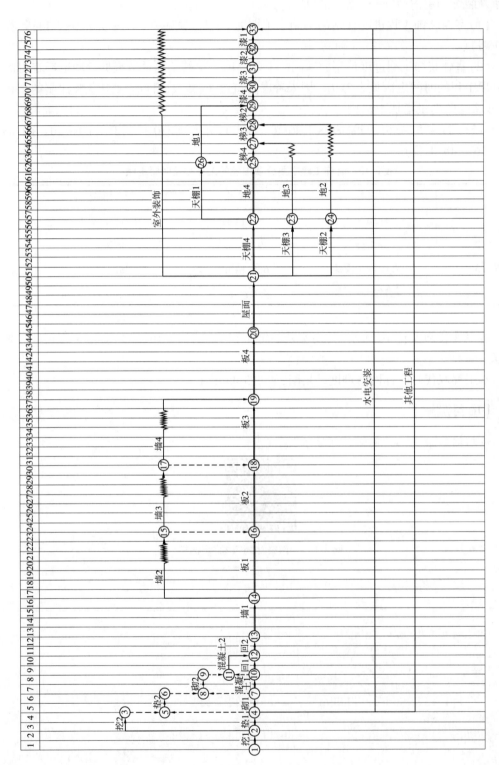

图 3-45　某办公楼工程双代号时标网络进度计划图

项目四　单位工程施工组织设计

【学习目标】

学习单元	能力目标	知识点
单元一	掌握工程概况和施工特点分析、主要技术组织措施、主要技术经济指标的编制内容和方法	单位工程施工组织设计的概念；单位工程施工组织设计编制内容、依据和程序
单元二	能够进行施工程序确定,施工段划分,施工流向确定,施工顺序确定,施工方法和施工机械选择；掌握施工方案的技术经济评价方法	施工程序、施工流向、施工顺序的概念和确定原则；施工方法和施工机械的选择
单元三	掌握单位工程施工进度计划的编制方法；掌握资源需要量计划编制方法	单位工程施工进度计划的概念、作用、类型和编制依据；单位工程施工进度计划的编制步骤；资源需要量计划的内容
单元四	掌握单位工程施工现场平面布置图设计的方法	单位工程施工现场平面布置图设计的概念,设计依据、内容和原则；单位工程施工现场平面布置图设计的步骤
单元五	综合应用已学知识,进行单位工程施工组织设计编制	

【思政导引】

国家大剧院——中西合璧的完美佳作

国家大剧院位于北京市西城区石碑胡同 4 号,总建筑面积约为 155 000 m²。由中心建筑(202 区)、北侧建筑(201 区)和南侧建筑(203 区)三部分组成。其中,中心建筑为长轴 216.57 m、短轴 145.57 m 的椭球体建筑,内设公众大厅、歌剧院、音乐厅、戏剧院和小剧场,球体四周水池环绕;北侧建筑为地下两层,楼面标高分别为-7.00 m 和-11.50 m,包括主票务大厅、停车场、入口通道等;南侧建筑为地下三层,楼面标高分别为-7.00 m、

-11.50 m 和-18.00 m,包括南侧票务大厅、消防车辆入口、装卸货物区和其他配套用房等。

　　国家大剧院工程结构分为两个单元体系,建筑外立面为椭球钢结构壳体,径向为弧形、变截面、无翼缘、6 cm 厚钢板焊接形成的钢结构主构架,环向横构件采用直径 194 mm、厚 5 mm 的钢管,通过特殊球节点与径向钢结构主构架连接。钢结构总重量约 5 000 t,每榀钢构架重达 40 t 左右。椭球表面采用钛合金板装饰,南北侧中部安装玻璃幕墙。椭球内部主体结构采用钢筋混凝土框架剪力墙结构体系,分别在±0.00 m 和-7.00 m 设结构缝,-7.00 m 以下是一个结构单元,-7.00 m 以上是三个结构单元。部分主要梁柱采用钢-混凝土组合结构体系,椭球壳体底座环梁、舞台口及局部大跨度构件采用预应力钢筋混凝土结构,南北建筑结构、水池结构与中心建筑主体结构是分开的,沿着主体结构的外皮设一道沉降缝。

　　该工程工程量浩大、工期紧、技术复杂,施工组织难度大。主要工程量如下:

　　(1)土方工程量约 127 万 m³;

　　(2)护坡工程量约 3.2 万 m²;

　　(3)降水工程:范围 40 000 m² 左右,深度达-43 m;

　　(4)钢结构工程量约 5 000 t;

　　(5)椭球钛合金装饰板及玻璃幕墙工程量约 35 000 m²;

　　(6)钢筋混凝土工程量约 22 万 m³;

　　(7)室内装饰工程量约 155 000 m²。

　　大剧院造型新颖、前卫,构思独特,是传统与现代、浪漫与现实、东方文化与西方文化的结合体。国家大剧院庞大的椭球造型,与周遭环境的冲突让它显得十分抢眼。这座"城市中的剧院、剧院中的城市",以一颗"湖中明珠"的奇异姿态出现。国家大剧院本身就是一件艺术品,每一处都透露着强烈的现代气息;更是一个象征,体现了中华文化海纳百川的博大胸怀。这里是艺术表演的殿堂,承载民族文化复兴的使命,汇聚世界艺术交流的碰撞。这座标志性的文化建筑一亮相,就吸引了世人惊艳的目光,人们为之流连、为之向往。

国家大剧院

单元一 概 述

【单元导航】

问题1：何谓单位工程施工组织设计？

问题2：单位工程施工组织设计的编制内容、依据和程序是什么？

【单元解析】

码4-1 微课－
单位工程施工
组织设计概述

单位工程施工组织设计是以单位工程为对象编制的，用以规划和指导单位工程从施工准备到竣工验收全过程施工活动的技术经济文件，对施工企业实现科学的生产管理、保证工程质量、节约资源及降低工程成本等，起着十分重要的作用。

一、单位工程施工组织设计的编制内容、依据和程序

（一）单位工程施工组织设计的编制内容

单位工程施工组织设计的编制内容，应根据工程性质、规模、结构特点、技术复杂程度、施工现场、工期要求、是否采用新技术及施工企业自身技术力量等因素确定。因此，不同的单位工程、不同的施工方法，其内容、深度和广度要求也应不同，但内容必须要具体、实用、简明扼要、有针对性，使其真正能起到指导现场施工的作用。基本内容一般包括以下几方面。

1. 工程概况

工程概况是编制单位工程施工组织设计的依据，应包括工程主要情况、各专业设计简介和工程施工条件等。工程概况具体包括拟建工程的性质、规模，建筑、结构设计的特点，建设地点特征，施工条件，建设单位及上级的要求等。

2. 主要施工方案

按照《建筑工程施工质量验收统一标准》（GB 50300—2013）划分原则，对主要分部、分项工程制定施工方案。施工方案是施工单位在工程概况及特点分析的基础上，结合自身的人力、材料、机械、资金和可采用的施工方法等生产因素进行相应的优化组合，全面、具体地布置施工任务，同时对拟建工程可能采用的几个方案进行技术经济的对比分析，经过比较选择最优方案。其内容包括确定施工流向和施工顺序，确定施工方法和施工机械，制定保证成本、质量、安全的技术组织措施等。

3. 施工进度计划

施工进度计划是单位工程施工组织设计的重要组成内容之一，是工程进度的依据，它反映了施工方案在时间上的安排。单位工程施工进度计划应按照施工部署的安排进行编制。包括划分施工过程，计算工程量、劳动量或机械台班量，确定工作持续时间及相应的作业人数或机械台班数，编制进度计划表及检查与调整等。施工进度计划可采用网络图或横道图表示，并附必要说明；对于工程规模较大或较复杂的工程，宜采用网络图表示。

4.施工准备与各种资源需要量计划

施工准备主要是明确施工前应完成的施工准备工作的内容、起止期限、质量要求等。施工准备应包括技术准备、现场准备和资金准备等。资源需要量计划应包括劳动力需要量计划和物资需要量计划等。各种资源需要量计划主要包括劳动力、施工机具、主要材料、半成品的需要量及加工供应计划。

5.施工现场平面布置图

施工现场平面布置图是施工方案和施工进度计划在空间上的全面安排,应结合施工组织总设计,按不同施工阶段分别绘制。主要内容包括各种主要材料、构件、半成品堆放安排、施工机具布置、各种必需的临时设施及道路、水电管线的布置等。

6.主要技术经济指标分析

对确定的施工方案、施工进度计划及施工平面布置图的技术经济效益进行全面的评价。主要指标包括施工工期、全员劳动生产率、资源利用系数、主要工种机械化程度、质量及安全指标等。

如果工程规模较小,可以编制简单的施工组织设计,其内容是施工方案、施工进度计划、施工现场平面布置图,简称"一案一表一图"。

(二)单位工程施工组织设计的编制依据

单位工程施工组织设计的编制依据主要有以下几个方面。

1.招标文件或施工合同

招标文件或施工合同包括对工程的造价、进度、质量等方面的要求,双方认可的协作事项和违约责任等。

2.设计文件

设计文件如已进行图纸会审的,应有图纸会审记录,包括本工程的全部施工图纸及设计说明,采用的标准图和各类勘察资料等。

3.施工组织总设计

当该工程属群体工程的组成部分时,其单位工程施工组织设计必须按照总设计的要求进行编制。

4.工程预算文件及有关定额

工程预算文件及有关定额应有详细的分部分项工程量,最好有分层、分段、分部位的工程量以及相应的定额。

5.建设单位可提供的条件

建设单位可提供的条件包括可配备的人力、水电、临时房屋、机械设备、职工食堂、浴室、宿舍等情况。

6.施工现场条件

施工现场条件包括场地的地形、地貌、水文、地质、气温和气象等资料,现场交通运输道路、场地面积及生活设施条件等。

7.本工程的资源配备情况

本工程的资源配备情况包括施工中需要的人力情况,材料、预制构件的来源和供应情况,施工机具和设备的配备及其生产能力。

8.有关的国家规定和标准

符合国家及建设地区现行的有关建设法律、法规、技术标准、质量标准、操作规程、施工验收规范等文件。

(三)单位工程施工组织设计的编制程序

单位工程施工组织设计的编制程序如图 4-1 所示。

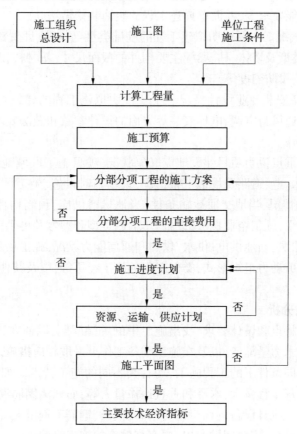

图 4-1　单位工程施工组织设计的编制程序

二、工程概况和施工特点分析

工程概况和施工特点分析是对拟建工程的特点、建设地点特征和施工条件等所做的一个简要而又突出重点的介绍。

(一)工程概况

1.工程主要情况

工程主要情况应包括以下内容:

(1)工程的名称、性质、规模、用途。

(2)工程的地理位置、地形条件。

(3)工程的建设、勘察、设计、监理和施工单位等相关参建单位情况。

(4)工程承包范围和分包工程范围。

(5)工程施工合同、招标文件或总承包单位对工程施工的重点要求。

(6)资金来源及工期、质量、成本等目标要求,以及其他应说明的情况。

2. 工程设计概况

(1)建筑设计概况。主要说明拟建工程的建筑规模、使用功能、建筑特点、耐火年限、防水等级及建筑节能要求等,并简单描述工程的装饰装修做法。

(2)结构设计概况。主要说明拟建工程的基础类型与构造、埋置深度、土方开挖及支护要求,主体结构类型与墙体、柱、梁板主要构件的截面尺寸,新材料、新结构的应用要求,结构安全等级、抗震设防烈度等。

(3)机电及设备安装专业设计概况。主要说明拟建工程的建筑给排水及采暖、建筑电气、楼宇智能化、通风与空调、电梯安装等方面的设计参数和做法要求。

3. 工程施工条件

工程施工条件重点说明项目建设地点气象状况,项目施工区域地形和工程水文地质状况,施工现场的水、电、道路及场地平整情况,现场临时设施、施工区域内地上地下管线及相邻建(构)筑物情况,当地交通运输条件、当地材料供应、预制构件加工能力,当地建筑业企业数量和水平,施工企业机械、设备、车辆的类型和型号及可供程度,与项目施工有关的道路、河流等状况,当地供电、供水、供热和通信能力状况,施工项目组织形式,施工单位内部承包方式及劳动力组织形式,类似工程的施工经历等,以及其他与施工有关的主要因素。

(二)施工特点分析

根据工程施工特点和设计要求,找出施工中的关键问题,以便在选择施工方案、组织各种资源供应和技术力量配备,以及在施工准备工作上采取相应措施。

不同类型或不同条件下的工程施工,均有其不同的施工特点。如砖混结构住宅的施工特点是砌砖和抹灰工程量大,水平和垂直运输量大等;而现浇钢筋混凝土高层建筑的施工特点是结构和施工机具设备的稳定性要求高,模板、钢筋工程量大,混凝土浇筑难度大,脚手架要进行设计验算,安全问题突出,要有高效率的施工机械等。

在分析施工特点的基础上,根据《建设工程安全生产管理条例》(国务院令第 393 号)中规定:对下列达到一定规模的、危险性较大的分部分项工程编制专项施工方案,并附具安全验算结果。

(1)基坑工程(含土方开挖、支护与降水工程)。

(2)模板工程及支撑体系。

(3)起重吊装及起重机安装拆卸工程。

(4)脚手架工程。

(5)拆除、爆破工程。

(6)暗挖工程。

(7)国务院建设行政主管部门或者其他有关部门规定的其他危险性较大的工程。

根据《危险性较大的分部分项工程安全管理规定》(住房和城乡建设部令第 37 号),以及《住房城乡建设部办公厅关于实施〈危险性较大的分部分项工程安全管理规定〉有关问题的通知》(建办质〔2018〕31号),专项施工方案应当由施工单位技术负责人审核签字、加盖单位公章,并由总监理工程师审查签字、加盖执业印章后方可实施;由专职安全生产管理人员进行现场监督。危险性较大的分部分项工程(简称危大工程)实行分包并由分包单位编制专项施工方案的,专项施工方案应当由总承包单位技术负责人及分包单位技术负责人共同审核签字并加盖单位公章。对以上所列工程中涉及超过一定规模的危大工程,施工单位应当组织召开专家论证会对专项施工方案进行论证。实行施工总承包的,由施工总承包单位组织召开专家论证会。专家论证前专项施工方案应当通过施工单位审核和总监理工程师审查。专项施工方案经论证需修改后通过的,施工单位应当根据论证报告修改完善后,重新履行签字盖章手续方可实施。

除上述《建设工程安全生产管理条例》中规定的分部分项工程外,施工单位还应根据项目特点和地方政府部门的有关规定,对具有一定规模的重点、难点分部分项工程进行相关论证。

三、主要技术组织措施

技术组织措施是指在技术和组织方面对保证工程质量、进度、降低工程成本和文明安全施工等方面制定的一套管理方法。主要包括技术、质量、安全施工、降低成本和现场文明施工等措施。

(一)技术措施

对新材料、新结构、新工艺、新技术的应用,对高耸、大跨度、重型构件,以及深基础、设备基础、水下和软弱地基项目,均应编制相应的技术措施,其内容如下:

(1)需要表明的平面图、立面图、剖面图以及工程量一览表。

(2)施工方法的特殊要求和工艺流程。

(3)水下及冬、雨期施工措施。

(4)技术要求和质量安全注意事项。

(5)材料、构件和机具的特点、使用方法及需用量。

(二)质量措施

保证质量措施,可从以下几方面来考虑:

(1)确保拟建工程的定位放线、轴线尺寸、标高测量等准确无误的措施。

(2)确保地基承载力及各种基础、地下结构施工质量的措施。

(3)确保主体结构中关键部位施工质量的措施。

(4)确保屋面、装修工程施工质量的措施。

(5)常见的、易发生质量通病的改进方法及防范措施。

(6)各种材料、构件进场使用前及施工过程中的质量检查、验收制度。

(7)保证质量的组织措施,如人员培训、编制工艺卡及质量检查验收制度等。

(三)安全施工措施

保证安全施工的措施,可从下述几方面来考虑:

(1)使用新材料、新结构、新工艺、新技术的安全措施。

(2)提出安全施工宣传、教育的具体措施,对新工人进场上岗前必须做安全教育及安全操作的培训。

(3)脚手架、吊篮、安全网的设置及各类洞口、临边防止人员坠落的措施。

(4)外用电梯、井架及塔吊等垂直运输机具的安全要求和措施。

(5)安全用电和机电设备防短路、防触电的措施。

(6)易燃易爆有毒作业场所的防火、防爆、防毒措施。

(7)季节性安全措施,如雨季的防洪、防雨,夏季的防暑降温,冬季的防滑、防火等措施。

(8)现场周围通行道路及居民的保护隔离措施。

(9)针对拟建工程的特点、地形和地质特点、施工环境等,提出预防可能产生突发性自然灾害的技术组织措施和具体的实施办法。

(四)降低成本措施

应根据工程情况,按分部分项工程逐项提出相应的节约措施,计算有关技术经济指标,分别列出节约工料数量与金额,以便衡量降低成本效果。其内容包括以下几个方面:

(1)确保生产力水平的先进性。

(2)合理地使用人力,降低施工费用。

(3)合理进行土石方平衡,节约土石方的运费及人工费。

(4)提高机械利用率,节约机械台班费。

(5)精心组织且科学地进行物资的采购、运输及现场管理,最大限度地降低原材料、半成品及成品的成本。

(6)采用新材料、新结构、新工艺、新技术,提高工效,降低材料消耗量,节约施工总成本。

(7)加强施工管理,保证工程提前竣工。

(五)现场文明施工措施

文明施工或场容管理一般包括以下内容:

(1)施工现场围栏与标牌设置,出入口交通安全,道路畅通,场地平整,安全与消防设施齐全。

(2)合理考虑临时设施的规划与搭设,办公室、宿舍、更衣室、食堂、厕所的安排与环境卫生。

(3)各种材料、半成品、构件的堆放与管理。

(4)散碎材料、施工垃圾的运输及防止各种环境污染。

(5)成品保护及施工机械保养。

(6)粉尘、废水、废气和噪声等污染源的管理。

(7)建立现场文明施工责任制、保洁区管理制度等。

四、主要技术经济

(一)主要技术经济分析

主要技术经济分析是施工组织设计的重要内容,也是必要的设计手段。其目的是论证施工组织设计在技术上是否可行,在经济上是否合理,通过科学的计算和分析比较,选择技术经济最佳的方案,为不断改进与提高组织设计水平提供依据,为寻求增产节约的途径和提高经济效益提供信息。其基本要求如下:

(1)全面分析。要对施工技术方法、组织方法及经济效果进行分析;对施工的具体环节及全过程进行分析。

(2)做技术经济分析时,应抓住施工方案、施工进度计划和施工平面图三大重点,并据此建立技术经济分析指标体系。

(3)做技术经济分析时,要灵活运用定性方法和有针对性地应用定量方法。在做定量分析时,应对主要指标、辅助指标和综合指标区别对待。

(4)技术经济分析应以设计方案的要求、有关国家规定及工程的实际需要为依据。

(二)主要技术经济指标

施工组织设计中技术经济指标有:施工工期、劳动生产率、工程质量、降低成本、安全指标、机械化施工程度、施工机械完好率、工厂化施工程度、临时工程投资、费用比例和节约三大材料百分比等。

【单元探索】

结合工程实际,进一步掌握"工程概况和施工特点分析""主要技术组织措施""主要技术经济指标"的编制内容和方法。

码 4-2 "概述"
练习题

【单元练习】

请扫描二维码,做"概述"练习题。

单元二 施工方案

【单元导航】

问题 1:施工方案包括哪些内容? 其在施工组织设计中的作用如何?

问题 2:何谓施工程序、施工起点流向、施工顺序? 其确定原则是什么?

问题 3:如何选择施工方法和施工机械?

问题 4:施工方案的技术经济评价方法有哪些? 如何评价?

【单元解析】

施工方案是以分部分项工程或专项工程为主要对象编制的施工技术与组织方案,用以具体指导其施工过程。施工方案是单位工程施工组织设计的核心,其合理性直接影响到工程的质量、工期、造价、施工效率等方面,应选择技术上先进、经济上合理且符合施工现场和施工单位实际情况的方案。施工部署与施工方案包括的主要内容有:确定施工程序;划分施工段,确定施工起点流向;确定施工顺序;选择施工方法和施工机械。

码 4-3 微课-
施工段和施
工流向划分

一、确定施工程序

施工程序是指单位工程各分部分项工程或工序之间施工的先后次序及其相互关系。单位工程施工程序一般为:中标并接受施工任务→开工前准备工作→全面施工→交工前验收。考虑施工程序时应注意以下几点。

(一)先准备后施工,严格执行开工报告制度

单位工程开工前必须做好一系列准备工作,具备开工条件后,施工单位还应提出开工报告,经上级主管部门审查批准后才能开工。施工准备工作应满足一定的施工条件后工程方可开工,并且开工后应能够连续施工,以免造成混乱和浪费。项目开工前,应完成全场性的准备工作,如水通、电通、路通和平整场地等。同样各分部分项工程开工前相应的准备工作必须完成。施工准备工作实际上贯穿施工全过程。

(二)遵守"先地下后地上""先主体后围护""先结构后装修""先土建后设备"的基本要求

"先地下后地上"是在地上工程开始之前,尽量把管道、线路等地下设施和土方工程做好或基本完成,以免对地上工程施工产生干扰或带来不便。若采用"逆筑法"施工,则工程的地下部分会与地上部分同时施工。

"先主体后围护"主要指框架结构,应注意在总的程序上有合理的搭接。

"先结构后装修"一般来说,多层民用建筑工程与装修以不搭接为宜,而高层建筑则应尽量搭接施工,以有效地节约时间。

"先土建后设备"不论是工业建筑还是民用建筑,应协调好土建与给排水、采暖与通风、强弱电、智能建筑等工程的关系,统一考虑,合理穿插,尤其在装修阶段,要从保质量、讲节约的角度,处理好两者的关系。

(三)合理安排工艺设备安装与土建施工的程序

工业厂房施工比较复杂,除要完成一般土建工程施工外,还要同时完成工艺设备和电器、管道等安装工作。为了早日竣工投产,不仅要加快土建施工速度,尽早为设备安装提供工作面,还要根据设备性质、安装方法、用途等因素,合理安排土建施工与设备安装之间的施工程序。一般有以下三种施工程序。

1. 封闭式施工

封闭式施工是需土建主体结构完成之后才可进行设备安装的施工程序,如一般机械工业厂房。这种施工方式适用于设备基础较小、埋置不深、设备基础施工不影响桩基的情况。

封闭式施工的优点如下:

(1)有利于预制构件的现场预制、拼装就位,适合选择各种类型的起重机械吊装和开行,从而加快主体结构的施工进度。

(2)围护结构能尽早完成,从而使设备基础施工能在室内进行,可以不受气候变化和风雨的影响,减少设备基础施工时的防雨、防寒等设施费用。

(3)可以利用厂房内的桥式吊车为设备基础施工服务。

封闭式施工的缺点如下:

（1）出现某些重复性的工作。如部分柱基础回填土的重复挖填和运输道路的重新铺设等。

（2）设备基础施工条件较差，场地拥挤，其基坑开挖不便于采用挖土机施工。

（3）不能提前为设备安装提供工作面，工期较长。

2. 敞开式施工

敞开式施工是先施工设备基础、安装工艺设备，后建厂房的施工程序，如某些重型工业厂房、冶金车间、发电厂等。敞开式施工的优缺点与封闭式施工相反。

3. 平行式施工

当土建为工艺设备安装创造了必要条件，同时又可采取措施保护工艺设备时，便可同时进行土建与安装施工，可以加快工程的施工进度。如建造水泥厂时，经济上最适宜的施工程序是两者同时进行。

二、确定施工起点流向

施工起点流向是指单位工程在平面或空间上施工的开始部位及其展开方向。对于单层的建筑物，应分区分段地确定出平面上的施工流向；对于多层建筑物，除确定出每层平面上的施工流程外，还要确定竖向的施工流向。确定单位工程施工起点流向时，一般应考虑以下几个因素。

（一）施工方法

施工方法是确定施工流向的关键因素。比如一幢建筑物的基础部分，采用顺作法施工地下两层结构，其施工流向为：测量定位放线→地下室土方开挖→底板施工→换拆第二道支撑→地下二层结构施工→换拆第一道支撑→±0.000顶板施工→上部结构施工。若为了缩短工期采用逆作法，其施工流向为：测量定位放线→地下连续墙施工→进行钻孔灌注桩施工→±0.000标高结构层施工→地下室土方开挖→地下二层结构施工，同时进行地上一层结构施工→底板施工并做各层柱，完成地下室施工→完成上部结构。又如：在结构吊装工程中，采用分件吊装法时，其施工流向不同于综合吊装法的施工流向。

（二）生产工艺流程

对于工业厂房或车间，其生产工艺过程往往是确定施工流向的主要因素。从工艺上考虑，要先试生产的工段先施工，或生产工艺上先于其他工段试车投产的应当先施工。

（三）生产使用要求

根据建设单位的要求，生产或使用上要求急的工段或部位先施工。对于高层民用建筑，如饭店、宾馆等，可以在主体结构施工到一定层数后，即进行地面上若干层的设备安装与室内外装饰施工。

（四）施工的繁简程度

对于技术复杂、施工进度较慢、工期长的工段或部位，应先施工。比如高层建筑，主楼应先于裙楼施工。

（五）考虑高低层或高低跨

当房屋有高低层或高低跨并列时，应从高低层或高低跨并列处开始施工。如柱的吊装应先从并列处开始；当柱基、设备基础有深浅时，一般应按先深后浅的方向施工；屋面防水层的施工应按先高后低的方向施工;同一屋面则由檐口到屋脊方向施工。

(六)施工场地条件及选用的施工机械

施工场地的大小、道路布置和施工方案中选用的施工机械也是确定施工流向的重要因素。根据工程条件,选用施工机械(挖土机械和吊装机械),这些机械开行路线或布置位置便决定了基础挖土及结构吊装的施工流向。如土方工程,在边开挖边将余土外运时,则施工流向起点应确定在离道路远的部位,并应按由远及近的方向进行。

(七)合理划分施工层、施工段

如伸缩缝、沉降缝、施工缝等也可决定施工流向。

(八)分部工程或施工阶段的特点

多层砖混结构工程主体结构施工的起点流向,必须从下而上,平面上从哪边先开始都可以。对装饰抹灰来说,外装饰要求从上而下,内装修则有从下而上和从上而下两种流向,如图4-2和图4-3所示。若施工工期短,则内装修宜从下而上地进行施工。

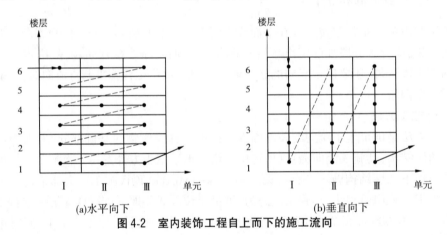

(a)水平向下　　　　　　　　　　　(b)垂直向下

图4-2　室内装饰工程自上而下的施工流向

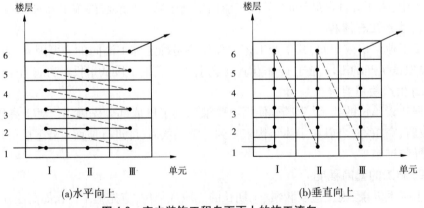

(a)水平向上　　　　　　　　　　　(b)垂直向上

图4-3　室内装饰工程自下而上的施工流向

三、确定施工顺序

施工顺序是指单位工程内部各个分部分项工程之间的先后施工次序。施工顺序合理与否,将直接影响工种间配合、工程质量、施工安全、工程成本和施工速度,因此必须科学合理地确定单位工程施工顺序。确定施工顺序的基本原则有:

(1)符合施工工艺及构造的要求。符合施工工艺及构造的要求反映的是施工工艺上存在的客观规律和相互间的制约关系,一般是不可违背的。如钢筋混凝土工程的施工顺序为:支模板→绑扎钢筋→浇筑混凝土→养护→拆模。

(2)与施工方法及采用的机械协调一致。如装饰装修工程里外贴法与内贴法的顺序,尽量发挥主导施工机械效能的顺序。

(3)符合施工组织的要求。当有多项施工方案时,应从施工组织的角度,对工期、人员和机械进行综合分析比较,选出最经济合理、有利于施工和工作开展的施工顺序。如框架结构柱子混凝土是在梁板混凝土浇捣前,还是与梁板混凝土同时浇筑。

(4)有利于保证施工质量和成品保护。如为了保证施工质量及成品或半成品保护,门扇、窗玻璃的安装就位,可在全部顶棚、墙面抹灰完成之后,自上而下一次完成。

(5)考虑当地气候条件。考虑冬季、雨季及高温下的施工,对于室外露天作业尽量安排在雨季来临前施工完毕。如地基基础工程尽量安排在雨季前完成±0.000 以下的施工;冬季室内施工时,可先安装门扇和窗玻璃,后做其他装饰工程;夏季高温施工,可以通过合理调整作息时间,调整劳动组织,采取勤倒班,轮换作业的方法,缩短一次性连续作业时间。

现将多层混合结构住宅楼、多(高)层全现浇钢筋混凝土框架结构建筑的施工顺序分别叙述如下。

(一)多层混合结构住宅楼的施工顺序

多层混合结构住宅楼的施工,一般可分为基础工程、主体结构工程、屋面工程及装饰工程四个施工阶段。其中水、电、暖、卫等工程与土建密切配合,交叉施工,某砖混结构四层住宅楼施工顺序示意如图 4-4 所示。

1. 基础工程的施工顺序

基础工程是指室内地坪(±0.000)以下的所有工程,其施工顺序一般是:挖基槽→铺垫层→砌基础→地圈梁→回填土。若遇到地下障碍物、墓穴、防空洞、软弱地基等不良地质时,则需要事先处理;有地下室时,应在基础完成后,砌地下室墙,然后做防潮层,最后浇筑地下室顶板及回填土。施工注意事项主要有:

(1)挖土与铺垫层之间的施工要搭接紧凑,以防雨后积水或暴晒,影响地基的承载能力。

(2)垫层施工后应留有一定的技术间歇时间,使其达到一定的强度后才能进行下一道工序的施工。

(3)对于各种管沟的施工,应尽可能与基础同时进行,平行施工,在基础工程施工时,应注意预留孔洞。

(4)基础工程回填土,原则上应一次分层夯填完毕,为主体结构施工创造良好的条件。如遇回填土量大,或工期紧迫的情况下,也可以与砌墙平行施工,但必须有保证回填土质量与施工安全的措施。

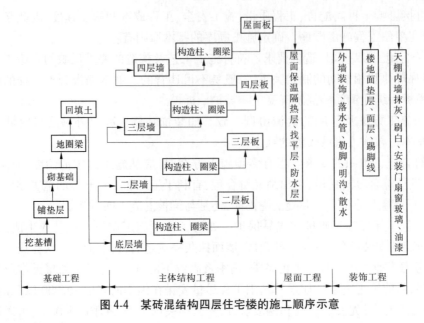

图 4-4　某砖混结构四层住宅楼的施工顺序示意

2. 主体结构工程的施工顺序

主体结构工程施工阶段的工作内容较多,若主体结构的楼板、圈梁、楼梯、构造柱等为现浇,其施工顺序一般可归纳为:立构造柱钢筋→砌墙→支构造柱模板→浇构造柱混凝土→支梁、板、梯模板→绑扎梁、板、梯钢筋→浇梁、板、梯混凝土;若楼板为预制构件,则施工顺序一般为:立构造柱筋→砌墙→支柱模板→浇筑混凝土→圈梁施工→吊装楼板→灌缝(隔层)。

在主体结构工程施工阶段,应当重视楼梯间、厨房、厕所、盥洗室的施工。楼梯间是楼层之间的交通要道,厨房、盥洗室的工序多于其他房间,而且面积较小,如施工期间不紧密配合,不能及时为后续工序创造工作面,将影响施工进度,延误工期。

在主体结构工程施工阶段,砌墙与现浇楼板(或铺板)是主导施工过程,要注意这两者在流水施工中的连续性,避免不必要的窝工现象发生。在组织砌墙工程流水施工时,不仅要在平面上划分施工段,而且在垂直方向上要划分施工层,按一个可砌高度为一个施工层,每完成一个施工段的一个施工层的砌筑,再转到下一个施工段砌筑同一施工层,就是按水平流向在同一施工层逐段流水作业。也可以在同一结构层内,由下向上依次完成各砌筑施工层后再流入下一施工段,这就是在一个结构层内采用垂直向上的流水方向的砌墙组织方法。还可以在同一结构层内各施工段间,采用对角线流向的阶段式的砌墙组织方法。砌墙组织的流水方向不同,安装楼板投入施工的时间间隔也不同。设计时,可根据可能条件、作业不同流向的砌墙组织,分析比较后确定。

3. 屋面工程的施工顺序

由于南北方区域差异,故屋面工程选用的材料不同,其施工顺序也不相同。卷材防水屋面的施工顺序一般为:找平层→隔气层→保温层→找平层→刷冷底子油结合层→防水层→保护层。施工注意事项主要是:刷冷底子油层一定要等到找平层干燥以后进行。屋面工程施工应尽量在主体结构工程完工后进行,这样可尽快为室内外的装修创造条件。

4. 装饰工程的施工顺序

装饰工程按所装饰的部位分为室内装饰和室外装饰。室内装饰和室外装饰施工顺序通常有先内后外、先外后内及内外同时进行三种。具体使用哪种施工顺序应视施工条件、气候和工期而定。为了加快施工速度,多采用内外同时进行的施工顺序。

室内装饰对同一单元层来说有两种不同的施工流向,第一种施工方案的顺序为:地面和踢脚板抹灰→天棚抹灰→墙面抹灰。这种方案的优点是适应性强,可在结构施工时将地面工程穿插进去(用人不多,但大大加快了工程进度),地面和踢脚板施工质量好,便于收集落地灰,节省材料;缺点是地面要养护,工期较长,但如果是在结构施工时先做的地面,这一缺点也就不存在了。第二种施工方案的顺序为:天棚抹灰→墙面抹灰→地面和踢脚板抹灰。这种方案的优点是每一单元的工序集中,便于组织施工,但地面清扫费工、费时,一旦清理不干净,影响楼面与预制楼板之间的黏结,地面容易发生空鼓。

室外装饰施工过程的先后顺序为:外墙抹灰(包括饰面)→做散水→砌筑台阶。施工流向自上而下进行,并在安装落水管的同时拆除外脚手架。

5. 水、暖、电、卫等工程的施工安排

由于水、暖、电、卫等工程不是分为几个阶段进行单独施工,而是与土建工程进行交叉施工的,所以必须与土建施工密切配合,尤其是要事先做好预埋管线工作。具体做法如下:

(1)在基础工程施工前,先将相应的管道沟的垫层、地沟墙做好,然后回填土。

(2)在主体结构施工时,应在砌砖墙和现浇钢筋混凝土楼板的同时,预留出上下水管和暖气立管的孔洞、电线孔槽,此外还应预埋木砖和其他预埋料。

(3)在装修工程施工前,应安设相应的下水管道、暖气立管、电气照明用的附墙暗管、接线盒等,但明线应在室内装修完成后安装。

(二)多(高)层全现浇钢筋混凝土框架结构建筑的施工顺序

多(高)层全现浇钢筋混凝土框架结构建筑的施工顺序,一般可分为±0.000以下基础工程、主体结构工程、屋面工程和装饰工程四个施工阶段。多(高)层全现浇钢筋混凝土框架结构建筑的施工顺序示意如图4-5所示。

1. 基础工程的施工顺序

多(高)层全现浇钢筋混凝土框架结构建筑的基础工程(±0.000以下的工程)一般可分为有地下室基础工程和无地下室基础工程。若有一层地下室且又建在软土地基上,其施工顺序是:桩基施工(包括围护桩)→土方开挖→砍桩头及铺垫层→做防水层和保护层→做基础及地下室底板→做地下室墙、柱(含外墙防水)→做地下室顶板→回填土。若无地下室且又建在软土地基上,其施工顺序是:桩基施工→土方开挖→铺垫层→钢筋混凝土基础施工→回填土。若无地下室且建在承载力较好的地基上,其施工顺序一般是:土方开挖→铺垫层→钢筋混凝土基础施工→回填土。

其与多层混合结构房屋类似,在基础工程施工前要处理好地下障碍、软弱地基等问题,要加强垫层、基础混凝土的养护,及时进行拆模,以尽早回填土,为上部结构施工创造条件。

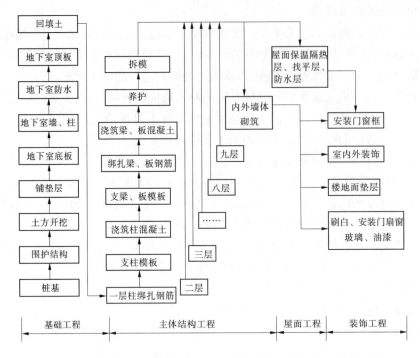

图4-5　多(高)层全现浇钢筋混凝土框架结构建筑的施工顺序示意

　　2. 主体结构工程的施工顺序

　　主体结构的施工主要包括柱、梁(主梁、次梁)、楼板及砌体工程的施工。由于柱、梁、板的施工工程量很大,所需的材料、劳动力很多,而且对工程质量和工期起决定性作用,故需采用多层框架在竖向上分层、在平面上分段的流水施工方法。按楼层混凝土浇筑的方式不同,可分为分别浇筑和整体浇筑两种方式。若采用分别浇筑,其施工顺序为:绑扎柱钢筋→支柱、梁、板模板→浇筑柱混凝土→绑扎梁、板钢筋→浇筑梁、板混凝土。若采用整体浇筑,其施工顺序为:绑扎柱钢筋→支柱、梁、板模板→绑扎梁、板钢筋→浇筑柱、梁、板混凝土。墙体工程包括砌筑用脚手架的搭拆,内、外墙砌筑等分项工程。不同的分项工程之间可组织平行、搭接、立体交叉流水施工。脚手架应配合砌筑工程搭设,在室外装饰之后、做散水坡之前拆除。内墙的砌筑则应根据内墙的基础形式而定,有的需在地面工程完成后进行,有的则可在地面工程之前与外墙同时进行。

　　3. 屋面工程的施工顺序

　　屋面工程的施工顺序与多层混合结构居住房屋屋面工程的施工顺序相同。屋面工程和墙体工程应密切配合,如在主体结构工程结束之后,先进行屋面保温层、找平层施工,外墙砌筑到顶后,再进行屋面防水层的施工。

　　4. 装饰工程的施工顺序

　　装饰工程的施工分为室内装饰和室外装饰。室内装饰包括天棚、墙面、楼地面、楼梯等抹灰,门窗扇安装,门窗油漆,玻璃安装等;室外装饰包括外墙抹灰、勒脚、散水、台阶、明沟等施工。其施工顺序与多层混合结构居住房屋的施工顺序基本相同。

四、选择施工方法和施工机械

正确选择施工方法和施工机械是施工方案中的关键问题,其直接影响施工进度、质量和成本以及施工安全。因此,在编制施工方案时,必须根据建筑结构的特点、工程量的大小、工期长短、资源供应情况、施工现场情况和周围环境等因素,制订可行的施工方案,在此基础上进行技术经济分析比较,确定最优的施工方案和施工机械。

码 4-4　微课–施工方法和施工机械选择

(一)选择施工方法

在单位工程施工组织设计中,主要项目的施工方法是根据工程特点在具体施工条件下拟订的,其内容要求简明扼要。在编制施工方案时,凡按常规做法和工人熟练的项目,不必详细拟订,只要提出这些项目在本工程上的一些特殊要求就行。但是对于结构复杂、工程量大且比较重要的分部分项工程、施工技术复杂或采用新技术、新工艺、新材料的项目以及有专业资质要求的特殊工种等,应编制详细而具体,并提出相关的技术和安全措施,必要时可单独编制施工组织设计。施工方法的选择通常应着重考虑以下内容。

1. 基础工程

(1)各类基槽(坑)开挖方法、顺序以及所需人工、机械的型号、数量等。

(2)土方开挖的技术措施。如场地降排水,冬雨季施工的有关技术与组织措施等。

(3)若有地下室,则应提出地下室施工的技术要求。

(4)浅基础的垫层、钢筋混凝土基础施工的技术要求。

(5)深基础施工的方法以及施工机械的选择。

2. 钢筋混凝土工程

(1)模板的类型和支模方法。

(2)钢筋加工、运输和安装方法。

(3)混凝土的配料、搅拌、运输、浇筑、振捣、养护方法及要求,外加剂、掺合料的使用等。

(4)预应力混凝土的施工方法、控制应力和张拉机具设备。

3. 砌筑工程

(1)砌墙的组砌方法和质量要求。

(2)砌筑工艺要求,如找平、弹线、摆砖样、立皮数杆、挂线砌筑等。

(3)确定脚手架搭设方法及安全网的挂设要求。

(4)选择垂直和水平运输机械的型号、数量等。

4. 结构吊装工程

(1)建筑物及所吊装构件的外形尺寸、位置、重量和吊装高度。

(2)吊装方法、顺序,机械位置、行驶路线,构件拼装方法及场地。

(3)构件的运输、装卸、堆放方法。

(4)起重运输机行走路线的要求。

5. 装修工程

(1)确定室内外抹灰工程的施工方法和要求。

（2）确定工艺流程、施工组织和组织流水施工。

（3）装饰装修材料的场地内运输,减少临时搬运、二次搬运的措施。

6. 特殊工种

（1）对四新(新结构、新工艺、新材料、新技术)项目,高耸、大跨、重型构件,水下、深基础、软弱地基,冬、雨季施工项目均应单独编制施工方案。

（2）对大型土方、打桩、构件吊装等项目,无论内、外分包,均应由分包单位提出单项施工方法与技术组织措施。

(二)选择施工机械

选择施工方法必须涉及施工机械的选择问题。机械化施工是改变建筑工业生产落后面貌、实现建筑工业化的基础。因此,施工机械的选择是施工方法选择的中心环节。选择施工机械时应着重考虑以下几方面:

（1）选择施工机械时,应结合工程特点,选择最适合主导工程的施工机械。如在选择装配式单层工业厂房结构安装用的起重机类型时,当工程量较大且集中时,可以采用生产效率较高的塔式起重机;但当工程量较小或工程量虽大却相当分散时,采用无轨自行式起重机较为经济。在选择起重机型号时,应使起重机在起重臂外伸长度一定的条件下,能适应起重量及安装高度的要求。

（2）各种辅助机械或运输工具应与主导机械的生产能力协调配套,以充分发挥主导机械的效率。如在土方工程施工中采用汽车运土时,汽车的载重量应为挖土机斗容量的整数倍,汽车的数量应保证挖土机的连续工作。

（3）在同一建筑工地上,应力求建筑机械的种类和型号尽可能少一些,以利于机械管理。因此,工程量大且分散时,宜采用多用途机械施工,如挖土机既可用于挖土,又能用于装卸、起重和打桩。

（4）施工机械的选择还应考虑充分发挥施工单位现有机械的能力。当本单位的机械能力不能满足工程需要时,应购置或租赁所需的新型机械或多用途机械。要综合考虑使用机械的各项费用(如运输费、折旧费、租赁费、对工期的延误而造成的损失等)后进行成本的分析和比较,从而决定是选择租赁机械还是采用本单位的机械,有时采用租赁成本更低。

五、施工方案的技术经济评价

施工方案的技术经济评价是选择最优施工方案的重要环节之一。施工方案的技术经济评价常用方法主要有定性分析法和定量分析法两种。

(一)定性分析法

定性分析法是结合工程施工实际经验,对每一个施工方案的优缺点进行分析比较。例如,施工操作上的难易程度和安全可靠性如何;施工机械设备的获得是否体现经济合理性的要求;方案是否能为后续工序提供有利条件;施工组织是否合理,是否能体现文明施工等。

(二)定量分析法

定量分析法是通过对各个施工方案的主要技术经济指标,如工期指标、质量指标、单位面积造价、主要材料消耗指标、降低成本指标、施工机械化程度、安全指标、劳动生产率指标等一系列单个经济指标进行计算对比,从而得到最优实施方案的方法。定量分析指标通常有以下几种。

1. 工期指标

建筑产品的施工工期是指从开工到竣工所需要的时间,一般以施工天数(日历天)计。当要求工程尽快完成以便尽早投入生产或使用时,选择施工方案就要在确保工程质量、安全和成本较低的条件下,优先考虑工期较短的方案。如在钢筋混凝土工程主体施工时,往往采用增加模板的套数来缩短主体工程的施工工期。

2. 施工机械化程度指标

在考虑施工方案时应尽量提高施工机械化程度,降低工人的劳动强度。积极扩大机械化施工的范围,把机械化施工程度的高低作为衡量施工方案优劣的重要指标。

$$施工机械化程度 = \frac{机械化施工完成的工作量}{总工作量} \times 100\% \tag{4-1}$$

3. 主要材料消耗指标

主要材料消耗指标反映各施工方案主要材料消耗和节约情况,这里主要材料是指钢材、木材、水泥、化学建材等。

$$主要材料节约量 = 预算用量 - 施工组织设计计划用量 \tag{4-2}$$

$$主要材料节约率 = \frac{主要材料计划节约额}{主要材料预算金额} \times 100\% \tag{4-3}$$

4. 降低成本指标

降低成本指标是工程经济中的重要指标之一,其综合反映了工程项目或分部工程由于采用施工方案不同而产生的不同经济效果。降低成本指标可以采用降低成本额或降低成本率来表示。

$$降低成本额 = 预算成本 - 计划成本 \tag{4-4}$$

$$降低成本率 = \frac{降低成本额}{预算成本} \times 100\% \tag{4-5}$$

5. 单位产品的劳动消耗量

单位产品的劳动消耗量是指完成单位产品所需消耗的劳动工日数,它反映施工机械化程度和劳动生产率水平。通常,方案中劳动量消耗越少,施工机械化程度和劳动生产率水平越高。

$$单位产品的劳动消耗量 = \frac{完成该产品的总劳动工日数}{实际完成的产品总量} \tag{4-6}$$

6. 单位面积建筑造价指标

单位面积建筑造价指标是建筑产品的一次性的综合货币指标,其内容包括人工、材料、机械费用和施工管理费等。在计算单位面积建筑造价时,应采用实际的施工造价。

$$单位面积建筑造价(元/m^2) = \frac{建筑实际总造价}{建筑总面积} \tag{4-7}$$

【单元探索】

结合工程实际,进一步加深对施工方案编制的理解。

【单元练习】

请扫描二维码,做"施工方案"练习题。

码4-5 "施工
方案"练习题

单元三　单位工程施工进度计划和资源需要量计划

【单元导航】

问题1:何谓单位工程施工进度计划? 其作用、类型有哪些?

问题2:单位工程施工进度计划的编制依据是什么? 如何编制?

问题3:资源需要量计划包括哪些内容?

码4-6 微课-
单位工程施工进
度计划和资源需
要量计划(一)

【单元解析】

一、单位工程施工进度计划

单位工程施工进度计划是指为实现设定的工期目标,对各项施工过程的施工顺序、起止时间和相互衔接关系所做的统筹策划和安排,是控制工程施工进度和工程竣工期限等各项施工活动的实施计划,是在确定了施工方案的基础上,根据规定工期和各种技术物资的供应条件,按照施工过程的合理施工顺序及组织施工的原则,用图表形式表示各分部分项工程搭接关系及工程开工竣工时间的一种计划安排。

码4-7 微课-
单位工程施工进
度计划和资源需
要量计划(二)

(一) 单位工程施工进度计划的作用

单位工程施工进度计划是施工组织设计的重要组成内容,是控制各分部分项工程施工进度的主要依据,也是编制月、季度施工作业计划及各项资源需要量计划的依据。它的主要作用如下。

(1)确定各主要分部分项工程的施工时间以及互相衔接、穿插、平行搭接、协作配合等关系。

(2)指导现场施工安排,确保施工进度和施工任务如期完成。

(3)确定为完成任务所必需的人工、材料、机械等资源的需要量,为编制相关的施工计划做好准备、提供依据。

(4)为编制年、季度、月作业计划提供依据。

(二) 单位工程施工进度计划的分类

单位工程施工进度计划根据施工项目划分的粗细程度可分为控制性施工进度计划和指导性施工进度计划两类。

1. 单位工程控制性施工进度计划

单位工程控制性施工进度计划是以分部工程作为施工项目划分对象,控制各分部工程的施工时间及它们之间互相配合、搭接关系的一种进度计划。它主要适用于工程结构比较复杂、规模较大、工期较长且需要跨年度施工的工程,如大型工业厂房、大型公共建筑;还适用于规模不是很大或者结构不算复杂,但由于施工各种资源(人工、材料、机械等)不落实,或者由于工程建筑、结构等可能发生变化以及其他各种情况。

2. 单位工程指导性施工进度计划

单位工程指导性施工进度计划是以分项工程或施工过程为施工项目划分对象,具体确定各个主要施工过程施工所需要的时间以及相互之间搭接、配合关系的一种进度计划。它适用于任务具体而明确、施工条件具备、各项资源供应正常、施工工期较短的工程。编制控制性施工进度计划的单位工程,当各分部工程或施工条件基本落实以后,在施工之前也应编制指导性施工计划。这时,可按各施工阶段分别具体地、比较详细地进行编制。

(三) 单位工程施工进度计划的编制依据

编制单位工程施工进度计划,主要依据下列资料。

(1)经过审批的建筑总平面图及单位工程全套施工图、地形图、采用的各种标准图集及水文、地质、气象等资料。

(2)施工组织总设计对本单位工程的有关规定。

(3)建设单位或上级规定的开工竣工日期以及工期要求。

(4)单位工程的施工方案,包括施工顺序、施工段划分、施工方法和技术组织措施等。

(5)工程预算文件可提供工程量数据,现行的人工定额及机械台班定额。

(6)施工企业现有的劳动资源能力。

(7)其他有关的要求和资料,如工程合同等。

(四) 单位工程施工进度计划的表示方法

单位工程施工进度计划的表示方法有多种,最常用的为横道图和网络图两种。网络图表示方法详见项目三网络计划技术,这里主要介绍横道图格式。横道图由两大部分组成,左侧部分是以分部分项工程为主的表格,包括相应分部分项工程内容及其工程量、定额(劳动效率)、劳动量或机械量等计算数据;表格右侧部分是以左侧表格计划数据设计出来的指示图表,它用线条形象地表现了各分部分项工程的施工进度,各个工程阶段的工期和总工期,并且综合反映了各个分部分项工程相互之间的关系。用横道图表示的施工进度计划表如表4-1所示。

(五) 单位工程施工进度计划的编制步骤

单位工程施工进度计划编制的主要步骤如下。

表 4-1　某工程施工进度计划表

序号	工程名称		工程量		定额	劳动量		机械量		班制	人(机)	持续时间	施工进度		
	分部	分项	数量	单位		数量	工种	型号	台班量				××年××月		××年××月
1															
2	基础														
3	工程														
4															
5															
6	主体														
7	结构														
8															

1.划分施工过程

编制单位工程施工进度计划时,首先应根据图纸和施工顺序将拟建单位工程的各个施工过程(各分部分项工程)列出,并结合施工方法、施工条件、劳动组织等因素,加以适当调整,使其成为编制施工进度计划所需的施工过程。施工过程是包括一定工作内容的施工过程,它是组成施工进度计划的基本单元。

在划分施工过程时,应注意以下几个问题:

(1)施工过程划分的粗细程度应根据进度计划的需要来决定。对于控制性施工进度计划,施工过程应划分得粗一些,通常只列出分部工程,如混合结构居住房屋的控制性施工进度计划,可以只列出基础工程、主体工程、屋面工程和装饰工程四个施工过程。而对指导性施工进度计划,施工过程划分要细一些,应明确到分项工程或更具体,以满足指导施工作业的要求,如屋面工程应划分为找平层、隔气层、保温层、防水层等分项工程。

(2)施工过程的划分要结合所选择的施工方案。如结构安装工程,若采用分件吊装法,则施工过程的名称、数量、内容及其吊装顺序应按构件来确定;若采用综合吊装法,则应按施工单元(节间、区段)来确定。

(3)适当简化施工进度计划的内容,避免施工项目划分过细、重点不突出。因此,可考虑将某些穿插性的分项工程合并到主要分项工程中去,如安装门窗框可并入砌筑工程;而对于在同一时间内由同一施工班组施工的过程可以合并,如工业厂房中的钢窗油漆、钢门油漆、钢支撑油漆、钢梯油漆等可合并为钢构件油漆一个施工过程;对于次要的、零星的分项工程,可合并为"其他工程"一项列入。

(4)水、暖、电、卫、设备安装和智能系统等专业工程,通常是由各专业施工队自行编制计划并负责组织施工,因而在单位工程施工进度计划中可不必细分具体内容,只要反映出这些工程与土建工程的配合关系即可。

(5)所有施工项目应大致按施工顺序列成表格,编排序号,避免遗漏或重复,其名称可参考现行的施工定额手册上的项目名称。

2. 计算工程量

计算工程量是一项十分烦琐的工作,应根据施工图纸、有关计算规则及相应的施工方法进行,而且往往是重复劳动。如设计概算、施工图预算、施工预算等文件中均需计算工程量,故在单位工程施工进度计划中不必再重复计算,只需直接套用施工预算的工程量,或根据施工预算中的工程量总数,按各施工层和施工段在施工图中所占的比例加以划分即可,因为施工进度计划中的工程量仅用来计算各种资源需用量,不作为计算工资或工程结算的依据,故不必精确计算。计算工程量应注意以下几个问题。

(1)各分部分项工程的工程量计算单位应与现行施工定额中所规定的单位一致,以便计算劳动量及材料需要量时可直接套用定额,不再进行换算。

(2)工程量计算应结合选定的施工方法和安全技术要求,使计算所得工程量与施工实际情况相符合。例如,挖土时是否放坡,是否增加工作面,坡度大小与工作面尺寸是多少,是否使用支撑加固,开挖方式是单独开挖、条形开挖还是满堂开挖,这些都直接影响到基础土方工程量的计算。

(3)结合施工组织要求,分区、分段、分层计算工程量,以便组织流水作业,同时可避免漏项。

(4)如已编制预算文件,应合理利用预算文件中的工程量,以免重复计算。施工进度计划中的施工过程大多可直接采用预算文件中的工程量,可按施工过程的划分情况将预算文件中有关项目的工程量汇总。如"砌筑砖墙"一项的工程量,要将预算中按内外墙、不同墙厚、不同砌筑砂浆及强度计算的工程量汇总。

3. 套用施工定额

根据所划分的施工项目和施工方法,套用施工定额(当地实际采用的人工定额及机械台班定额或当地生产工人实际劳动生产效率)以确定劳动量和机械台班量。

施工定额主要有时间定额和产量定额两种形式。时间定额是指某种专业、某种技术等级的工人小组或个人在合理的技术组织条件下,完成单位合格的建筑产品所必需的工作时间,一般用符号 H_i 表示。产量定额是指在合理的技术组织条件下,某种专业、某种技术等级的工人小组或个人在单位时间内所应完成合格的建筑产品数量,一般用符号 S_i 表示。时间定额和产量定额是互为倒数的关系,即

$$H_i = \frac{1}{S_i} \qquad 或 \qquad S_i = \frac{1}{H_i} \qquad\qquad (4\text{-}8)$$

套用国家或地方颁布的定额,必须注意结合本单位工人的技术等级、实际施工操作水平、施工机械情况和施工现场条件等因素,确定完成定额的实际水平,使计算出来的劳动量、机械台班量符合实际需要,为准确编制施工进度计划打下基础。

有些采用新技术、新材料、新工艺或特殊施工方法的项目,施工定额中尚未编入的,这时可参考类似项目的定额、经验资料或实际情况确定。

4. 确定劳动量与机械台班数量

劳动量与机械台班数量应根据各分部分项工程的工程量、施工方法和现行的施工定额,结合当时当地的实际情况加以确定(施工单位可在现行定额的基础上,结合本单位的

实际情况,制定扩大的施工定额,作为计算生产资源需要量的依据)。一般按式(4-9)计算:

$$P = \frac{Q}{S}(或 P = QH) \tag{4-9}$$

式中　P——完成某施工过程所需的劳动量(工日)或机械台班数量(台班);

　　　　Q——完成某施工过程所需的工程量(m^3、m^2、t 等);

　　　　S——某施工过程采用的产量定额(m^3/工日或台班、m^2/工日或台班、t/工日或台班等);

　　　　H——某施工过程采用的时间定额(工日或台班/m^3、工日或台班/m^2、工日或台班/t等)。

例如,某多层框架结构民用住宅的基槽挖方量为 875 m^3,用人工挖土时,产量定额为3.5 m^3/工日,由式(4-9) 得所需劳动量为

$$P = \frac{Q}{S} = \frac{875}{3.5} = 250(工日)$$

若用单斗挖土机开挖,其台班产量为 120 m^3/台班,则机械台班需要量为

$$P = \frac{Q}{S} = \frac{875}{120} = 7.29 \approx 8(工日)$$

在定额使用过程中,常常会遇到以下几种情况。

(1)计划中的一个项目包括了定额中同一性质的不同类型的几个分项工程。这在查用定额时,定额对同一工种不一样,要用其综合定额(例如外墙砌砖的产量定额是 0.85 m^3/工日,内墙则是 0.94 m^3/工日)。当同一工种不同类型分项工程的工程量相等时,综合定额可用其绝对平均值,计算公式为

$$S = \frac{S_1 + S_2 + \cdots + S_n}{n} \tag{4-10}$$

当同一工种不同类型分项工程的工程量不相等时,综合定额为其加权平均值,计算公式为

$$S = \frac{\sum_{i=1}^{n} Q_i}{\sum_{i=1}^{n} P_i} = \frac{\sum_{i=1}^{n} Q_i}{\sum_{i=1}^{n} \frac{Q_i}{S_i}} = \frac{Q_1 + Q_2 + \cdots + Q_n}{\frac{Q_1}{S_1} + \frac{Q_2}{S_2} + \cdots + \frac{Q_n}{S_n}} \tag{4-11}$$

式中　S——综合产量定额;

　　　$Q_1, Q_2, \cdots, Q_n$——同一工种不同类型分项工程的工程量;

　　　$S_1, S_2, \cdots, S_n$——同一工种不同类型分项工程的产量定额。

或者首先用其所包括的各分项工程的工程量与其对应的分项工程产量定额(或时间定额)算出各自劳动量,然后求和,即为计划中项目的综合劳动量。

(2)施工计划中的新技术或特殊施工方法的工程项目无定额可查用时,可参考类似项目的定额或经过实际测算,确定其补充定额,然后套用。

(3)施工计划中"其他项目"所需劳动量,可视其内容和现场情况,按总劳动量的

10%~20%确定。

5. 计算施工过程的持续时间

各分部分项工程的作业时间应根据劳动量和机械台班数量、各工序每天可能出勤人数与机械台班数量等,并考虑工作面的大小来确定。可按式(4-12)计算

$$t = \frac{P}{R \times b} \tag{4-12}$$

式中　t——某分部分项工程的施工天数;

　　　P——某分部分项工程所需的机械台班数量(台班)或劳动量(工日);

　　　R——每班安排在某分部分项工程上的施工机械台班数或劳动人数;

　　　b——每天工作班数。

在确定施工过程的持续时间时,某些主要施工过程由于工作面限制,工人人数不能太多,而一班制又将影响工期时,可以采用两班制,尽量不采用三班制;大型机械的主要施工过程,为了充分发挥机械能力,有必要采用两班制,一般不采用三班制。

在利用式(4-12)计算时,应注意下列问题:

(1)对人工完成的施工过程,可先根据工作面可能容纳的人数并参照现有劳动组织的情况来确定每天出勤的工人人数,从而求出工作的持续时间。当工作的持续时间太长或太短时,可增加或减少出勤人数,从而调整工作持续时间。

(2)机械施工可先凭经验假设主导机械的台班数 n,然后从充分利用机械的生产能力出发求出工作的持续天数,再做调整。

(3)对于新工艺、新技术的项目,其产量定额和作业时间难以准确计算,可根据过去的经验并按照实际的施工条件来进行估算。为提高其准确程度,可采用"三时估算法",按式(2-6)算出其平均数 t,年将其作为该项目的持续时间。

6. 编制施工进度计划的初始方案

流水施工是组织施工、编制施工进度计划的主要方式,在本书项目二中已作详细介绍。编制单位工程施工进度计划时,必须考虑各分部分项工程的施工顺序,尽可能组织流水施工,力求主要工种的施工班组连续施工,其编制方法如下。

(1)对主要施工阶段(分部工程)组织流水施工。先安排其中主导施工过程的施工进度,使其尽可能连续施工,其他穿插施工过程尽可能与主导施工过程配合、穿插、搭接。如砖混结构房屋中的主体结构工程,其主导施工过程为砖墙砌筑和现浇钢筋混凝土楼板;现浇钢筋混凝土框架结构房屋中的主体结构工程,其主导施工过程为钢筋混凝土框架的支模板、绑扎钢筋和浇筑混凝土。

(2)配合主要施工阶段,安排其他施工阶段的施工进度。

(3)按照工艺的合理性和施工过程相互配合、穿插、搭接的原则,将各施工阶段(分部工程)的流水作业图表搭接起来,即得到单位工程施工进度计划的初始方案。

7. 施工进度计划的检查与调整

检查与调整的目的在于使初始方案满足规定的目标,确定理想的施工进度计划。一般从以下几方面进行检查与调整。

(1)各施工过程的施工顺序是否正确,流水施工组织方法的应用是否得当,技术间歇是否合理。

(2)初始方案的总工期是否满足合同规定工期。

(3)主要工种工人是否连续施工,劳动力消耗是否均衡。

(4)物资方面,主要机械、设备、材料等利用是否均衡,施工机械是否充分利用。

初始方案经过检查,对不符合要求的部分需进行调整。调整方法一般有:增加或缩短某些施工过程的施工持续时间;在符合工艺关系的条件下,将某些施工过程的施工时间向前或向后移动。必要时,还可以改变施工方法或施工组织措施。

应当指出,上述编制施工进度计划的步骤不是孤立的,而是互相依赖、互相联系的,有的可以同时进行。还应看到,由于建筑施工是一个复杂的生产过程,受周围客观条件影响的因素很多,如在施工过程中,由于资金、人工、机械、材料等物资的供应及自然条件等因素的影响,使其经常不符合原计划的要求,因此在实际施工中应不断进行修改和调整,以适应新的情况变化。

二、资源需要量计划

在单位工程施工进度计划确定之后,即可着手编制各项资源需要量计划。资源需要量计划是确定施工现场的临时设施,并按计划供应材料、构配件,调配劳动力和施工机械,以保证施工顺利进行的重要依据。

(一)劳动力需要量计划

劳动力需要量计划主要作为安排劳动力的平衡、调配和衡量劳动力消耗指标及安排生活福利设施等的依据。其编制方法是将单位工程施工进度表内所列的各项施工过程每天(或旬、月)所需工人人数按工种汇总列成表格,其表格形式如表4-2所示。

表4-2　劳动力需要量计划

序号	工程名称	工种名称	需要量		供应时间						备注
					××月			××月			
			单位	数量	上旬	中旬	下旬	上旬	中旬	下旬	

(二)主要材料需要量计划

主要材料需要量计划是作为备料、供料、确定仓库、堆场面积及组织运输的依据。其编制方法是根据施工预算的工料分析表、施工进度计划表,材料的贮备和消耗定额,将施工中所需材料按品种、规格、数量、使用时间计算汇总,填入主要材料需要量计划表,其表格形式如表4-3所示。

表 4-3 主要材料需要量计划

序号	工程名称	材料名称	规格	需要量		供应时间						备注
				单位	数量	××月			××月			
						上旬	中旬	下旬	上旬	中旬	下旬	

(三)构件和半成品需要量计划

构件和半成品需要量计划主要用于落实加工订货单位,并按照所需规格、数量、时间,做好组织加工、运输和确定仓库或堆场等工作。构件和半成品需要量计划可按施工图和施工进度计划编制,其表格形式如表 4-4 所示。

表 4-4 构件和半成品需要量计划

序号	构件和半成品名称	规格	图号	需要量		使用部位	加工单位	供应日期	备注
				单位	数量				

(四)施工机械需要量计划

施工机械需要量计划主要用于确定施工机械类型、数量、进场时间,以此落实机械来源和组织进场。其编制方法是将单位工程施工进度计划表中的每一个施工过程,每天所需的机械类型、数量和施工时间进行汇总,便得到施工机械需要量计划表,其表格形式如表 4-5 所示。

表 4-5 施工机械需要量计划

序号	机械名称	规格型号	需要量		货源	机械进场或安装时间	退场或拆卸时间	备注
			单位	数量				

【单元探索】

结合工程实际,进一步加深对"单位工程施工进度计划和资源需要量计划"编制的理解。

【单元练习】

请扫描二维码,做"单位工程施工进度计划和资源需要量计划"练习题。

码 4-8 "单位工程施工进度计划和资源需要量计划"练习题

单元四　单位工程施工现场平面布置图

【单元导航】

问题1:何谓单位工程施工现场平面布置图设计?

问题2:单位工程施工现场平面布置图设计的依据、内容和原则是什么?

问题3:单位工程施工现场平面布置图设计的步骤是什么?

【单元解析】

施工现场平面布置是指在施工用地范围内,对各项生产、生活设施及其他辅助设施等进行规划和布置。单位工程施工现场平面布置图设计是对施工现场进行平面布置和对施工过程进行空间组织,是在施工现场布置生活设施、仓库、施工机械设备、原材料堆放场地和临时设施等的依据,是单位工程施工组织设计的重要组成部分。施工现场平面布置直接影响到能否有组织、按计划地进行安全文明施工,节约并合理利用场地,减少临时设施费用,加快施工进度,提高工程质量等问题。因此,施工现场平面布置图的合理设计具有重要意义。单位工程施工现场平面布置图绘制的比例一般为1:200~1:500。

一、单位工程施工现场平面布置图设计的依据、内容和原则

(一)单位工程施工现场平面布置图的设计依据

在进行施工现场平面布置图设计前,应认真研究施工方案,对施工现场进行深入调查和分析,对施工平面设计所需要的资料认真收集、整理、汇总,使设计与施工现场的实际情况相符,从而能够起到对施工现场平面和空间布置的指导作用。单位工程施工现场平面布置图设计所依据的主要资料如下:

码4-9　微课-单位工程施工现场平面布置图(一)

(1)自然条件资料:包括地形、地质、水文及气象资料等。

(2)技术经济条件资料:包括交通运输、供水、供电、物资资源、生产及生活基本情况等。

(3)建筑总平面图,现场地形图,地下和地上管道位置、标高、尺寸,建筑区域的竖向设计和土方调配图。

(4)施工组织总设计文件。

(5)各种原材料、半成品、构配件等的需要量计划。

(6)各种临时设施和加工场地数量、形状、尺寸。

(7)单位工程施工进度计划和施工方案。

(二)单位工程施工现场平面布置图的设计内容

(1)工程施工场地状况,包括现场地形地貌和建筑总平面图上已建的永久性房屋、构筑物及地下管道的位置和尺寸。

(2)拟建建(构)筑物的位置、轮廓尺寸、层数等。

(3)工程施工现场的加工设施、存储设施、办公和生活用房等的位置和面积。包括测量放线标桩、土方取弃场地、钢筋加工厂、搅拌站、钢筋加工棚、木工棚、仓库、办公室用房、宿舍、休息室等。

(4)布置在工程施工现场的垂直运输设施、供电设施、供水供热设施、排水排污设施和临时施工道路等。包括自行式起重机开行路线、轨道布置和固定式起重运输设备的位置;供水供电线路及道路,供气及供热管线,主要指变电站、配电房、永久性和临时性道路等。

(5)施工现场必备的安全、消防、保卫和环境保护等设施。

(6)相邻的地上、地下既有建(构)筑物及相关环境。

(三)单位工程施工平面图的设计原则

(1)在保证施工顺利进行的前提下,施工现场布置要紧凑,尽可能地减少施工用地,尽量不占或少占农田。

(2)合理布置施工现场的运输道路、加工厂、搅拌站、仓库等的位置,最大限度地减小场内材料运输距离,减少各工种之间的相互干扰,避免二次搬运。

(3)力争减少临时设施的工程量,降低临时设施费用。尽可能利用施工现场附近的原有建筑物作为施工临时设施。

(4)便于工人生产和生活,符合施工安全、消防、环境保护、劳动保护和防火要求。

二、单位工程施工平面图设计的步骤

单位工程施工平面图的设计步骤如图4-6所示。

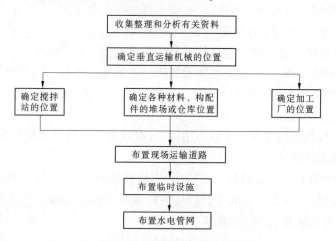

图4-6 单位工程施工平面图的设计步骤

(一)收集整理和分析有关资料

熟悉和了解设计图纸、施工方案和施工进度计划的要求,通过对有关资料的调查、研究及分析,掌握现场四周地形、工程地质、水文地质等实际情况。

(二)确定垂直运输机械的位置

垂直运输机械的位置直接影响着仓库、材料和构件堆场、砂浆和混凝土搅拌站的位置及场内道路、水电管网的布置等。因此,垂直运输机械的位置必须首先予以考虑。

由于各种起重机械的性能不同,其机械布置的位置也不同。

1. 固定式垂直运输机械设备的位置

布置固定式垂直运输机械设备(如井架、龙门架、固定式塔机等)的位置时,应根据建筑物的形状尺寸、施工段的划分、建筑高度、构件的重量,来考虑机械的起重能力和服务半径。做到便于运输材料,便于组织分层分段流水施工,使运距最小,布置时应考虑以下几个方面。

(1)各施工段高度相近时,应布置在施工段的分界线附近,高度相差较大时应布置在高低分界线较高部位一侧。

(2)井架或门架的位置宜布置在有窗口处,以避免砌墙留槎和减少井架拆除后的修补工作。应设置在外脚手架之外,并有 5~6 m 的距离为宜。井架或门架的数量要根据施工进度、垂直提升机构和材料的数量、台班工作效率等因素综合考虑,其服务范围一般为50~60 m。

(3)固定式起重运输设备中卷扬机的位置不应距离起重机过近,以便司机的视线能看到整个升降过程。一般要求此距离大于建筑物的高度,距外脚手架 3 m 以上。

塔式起重机是集起重、垂直提升、水平输送三种功能于一体的机械设备。按其在工地上使用架设的要求不同可分为固定式、轨行式、附着式和内爬式四种。

塔式起重机的布置位置主要根据建筑物的平面形状、尺寸,施工场地的条件及安装工艺来定。要考虑起重机能有最大的服务半径,使材料和构件获得最大的堆放场地并能直接运至任何施工地点,避免出现"死角"。当在塔式起重机的起重臂操作范围内有架空电线等通过时,应特别注意采取安全措施,并应尽可能避免交叉。

2. 有轨式起重机(塔吊)的位置

有轨式起重机的轨道一般沿建筑物的长度方向布置,其位置尺寸取决于建筑物的平面形状和尺寸、构件自重、起重机的性能及四周施工场地的条件。通常轨道布置方式有跨外单侧布置、跨外双侧布置(或环形布置)、跨内单行布置和跨内环形布置等,其中前面两种布置方案较为常用,如图 4-7 所示。

当塔式起重机轨道路基在排水坡下边时,应在其上游设置挡水堤或截水沟将水排走,以免雨水冲坏轨道及路基。

(1)跨外单侧布置。当建筑物宽度较小、构件重量不大时,可采用跨外单侧布置。其优点是轨道长度较短,节省施工成本,材料、构件堆放场地较宽敞。当采用跨外单侧布置时,其起重半径 R 应满足式(4-13)的要求

$$R \geqslant b + a \tag{4-13}$$

式中　R——塔式起重机的最大回转半径,m;

　　　b——建筑物平面的最大宽度,m;

　　　a——建筑物外墙至轨道中心线的距离,一般为 3 m 左右。

(2)跨外双侧布置(或环形布置)。当建筑物的宽度较大、构件重量较大时,应采用跨外双侧布置(或环形布置)。此时,其起重半径 R 应满足式(4-14)的要求

$$R \geqslant b/2 + a \tag{4-14}$$

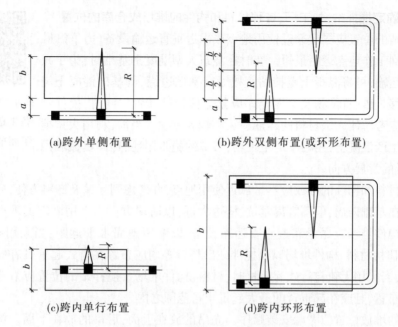

(a)跨外单侧布置　　　　(b)跨外双侧布置(或环形布置)

(c)跨内单行布置　　　　(d)跨内环形布置

图 4-7　有轨式起重机(塔吊)布置示意

塔式起重机的位置和型号确定后,应当校核起重量、回转半径、起重高度三项工作参数,看其是否能够满足建筑物吊装技术要求。若校核不能满足要求,则需调整上述公式中 a 的大小。若 a 已是最小距离,则需采取其他技术措施,最后绘制出塔式起重机的服务范围,如图 4-8 所示。

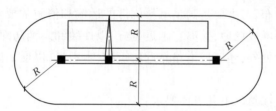

图 4-8　塔式起重机服务范围示意

3. 自行无轨式起重机的开行路线

自行无轨式起重机分为履带式、轮胎式和汽车式三种。主要用于构件的起吊和装卸,适用于装配式单层工业厂房主体结构的吊装,也可用于混合结构大梁及楼板的吊装。其开行路线及停机位置主要取决于建筑物的平面布置、构件重量、吊装高度和方法等,其开行方式有跨中运行和跨边运行两种。

4. 外用施工电梯

外用施工电梯又称人货两用电梯,是一种安装在建筑物外部,施工期间用于运送施工人员及建筑材料的垂直提升机械,是高层建筑施工中不可缺少的重要设备。其布置的位置应方便人员上下、物料集散、便于安装附墙装置,满足电梯口至各施工处的平均距离最短等。

码 4-10　微课-单位工程施工现场平面布置图(二)

(三)确定搅拌站、加工厂、各种材料和构件的堆场或仓库的位置

搅拌站的位置应尽量靠近使用地点或靠近垂直运输设备,力争熟料由搅拌站到工作地点运距最短。有时在浇筑大型混凝土基础时,为了减少混凝土运输,可将混凝土搅拌站直接设在基础边缘,待基础混凝土浇完后再转移。砂、石堆场及水泥仓库应紧靠搅拌站布置。同时,搅拌站的位置还应考虑使大宗材料的运输和装卸较为方便。当前,利用大型搅拌站集中生产混凝土,用罐车运至现场,可节约施工用地,提高机械利用率,是今后的发展方向。

各种材料和构件的堆放应尽量靠近使用地点,并考虑到运输及卸料方便,底层以下用料可堆放在基础四周,但不宜离基坑、槽边太近,以防塌方。当采用固定式垂直运输设备时,材料、构件堆应尽量靠近垂直运输设备,以缩短地面水平运距;当采用有轨式(塔式)起重机时,材料、构件堆场以及搅拌站出料口等均应布置在塔式起重机有效起吊服务范围之内;当采用无轨自行式起重机时,材料、构件堆场及搅拌站的位置应沿着起重机的开行路线布置,且应在起重臂的最大起重半径范围之内。

构件的堆放位置应考虑安装顺序。先吊的放在上面,后吊的放在下面。构件进场时间应与安装进度密切配合,力求直接就位,避免二次搬运。

加工厂(如木工棚、钢筋加工棚)的位置,宜布置在建筑物四周稍远位置,且应有一定的材料、成品的堆放场地;石灰仓库、淋灰池的位置应靠近搅拌站,并设在下风向;沥青堆放场地及熬制锅的位置应远离易燃物品,也应设在下风向。

(四)布置现场运输道路

现场运输道路的布置,主要是满足材料构件的运输和消防的要求。这样就应使道路连通到各材料及构件堆放场地,并离它越近越好,以便装卸。消防对道路的要求,除消防车能直接开到消火栓处外,还应使道路靠近建筑物、木料场,以便消防车能直接进行灭火抢救。

布置道路时还应注意以下几方面要求:

(1)尽量使道路布置成直线,以提高运输车辆的行车速度,并应使道路形成循环,以提高车辆的通过能力。

(2)应考虑下一期开工的建筑物位置和地下管线的布置。道路的布置要与后期施工结合起来考虑,以免临时改道或道路被切断影响运输。

(3)布置道路应尽量把临时道路与永久道路相结合,即可先修永久性道路的路基,作为临时道路使用,尤其是需修建场外临时道路时,要着重考虑这一点,可节约大量投资。在有条件的地方,可以把永久性道路路面事先修建好,更有利于运输。

(五)布置临时设施

现场的临时设施目的是服务于建筑工程的施工,可分为生产性临时设施(如钢筋加工棚、木工加工棚、水泵房、器具维修站等)和非生产性临时设施(如行政办公用房、宿舍、食堂、开水房、卫生间等)两大类。非生产性与生产性临时设施应有明显的划分,不要互相干扰。

生产性临时设施宜布置在建筑物四周稍远位置,且有一定的材料、成品堆放场地,并考虑使用方便,不妨碍施工,符合安全、卫生、防火的原则。尽量利用现成原有的设施或已建工程,合理确定面积,努力做到节省临时设施费用。

通常,办公室应靠近施工现场,设于工地入口处,亦可根据现场实际情况选择合适的地点设置;工人休息室应设在工人作业区;宿舍应布置在安全的上风向一侧;收发室宜布置在入口处等。

(六)布置水电管网

水电管网的布置主要包括供水管网的布置和供电线网的布置。

1. 供水管网的布置

现场临时供水包括生产、生活、消防等用水。通常,施工现场临时用水应尽量利用工程的永久性供水系统,减少临时供水费用。供水管道一般从建设单位的干管或自行布置的干管接到用水地点,同时应保证管网总长度最短。管径的大小和出水龙头的数目及设置,应视工程规模的大小通过计算确定。管道可埋于地下,也可铺于路上,根据当地的气候条件和使用期限的长短而定。

临时水管最好埋设在地面以下,以防汽车及其他机械在上面行走时将其压坏。严寒地区应埋设在冰冻线以下,明管部分应做保温处理。工地临时管线不要布置在后期拟建建筑物或管线的位置上,以免开工时水源被切断,影响施工。临时施工用水管网布置时,除要满足生产、生活要求外,还要满足消防用水的要求,并设法使管道铺设越短越好。施工现场应设消防水池、水桶、灭火器等消防设施。单位工程施工中的防火,一般用建设单位的永久性消防设备。若为新建企业,则根据全工地的施工总平面图考虑。

布置供水管网时还应考虑室外消火栓的布置要求:

(1)室外消火栓应沿道路设置,间距不应超过120 m,距房屋外墙为1.5~5 m,距道路应不大于2 m。现场每座消火栓的消防半径,以水龙带铺设长度计算,最大为50 m。

(2)现场消火栓处昼夜要设有明显标志,配备足够的水龙带,周围3 m以内不准存放任何物品。室外消火栓给水管的直径,不小于100 mm。

(3)高层建筑施工应设置专用高压泵和消防竖管。消防高压泵应使用非易燃材料建造,并设在安全位置。

2. 供电线网的布置

建设项目中的单位工程施工用电应按施工总平面图进行布置,一般可不设变压器。对于独立的单位工程,应当根据计算出的施工用电总量,选择适宜的变压器。变压器应布置在远离交通要道口、距高压线最近的施工现场边缘处接入,且四周应做好围护。

现场架空线必须采用绝缘铜线或绝缘铝线。架空线必须设在专用电杆上,并布置在道路一侧,严禁架设在树木、脚手架上。现场正式的架空线(工期超过半年的现场,须按正式线架设)与施工建筑物的水平距离不小于10 m,与地面的垂直距离不小于6 m,跨越建筑物或临时设施时,与其顶部的垂直距离不小于2.5 m,距树木不应小于1 m。架空线与杆间距一般为25~40 m,分支线及引入线均应从杆上横担处连接。

以上是单位工程施工平面图设计的主要内容及要求。设计中,还应参考国家及各地区有关安全消防等方面的规定,如各类建筑物、材料堆放的安全防火间距等。此外,对较复杂的单位工程,应按不同的施工阶段分别设计施工平面布置图。

【单元探索】

结合工程实际,进一步加深对"单位工程施工现场平面布置图设计"的理解。

【单元练习】

请扫描二维码,做"单位工程施工现场平面布置图"练习题。

码 4-11   "单位工程施工现场平面布置图"练习题

单元五　单位工程施工组织设计实例

【单元导航】

如何应用已学知识,进行单位工程施工组织设计编制?

【单元解析】

一、工程概况

(一)建筑及结构设计特点

本工程为××省××市某中学教学楼,系新建项目。由市教委投资,设计单位为该市建筑设计院,施工单位为××建筑公司,由市××建设监理公司监理。工程造价为 584.731 万元。开工日期为××××年 4 月 1 日,竣工日期为××××年 8 月 30 日,工期历时 152 天。

本工程建筑面积为 8 110 m²,长 114.8 m,宽 19.04 m,中间部分 6 层,高 26.03 m,首层为门厅,其余各层分别为行政办公室、教研室、教务处和部分教室。两侧为 5 层,高22.10 m,均为普通教室和实验室,标准层层高 4.15 m。在楼的中间和两侧设置 4 部双跑楼梯,每层都设有男、女卫生间。室内设计地坪±0.000 相当于绝对标高 3.21 m,室内外高差 0.60 m,本工程的平、立面示意图如图 4-9 所示。

本工程承重结构除中间门厅部分为现浇钢筋混凝土半框架结构外,其余均为混合结构。由于该教学楼平面长度较大,故在中间和东、西两侧连接部位各设一道伸缩缝。该工程所在地区土质较差,根据设计要求在天然地基上垫 700 mm 厚的石屑,然后铺 100 mm厚的 C15 混凝土垫层,其上做 400 mm 厚的 C15 钢筋混凝土基础板,以上为 MU10 水泥砂浆条形砖基础。上部结构系承重墙承重,预制钢筋混凝土空心楼板(卫生间及实验室局部为现浇钢筋混凝土楼板),大梁及楼梯均为钢筋混凝土现浇结构。该教学楼按抗震设防要求,每层设圈梁一道,圈梁上皮为楼板下皮,在内外墙交接处均设钢筋混凝土构造柱。屋面为卷材柔性防水做法,根据地方建筑主管部门的要求,卷材采用改性沥青油毡,用专用黏结涂料冷铺法铺设。

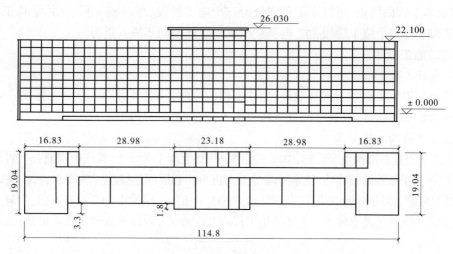

图 4-9　某中学教学楼平、立面示意图　（单位：m）

本工程各层教室及办公室为一般水泥砂浆地面,门厅采用无釉防滑陶瓷地砖,走廊、卫生间为水磨石地面,化学实验室采用陶瓷锦砖地面。内墙墙面及顶棚均为普通抹灰,表面喷涂乳胶漆。所有的教室及实验室、办公室均有 1.4 m 高的水泥墙裙,其上刷涂油漆。室外墙面除首层为彩色水刷石外,窗间墙抹水泥砂浆并刷外墙涂料,其余为清水砖墙。

室内采暖系统与原有地下采暖管道连接。实验室设局部通风。电气设备除一般照明系统外,各教室暗敷电视电缆,并在指定部位设闭路教学电视吊装预埋件,物理实验室内设动力用电线路。

（二）地区特征和施工条件

本工程位于市内中心区,东面为市区干道,北面为学校主办公楼及其他教学楼,南面和西面为操场,施工场地较为宽敞。根据学校要求,施工现场主要安排在该教学楼南面操场范围内。

施工现场原为旧房拆除后的场地,根据地质钻探资料,地基内的地下水位较高,施工时需考虑排水措施。

本工程所在地区雨季为 6~9 月,主导风向偏东。

施工所需电力、供水均可由学校原有供电、供水网引出。

本工程为市教委计划内工程,经与施工方协商,材料和劳动力均保证满足施工需要,全部材料均由施工单位自行采购,供货渠道已落实。由于主要交通道路为市内交通主干线,经与交通管理和市容管理部门协商,主要建筑材料与构件在指定时间(××点至××点)内均可送至工地;同时,为保证学校的良好教育秩序和环境卫生,现场布置尽可能简单,材料少存多运,全部预制构件均采用商品预制构件,现场不必设构件加工场。此外,因工程距施工单位基地较近,在现场可不设临时生活用房,只利用原场地西侧的待拆旧平房作为工地办公室。

二、施工方案

（一）施工程序

根据"先地下,后地上""先主体,后围护""先结构,后装修""先土建,后设备"的原则,结合本工程的特点,可将本工程划分为三个施工阶段,即基础工程、主体结构工程、屋面及装饰工程三个施工阶段,水、电、暖、卫工程随结构同步插入进行。

(二) 施工顺序

1. 基础工程阶段

基础工程除机械挖土不分段外,为使工作面宽敞,同时考虑到各分部工程在各施工阶段的劳动量基本相等,故从中间分为两个施工段,从左向右施工。

2. 主体结构工程阶段

由该工程建筑结构情况可知,中间6层部分现浇混凝土量较大,若从中间划分为对称的两段施工,不利于结构的整体性,且不易满足工人班组在各层间连续施工的要求,所以决定以该建筑的伸缩缝为界划分为三段,按分别流水方式组织施工。因为中间部分有6层,为避免流水中断,故从中间开始流水施工。主体结构工程施工段的划分及施工流向如图4-10所示。

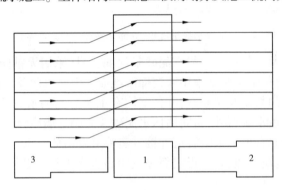

图 4-10　主体结构工程施工段划分及施工流向示意

3. 屋面及装饰工程阶段

屋面及装饰工程阶段分为屋面工程、室内装饰工程和室外装饰工程等三部分。

(1)屋面工程部分:以第五层和第六层分为两个施工段,按流水方式分别组织施工。

(2)室内装饰部分:以顶棚和墙面抹灰为主导工程,其他工序与之相协调。顶棚和墙面抹灰以一层楼为一施工段。由于工程工期紧,故采用自下而上的流向。

(3)室外装饰工程部分:采用自上而下的施工流向。

计算各施工阶段主要工种的工程量(见表4-6),结合经验粗略估计各施工阶段的施工时间。

(三) 施工方法和施工机械的选择

本工程为常规混合结构施工,故只对其中较重要的施工方法给予说明。

1. 垂直、水平运输机械的选择

根据工程情况和施工条件,采用常规施工机械,其中垂直起重机械采用塔吊加井架方案。该方案采用一台塔吊,沿教学楼南侧顺长度方向布置。根据经验可选中型 QT60 型塔吊(臂长 25 m)一台。按实际情况验算结果如下:塔吊轨道距墙面最小距离按规定需为 1.5 m,轨道本身宽度 4.2 m,楼最宽处为 19.04 m,则塔吊塔壁的起重幅度应为(19.04 - 0.3)+1.5+4.2/2 = 22.34(m),选 QT60 中型塔吊可以满足该工程的平面尺寸要求,同时

提升高度也满足建筑物的高度要求。

表 4-6　主体结构各主要分部分项工程量及劳动量

工序名称		工程量				时间定额		劳动量		
		单位	1	2	3			1	2	3
砌砖墙	一层	m³	208	307	307	工日/m³	0.800	166	246	246
	二层		190	285	285	工日/m³	0.835	159	238	238
	三至五层		160	248	248	工日/m³	0.910	146	226	226
	六层		170	—	—	工日/m³	0.872	148		
现浇混凝土	支模板	m²	230	232	232	工日/10 m²	0.08	1.84	1.86	1.86
	绑扎钢筋	t	1.84	1.95	1.95	工日/t	3.00	5.52	5.85	5.85
	浇筑混凝土	m³	25.8	26.4	26.4	工日/m³	1.00	25.8	26.4	26.4
安装预制楼板		块	100	270	270	工日/块	0.008 3	0.83	2.24	2.24
预制板灌缝		100 m	3.6	5.9	5.9	工日/100 m	1.18	4.2	7.0	2.0

塔吊主要用于吊装预制钢筋混凝土圆孔板,也可吊装部分其他材料。该方案只设一台塔吊还满足不了施工高峰的需要,经过计算还须加设两台井架。水平运输除塔吊外,砖与砂浆采用运料车运输。

2. 基础工程

基础工程的施工顺序为:机械挖土→清底钎探→验槽处理→铺垫石屑→混凝土垫层→钢筋混凝土基础板→砖砌基础→混凝土基础圈梁→防潮层→暖气管沟和埋地管线→回填土。

本工程采用 W—100 型反铲挖土机由东向西,由南向北倒退开挖,最后由西部撤出。基坑底面按设计尺寸周边各留出 0.5 m 宽的工作面,边坡坡度系数为 1∶0.75,基坑挖土量 5 016 m³,回填土 2 673 m³,剩余土方运至市建设管理部门指定的工程废土存放点。

考虑地下水位较高,采用大口集水井降水,在基底东西两侧各挖一集水井,以满足施工排水问题。

基础墙内的构造柱钢筋插入钢筋混凝土基础板的下皮,并按轴线固定在模板上,防止浇筑混凝土时移位。

基础完成后,立即进行回填,以确保上部结构正常施工。基槽回填土要分层进行,铺土厚度 0.4 m,采用蛙式打夯机夯实。

3. 主体结构工程

1) 砌筑施工

主体结构工程中砖砌墙为主导工序,承重墙采用 M5 混合砂浆砌 MU7.5 实心砖,隔墙采用 M5 混合砂浆砌空心砖,按常规方法砌筑。需要注意,构造柱上的 ϕ 6 拉结筋需与砖砌墙可靠连接。此外,主体结构工程施工采用脚手架,其中外墙采用双排钢管外脚手架,内墙采用里脚手架。

2) 混凝土施工

混凝土采用机械搅拌和机械振捣,辅以人工插捣,养护方法为自然养护。本工程工期较短,根据规范,大梁强度须达到设计强度的 100% 才允许拆除底模。据当地气候条件,浇筑第一层大梁的混凝土时,气温为 15 ℃左右,故需 28 天才能拆除底模。二至六层浇筑混凝土时,虽气温稍高,但也需 20 天左右才能拆模。为加快施工进度,决定增加水泥用量,提高混凝土强度等级,将第一层大梁拆除底模时间缩短到混凝土浇筑后的第 12 天,以使装饰工程得以提前插入。

圈梁施工除外墙先砌 120 mm 厚砖外,其余在有圈梁处均采用硬架支模,即将预制楼板搁置在圈梁模板上,然后浇筑圈梁混凝土(见图 4-11)。该种圈梁施工方法,既可保证楼板与圈梁的整体性,又可缩短工期,同时还可加大圈梁和构造柱的工作面。

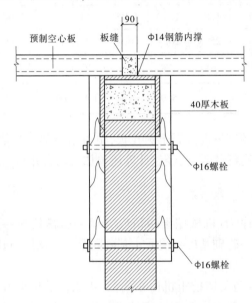

图 4-11　圈梁硬架支模构造图

现浇混凝土构件模板均采用普通模数钢模板,不足部分采用木模板填充。

本工程混凝土现浇量较大,其各工种劳动力按各相应的分部分项工程配备,在 5~6 天内完成梁、板、圈梁、构造柱等安装,以使瓦工能连续施工。

4. 屋面及装饰工程

1) 屋面工程

屋顶结构安装及女儿墙完成后,在屋面板上铺焦渣保温层及找坡,然后抹水泥砂浆找平层,待找平层含水率降至 15% 以下(根据当地气温条件,按经验应养护 3~4 天)后可铺贴卷材。

防水层采用高聚物改性沥青防水卷材,冷黏法施工。胶黏剂应采用橡胶或改性沥青的汽油溶液,其黏结剥离强度应大于 0.8 N/m。

改性沥青卷材施工方法不同于一般沥青油毡多层做法,要注意其施工要点:

（1）复杂部位的增强处理。待基层处理剂干燥后，应先将水落口、管根等易发生渗漏的部位，在其中心 200 mm 左右范围均匀涂刷一层厚约 1 mm 的胶黏剂，随即粘贴一层聚酯纤维无纺布，并在无纺布上再涂刷一层厚约 1 mm 的胶黏剂，干燥后即形成无接缝、具有弹性的整体增强层。

（2）接缝处理。卷材的纵、横之间搭接宽度为 80～100 mm，接缝可用胶黏剂黏合，也可用汽油喷灯边熔化边压实。平面与立面联结的卷材应由下向上压缩铺贴，并使卷材紧贴阴角，不应有空鼓现象。

（3）接缝边缘和卷材末端收头处理。可采用热熔处理，也可采用刮抹黏结剂的方法进行黏合密封处理。必要时，可在经过密封处理的末端收头处，采用掺入水泥重量20%的107胶拌制成的水泥砂浆进行压缝处理。

（4）卷材铺设完毕后，其表面做蛭石粉保护层。

2）室内装饰工程

本工程将室内装饰提前插入和主体结构交叉施工，即二层楼面板安装完毕并灌缝后，底层即插入进行顶棚和墙面抹灰，由下而上依次进行。

（1）门窗框一律采用后塞口，墙面阳角处均做水泥砂浆护角。

（2）楼地面基层清理、湿润后，先刷一道素水泥浆作为结合层，然后抹水泥砂浆面层，抹平压光后，铺湿锯末养护。

（3）地面工程排在顶棚和墙面抹灰之后进行，为防止做上层地面时板缝渗漏，影响抹灰质量，灌缝用的细石混凝土应有良好的级配，1 m³ 混凝土的水泥用量不少于 300 kg，坍落度不大于 50 mm。安排在地面工程后的施工工序有安门窗扇、油漆、安门窗玻璃和内墙粉刷等。

（4）水、电、暖、卫工程应和土建施工密切配合，其管道安装应在抹灰前完成，而其设备安装应在抹灰后进行。电气管线的立管随砌墙进度安排进行，不得事后剔凿，水平管应在安装楼板时配合埋设，立管、水平管均采用PVC阻燃管。

3）室外装饰工程

外墙装饰仍利用砌筑用脚手架，按自上而下的顺序进行，拆除架子后进行台阶、散水施工。

三、施工进度计划

本工程开工日期为×××年4月1日，竣工日期为×××年8月30日，工期历时152天。根据各施工阶段主要工种的工程量，由拟订的施工方案查某省建筑（装饰）安装工程人工定额，确定劳动量（见表4-6）和机械台班数量，进行施工进度计划的编制。

每班安排在各主要施工项目上的施工人员和机械台班数量、班制，施工持续时间（流水节拍）确定方法如下。

（一）施工准备工作

施工准备工作20天，主要包括清理场地、修筑临时道路、铺设临时水电管网、建造搅拌机棚及其他临时工棚等。在施工准备工作期间，最好将水、电、暖、卫等室外管道工程做好。这样，既可避免与房屋施工互相干扰，又可利用它们供水供电，以节约临时设施费用。

(二)基础工程阶段

为使人员稳定,有利于管理,砌基础的瓦工班组工人数采用与主体结构砌墙人数(80人)相同。全部砌基础需要劳动量为 623 工日,分两段施工,故每个施工段流水节拍为623/(2×80)= 3.9(天),取 4 天。浇筑混凝土垫层、钢筋混凝土基础板及砌基础等各分部分项工程按全等节拍方式组织流水作业,流水节拍均取 4 天。

(三)主体结构工程阶段

主体结构工程阶段的主要工作内容有立构造柱筋、砌墙、支圈梁构造柱模板、安装圈梁钢筋、浇圈梁构造柱混凝土、吊装楼板、灌缝,本工程砌墙是主体结构工程的主导施工工程。在组织主体结构工程施工时,一方面应尽量使砌墙连续施工,另一方面应当重视吊装楼板、现浇大梁、楼梯、卫生间及实验室楼板的施工。现浇卫生间及实验室楼板的支模、绑筋可安排在墙体砌筑的最后一步插入,在浇筑构造柱、圈梁的同时,浇筑卫生间及实验室楼板。该部分流水节拍确定如下:

根据工期要求,主体结构须在近 2 个月,即 50 个工作日左右完成,这就要使瓦工组能连续施工,即主体每层施工时间 t 应为 8~9 天。若取 8 天,并按第二层计算,则需工人人数为

$$R_总 = \frac{\sum_{i=1}^{3} Q_i}{t} = \frac{Q_1 + Q_2 + Q_3}{t} = \frac{159 + 238 + 238}{8} = 79.4(人)$$

取 $R_总 = 80$,按技工与普工的比例为 1:1.2 计算,则技工为 36 人,普工为 44 人。

据此,第 1 段砌墙的流水节拍为

$$R_1 = \frac{Q_1}{R_总} = \frac{159}{80} = 2(天)$$

同理,第 2 段和第 3 段的流水节拍分别为 3 天。考虑 36 名技工同时在第 1 段上工作面太小,且每班需砌筑 80~100 m^3 砖墙,吊装机械和灰浆搅拌机负荷过大,所以采用两班制,组成两个队(每队技工 18 人,普工 22 人),分为日、夜两班工作,每砌完一层,调换一次。

其他各分部分项工程的流水节拍,应在保证本身合理组织的条件下,尽量缩短。为满足瓦工在各层间连续作业,砌墙以外的分部分项工程在一个施工段上施工的总时间:第 1 段不应多于 6 天,第 2、3 段不应多于 5 天(即等于每层砌墙总时间减去砌墙在本段的流水节拍),故支模板为 2 天,绑扎钢筋为 1 天,浇筑混凝土为 1 天,安装预制圆孔楼板及灌缝为 1 天或 2 天,并都在第一天加班 4 h。

此外,其他分部分项工程(如支模板、绑扎钢筋、浇筑混凝土及安装楼板)是间断施工的,实际这些班组工人并非停歇,而是在进行主要工序以外的准备或辅助工作,如木工棚内制作木构件,钢筋工则进行主要钢筋的加工与配料,混凝土可进行砂石的筛分、清洗等工作。

(四)屋面及装饰工程阶段

该阶段的主要工作量在室内装饰。根据进度要求约有 3 个月的工期,顶棚和墙面抹灰考虑占 2 个月时间左右,每层抹灰 10 天,工人数为 319/10 = 31.9(人),取 32 人。第六层劳动量较少,只需 5 天。

按上述安排,编制施工进度计划的初始方案,然后根据工期要求和劳动力的均衡要求等进行检查、调整,最后确定施工进度计划,见表 4-7。

表 4-7　某中学教学楼施工进度计划

序号	分部分项工程名称	单位	数量	时间定额	劳动量工日	工人人数/人	工作天数/天
1	基槽挖土	m³	5 016	0.034	170	14	12
2	垫石雨	m³	1 596	0.003	478	1	8
3	混凝土垫层	m³	228	1.789	408	50	8
4	钢筋混凝土地垫层	m³	912	1.282	1 169	75	16
5	砖砌基础	m³	919	0.678	623	80	8
6	基槽回填　砌筑暗沟	m³	683		143	36	4
7	填房心土	m³	2 294	0.144	330	40	8
8	砌砖墙	m³	3 558	0.868	3 087	80	40
9	支模板	m²	2 640	0.08	222	8	32
10	绑扎钢筋	t	22	3.00	70	5	16
11	浇筑混凝土	m³	322	1.00	322	20	16
12	安装模板及灌缝	m³	1 287	0.202	260	9	29
13	搭拆脚手架	m²			320	8	40
14	浇制楼地坪	m²	267	1.636	437	10	44
15	拆模板	m²	2 640	0.026	69	4	16
16	砌女儿墙	m³	3 057	1.963	60	15	4
17	浇制压顶				28	7	4
18	铺焦渣	m³	240	0.40	96	16	6
19	抹找平层	m²	1 571	0.044	69	12	6
20	铺卷材	m²	1 571	0.039	61	10	6
21	砌隔断墙　洗大池	m³	205	1.802	370	10	37
22	板条墙　吊顶	m²	1 485	0.202	300	8	37
23	顶、墙抹灰	m²	20 050	0.081	1 696	32	53
24	水磨石及水池地面	m²	6 270	0.100	627	15	37
25	门窗框安装	m²			296	15	21
26	门窗油漆、玻璃	m²			222	6	37
27	喷涂涂料	m²	20 050	0.008	168	12	21
28	墙面水刷石	m²	2 882	0.236	680	32	21
29	砖墙勾缝	m²	1 118	0.093	104	8	13
30	做散水	m²	368	0.12	44	15	3
31	做台阶、花池	m²	30.46	0.985	30	10	3
32	安装水落管				20	4	5

阶段分组（自上而下）：基础工程阶段、主体工程阶段、屋面工程、室内装饰工程阶段、室外装饰工程。

工程进度（天）：10　20　30　40　50　60　70　80　90　100　110　120　130　140

注：时间定额单位略。

四、劳动力、材料、机械的需要量计划

劳动力需要量计划可根据工程预算、企业或某省建筑(装饰)安装工程综合劳动定额和施工进度计划等进行编制。材料需要量计划根据施工预算和施工进度计划汇总编制,劳动力和机械需要量计划则可根据施工方案、施工方法及施工进度计划进行编制。以上各项资源需要量计划的计算过程从略。

五、施工现场平面布置图

(一)起重机械的布置

塔吊布置在建筑物的南侧,两台井架布置在北侧,位于施工缝的分界线处。

(二)搅拌站、材料仓库及露天堆场的布置

首先考虑塔吊与井架的大致分工,塔吊主要负责砖、灰浆及大部分预制混凝土空心楼板的吊装,井架主要负责混凝土、少量预制楼板、模板及其他零星材料的吊装。据此,即可确定搅拌站和主要材料的堆放位置。

(1)混凝土与灰浆搅拌站设在北面,所用砂石料及灰膏布置在其附近,以减少水平运输量。

(2)石灰采用的是材料厂淋好的石膏,现场不设白灰堆场和淋灰池。

(3)砖的堆放位置,除基础和第一层用的砖直接安排在墙的四周外,其他各层用砖最好靠近塔吊放置。根据具体条件,本工程砖的储备量为 20 天用量,约计 100 万块。堆放面积约需 1 000 m²,除布置在南侧一部分,其余安排在东西两侧。

(4)预制钢筋混凝土楼板放在南侧,在塔吊的起重范围内,以免二次搬运。

(5)木料堆场与木工作业棚要考虑防火要求,设在离房屋较远的西北侧。钢筋堆场及钢筋加工棚设在东侧。

(6)水泥库集中设置,以便严格管理。

在装饰阶段开始后,由于工地上存放的砖和预制楼板越来越少,装饰所用的材料(如隔断墙用的空心砖、铺地用的瓷砖等)可堆放在原来的砖和空心楼板的位置上。管材零件则可利用清理出来的一部分水泥库来堆放。

(三)水电管线及其他临时设施的布置

本工程水电供应均从已有水网及电力网引进,临时水管网采用环形布置。

除上述外,工地上还设置办公室、休息室、工具及零星物品仓库、厕所等。

施工现场搅拌站、仓库、堆场等占地面积均根据机械种类、日工人数和材料库存量等基本参数按施工手册推荐的方法计算而得,计算结果见施工平面图所注。

施工平面图布置如图 4-12 所示。

六、主要施工技术措施及组织措施

(一)工程项目管理机构

本工程实行项目经理负责制,由施工单位派出工程项目经理,实行现场施工技术、质量、安全、进度和成本的全方位负责制管理,同时由监理公司进行工程监理。工地下设现场管理人员,如质量员、安全员、资料员、造价员、材料员等。要求现场管理人员必须具备

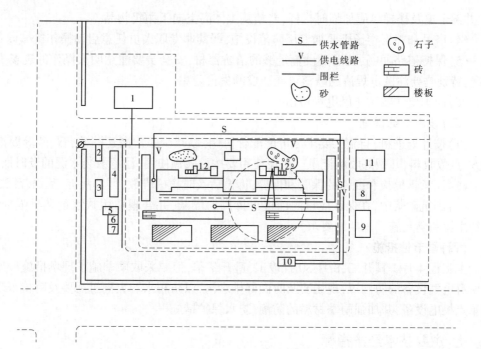

1—木工作业棚 200 m²；2—办公室 60 m²；3—门窗库 40 m²；4—水泥库 150 m²；5—瓦抹灰工具棚 40 m²；
6—混合工作业棚 52 m²；7—三大工具堆场 80 m²；8—钢筋堆场 80 m²；9—钢筋工作业棚 180 m²；
10—厕所 15 m²；11—休息棚 200 m²；12—卷扬机及井架。

图 4-12　某中学教学楼施工现场平面布置图

相应职业岗位的上岗条件。

(二)技术与安全保障措施

1.技术措施

(1)施工前做好技术交底,并认真检查执行情况,对监理人员提出的问题要及时解决,并将解决的情况向监理人员反馈。

(2)各分部分项工程均应严格按施工及验收规范操作,并做好自检自查,要做好轴线、钢筋、隐蔽工程的预检工作,做好记录并及时办理验收工作。

(3)严格执行原材料的进场检验及验收制度,并保留好材料的质检报告。进场材料应分批堆放,并注明规格、性能。

(4)混凝土、砂浆的配合比要准确,现场施工配合比由公司实验室提供,不得更改。当现场砂石含水率有变化时,要及时通知公司实验室调整配合比,并按规定留足混凝土及砂浆的试块,同时注意养护。试件试验结果随隐蔽工程记录一并交建设单位存档。

(5)硬架支模圈梁的拆模时间要严格掌握,达到规定拆模强度后方可拆模。

2.安全措施

(1)因该工程位于学校园内,必须做好安全防范工作,工地周围做好围栏,严禁学生和无关人员进入工地。

(2)分不同工程部位做好施工安全交底工作,严格执行有关的安全操作规程。

(3)进入现场的施工人员及其他相关人员必须戴安全帽。外脚手架外侧要挂安全网,井架走道及楼梯口应加临时栏杆,严禁从主体高空向下抛扔物品。

(4)塔吊和井架卷扬机要加专用防范设施,严禁非专职人员任意启动操作机械设备。

(5)保持道路通畅,现场要设置足够的消防器材,安全员要注意明火操作的现场安全情况,特别是要注意电焊渣的跌落可能造成的失火隐患。

(6)雨季要注意防止触电和雷击。

(三)技术节约措施

(1)按计划进料,与施工要求尽可能配合协调,以减少二次搬运。砂、石、砖等要准确量方、点数收料,并做好收料记录。水泥使用要按量限额使用,注意散装水泥的及时回收。

(2)注意钢模板和配件的保管和保养,拆模后及时集中堆放,严禁乱拆、乱扔、乱放。

(3)砌筑砂浆中,在保证质量的前提下掺用粉煤灰,并合理掺用减水剂和早强剂,以节约水泥和满足施工工期的要求。

(四)季节性措施

本工程4月1日开工,8月30日竣工,避开冬季,但要采取雨季施工现场措施。要做好所有电气设备的防雨罩,现场要及时做好排水沟,以防积水。大雨过后要及时检查现场的重点机电设备,并加强雨季材料的防潮、防水保护措施。

七、主要技术经济指标

(1)工期指标。本工程计划工期139天,比合同工期5个月(152天)和当地类似工程的工期(150天)短。

(2)施工准备期20天,比预计期限1～1.5个月短。

(3)劳动生产率指标:单位面积用工量 = 18 969/8 110 = 2.34(工日/m²)。

(4)单位面积建筑造价。本教学楼全部工程单位面积建筑造价为721元/m²。

(5)人工消耗均衡性指标:K = 施工期高峰人数/施工期平均人数 = 168/125 = 1.34,与类似工程相近。

【单元探索】

编制单位工程施工组织设计需要哪些基本知识?

【单元练习】

请扫描二维码,做"单位工程施工组织设计实例"练习题。

码4-12　"单位工程施工组织设计实例"练习题

【项目测试】

请扫描二维码,做"单位工程施工组织设计"测试卷。

码4-13　"单位工程施工组织设计"测试卷

项目五　施工组织总设计

【学习目标】

学习单元	能力目标	知识点
单元一	掌握施工组织总设计编制的内容和程序	施工组织总设计的概念,编制的内容、依据和程序; 工程概况和施工特点分析
单元二	掌握施工部署中各主要内容的确定方法	施工部署的概念和作用; 施工部署的主要内容
单元三	掌握施工总进度计划的编制方法	施工总进度计划的概念; 施工总进度计划的编制步骤
单元四	掌握资源需要量计划的编制方法	资源需要量计划的内容和作用
单元五	全场性暂设工程规模的确定方法	全场性暂设工程的类型、特点
单元六	掌握施工总平面图的设计方法	施工总平面图设计的原则、依据、内容和步骤; 施工总平面图设计的优化

【思政导引】

国家体育场("鸟巢")——被誉为"第四代体育馆"的伟大建筑作品

国家体育场,位于北京奥林匹克公园中心区南部,为 2008 年北京奥运会的主体育场,占地 20.4 万 m^2,建筑面积 25.8 万 m^2,可容纳观众 9.1 万人。主体结构设计使用年限 100 年,耐火等级为一级,抗震设防烈度为 8 度,地下工程防水等级为 1 级。作为国家标志性建筑,2014 年 6 月国家体育场被评为"中国当代十大建筑"之一。

体育场的设计秉承人与自然和谐、可持续发展的理念,体育场的形态如同孕育生命的"巢"和摇篮,寄托着人类对未来的希望。整个体育场结构的组件相互支撑,形成网格状的构架,外观看上去就仿若树枝织成的鸟巢,其灰色矿质般的钢网以透明的膜材料覆盖,其中包含着一个土红色的碗状体育场看台。在这里,中国传统文化中镂空的手法、陶瓷的纹路、红色的灿烂与热烈,与现代最先进的钢结构设计完美地相融在一起。

国家体育场(鸟巢)在施工方面有以下主要特点:

工程量大、工期紧,施工组织难度大。该工程量大,工期紧,施工平面场地紧张,土建安装施工交叉作业时间长。主结构吊装时,土建施工未结束,现场组装在大面积开展,存在多方施工交叉作业现象。加之,现场场地狭小,施工场地布置、构件运输及大型吊机行走路线等受到很大限制。同时,本工程结构复杂,各吊装分段之间相互关联,必须按一定顺序进行吊装、组装,否则将出现窝工现象。各施工方需合理协调、统筹管理,工程组织难度大。

节点复杂,焊接难度大,安装精度高。由于该工程中的构件均为箱型断面杆件,因此无论是主结构之间,还是主次结构之间,都存在多根杆件空间汇交现象。加之次结构复杂多变、规律性少,造成主结构的节点构造相当复杂,节点类型多样,制作、安装精度要求高。同时,该工程工地焊接吊装分段多,现场焊缝长度长,加之厚板焊接、高强钢焊接、铸钢件焊接等居多,造成现场焊接工作量相当大,难度高,高空焊接仰焊多。本工程中既有薄板焊接,又有厚板焊接;既有平焊、立焊,又有仰焊;既有高强钢的焊接,又有铸钢件的焊接,焊接工作量大。薄板焊接变形大,厚板焊接熔敷量大,温度控制和劳动强度要求高。而高空焊接和冬雨季焊接的防风雨、防低温措施更使得焊接难度增大。由于施工过程中结构本身因自重和温度变化均会产生变形,而且支撑胎架在荷载作用下也会产生变形,加之,结构形体复杂,均为箱型断面构件,位置和方向性均极强,安装精度受现场环境、温度变化等多方面的影响,安装精度极难控制,施工难度大。施工时必须采取必要的措施,提前考虑好如何对安装误差进行调整和消除,如何进行测量和监控,使变形在受控状态下完成,以保证整体造型和施工质量。

构件体型大、单体质量大,高空吊装困难。桁架柱与主桁架体型大、单体质量大,为降低组装难度,本工程中的桁架柱将采用卧拼法,主桁架将采用平拼法(内圈主桁架立拼除外),故拼装结束后、吊装前必须进行"翻身"工作。由于构件体型较大,质量大,"翻身"时吊点的设置和吊耳的选择难度较大,特别是桁架柱的"翻身",吊耳在"翻身"和吊装时的受力有所变化,需考虑三向受力。同时,"翻身"过程中的稳定性比较难控制。由于桁架柱和主桁架的分段口均为箱型断面,分段吊装时存在多个管口对接的问题,对于箱型断面,要保证多个管口的对口精度,难度巨大。起吊时,必须调整好分段构件的角度和方位,而对于体型大、质量大的构件,角度调节相当困难,吊装难度大。本工程采用散装法(即分段吊装法),分段吊装时,高空构件的风载较大,在分段未连成整体或结构未形成整体之前,稳定性较差,特别是桁架柱的上段和分段主桁架的稳定性较差,必须采用合理的吊装顺序(尽量首尾相接、分块吊装)和侧向稳定措施(如拉锚、缆风绳等)。

人文施工,质量与施工要求高。施工中"以人为本",细致地分析审定施工中的每一个方案,倡导工业化的装配作业,从而降低劳动强度,工序中的每一个步骤,都应提出要采取的措施,其中心思想是"以人为本";生活上,如住宿条件及饮食等方面提供最佳的条件。本工程无论是外观质量,如外形尺寸、焊缝外观,还是内在质量,如焊缝质量等级、焊接残余应力消除等,要求都相当高。同时,对于大跨度空间结构,温度变形和温度应力较大,为此,设计确定了分块合拢和合拢温度,施工操作难度很大。

许多建筑界专家都认为,"鸟巢"不仅为2008年奥运会树立一座独特的历史性的标志性建筑,而且在世界建筑发展史上也将具有开创性意义,将为21世纪的中国和世界建筑发展提供历史见证。

国家体育场

单元一 概 述

【单元导航】

问题 1：何谓施工组织总设计？其编制的内容、依据和程序是什么？

问题 2：工程概况和施工特点分析内容有哪些？

【单元解析】

施工组织总设计是以整个建设项目或建筑群体为编制对象，根据初步设计或扩大初步设计图纸及其他相关资料和现场条件来编制，用以指导整个施工现场各项施工准备和组织施工活动的技术经济文件。施工组织总设计为整个项目的施工做出全面的战略部署，进行全场性的施工准备工作，并为整个工程的施工建立必要的施工条件、组织施工力量和技术、保证物资资源供应、进行现场生产与临时生活设施规划，同时为建设单位编制工程建设计划、施工企业编制施工计划和单位工程施工组织设计提供依据。它对整个建设项目实现科学管理、文明施工、取得良好的综合经济效益具有决定性的影响。

一、施工组织总设计的编制依据

为了保证施工组织总设计的编制工作顺利进行并提高工程质量，使设计文件更能结合工程实际情况，更好地发挥施工组织总设计的作用，在编制施工组织总设计时，应具备以下依据。

（1）计划文件及相关合同。包括政府批准的建设计划、可行性研究报告、工程项目一览表、分期分批施工项目和投资计划、政府批文、招标投标文件及签订的工程承包合同、材料、设备的订货合同等。

（2）设计文件及有关规定。包括初步设计、扩大初步设计或技术设计的相关图纸、说明书、建筑总平面图、建筑竖向设计、总概算或修正概算等。

（3）工程勘察和原始资料。

(4)现行规范、规程和有关技术标准。

(5)类似工程的施工组织总设计和有关参考资料。

二、施工组织总设计的编制内容

施工组织总设计的编制内容包括：工程概况和施工特点分析、施工部署及主要项目的施工方案、全场性施工准备工作计划、施工总进度计划、各项资源需要量计划、施工总平面图和各项主要技术经济指标等。

码5-1 微课–施工组织设计的编制内容

三、施工组织总设计的编制程序

施工组织总设计的编制程序如图5-1所示。

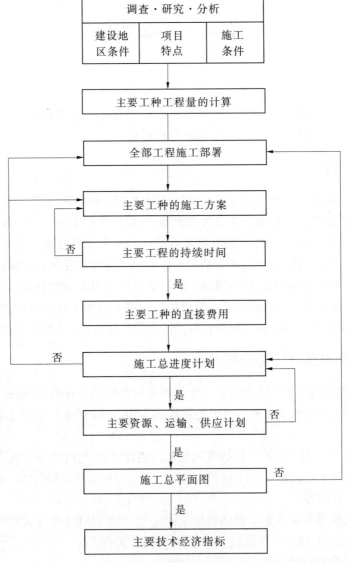

图5-1 施工组织总设计的编制程序

四、工程概况及施工特点分析

工程概况及施工特点分析是对整个建设项目的总说明和总分析,是对整个建设项目或建筑群所做的一个简明扼要的文字介绍,可根据需要附设建设项目设计的总平面图,主要建筑的平面图、立面图、剖面图及辅助表格。一般应包括以下内容:

(1)建设项目的特点。包括建设地点、工程性质、规模、总占地面积、总建筑面积、总投资额、总工期、分期分批施工的项目和施工工期等要求;主要工种工程量、建筑结构类型;新技术、新材料、新工艺的复杂程度和应用情况等。

(2)建设地区特征。包括地形、地貌、水文、地质、气象等情况;建设地区资源、交通、运输、水电、劳动力、生活设施等情况。

(3)施工条件及其他内容。包括施工企业的生产能力、技术装备、管理水平,主要设备、材料和特殊物资供应情况;有关的合同、协议等情况,上级主管部门或建设单位对施工的某些要求,土地征用范围、数量和居民搬迁时间等与建设项目施工有关的重要情况。

【单元探索】

编制施工组织总设计需要哪些基本知识?

【单元练习】

请扫描二维码,做"概述"练习题。

码 5-2 "概述" 练习题

单元二　施工部署

【单元导航】

问题1:何谓施工部署? 其作用如何?
问题2:施工部署的主要内容有哪些类型?

【单元解析】

码 5-3 微课－ 施工部署

施工部署是对项目实施过程做出的统筹规划和全面安排,包括项目施工主要目标、施工顺序及空间组织、施工组织安排等。它主要解决工程施工中的重大战略问题,是施工组织总设计的核心,也是编制施工总进度计划、设计施工总平面图以及各种供应计划的基础。施工部署正确与否,是建设项目进度、质量和成本三大目标能否实现的关键。其主要内容包括以下几点。

一、确定工程开展程序

确定建设项目中各项工程合理的开展程序是关系到整个建设项目能否尽快投产使用的重要问题。因此,根据建设项目总目标的要求,确定合理的工程建设项目开展顺序,主要应考虑以下几方面。

（1）在保证工期的前提下，实行分期分批建设。这样既可以使每个具体项目迅速建成，尽早投入使用，又可在全局上取得施工的连续性和均衡性，减少暂设工程数量，降低工程成本，充分发挥项目建设投资的效果。

一般大型工业建设项目（如冶金联合企业、化工联合企业等）都应在保证工期的前提下分期分批建设。这些项目的每一个车间不是孤立的，可能是由若干个生产系统组成。在建设时，需要分几期施工，各期工程包括哪些项目，要根据生产工艺要求、建设部门要求、工程规模大小和施工难易程度、资金状况、技术资源情况等确定。对于同一期工程应是一个完整的系统，以保证各生产系统能够按期投入生产。

（2）各类分期分批项目的施工应统筹安排、保护重点、兼顾其他，确保工程项目按期投产。一般情况下，应优先考虑的项目有：按生产工艺要求，需先期投入生产或起主导作用的工程项目；工程量大、施工难度大、需要工期长的项目；运输系统、动力系统，如厂内外道路、铁路和变电站；供施工使用的工程项目，如各种加工厂、混凝土搅拌站等临时设施；生产上需优先使用的机修车间、车库、办公楼及宿舍等设施。

（3）一般项目均应按先地下后地上，先深后浅，先干线后支线的原则进行安排。如地下管线和路面工程的程序，应先铺设管线，后施工路面。

（4）应考虑季节对施工的影响。如大规模土方工程和深基坑开挖，一般要避开雨季；寒冷地区应尽量使房屋在入冬前封闭，最好在冬季转入室内作业和设备安装。

二、拟订主要项目的施工方案

施工组织总设计中要拟订一些主要工程项目和特殊分项工程项目的施工方案。这些项目通常是建设项目中工程量大、施工难度大、工期长、在整个建设项目中起关键控制性作用的单位工程以及影响全局的特殊分项工程。其目的是进行技术和资源的准备工作，同时也确保施工顺利开展和现场的合理布置。其重要内容包括以下几个方面。

（1）施工方法和工艺流程的确定，要兼顾技术上的先进性和经济上的合理性，兼顾各工种和各施工段的合理搭接，尽量采用工厂化和机械化，重点解决单项工程中的关键分部工程（如深基坑支护结构）和主要工种的施工方法。

（2）主要施工机械设备的选择，既要使主导机械满足工程需要，发挥其效能，在各个工程上实现综合流水作业，又能使辅助配套机械与主导机械相适应。

（3）划分施工段时，要兼顾工程量与资源的合理安排，以利于连续均衡施工。

三、明确施工任务划分与组织安排

在明确施工项目的管理机构和体制的条件下，划分各参与方的工作任务，明确各承包单位之间的关系，建立施工现场统一的组织领导机构及其职能部门，确定综合的施工队伍和专业的施工队伍，明确各单位间的分工合作关系，划分施工段，确定各施工单位分期分批的主攻项目和穿插项目。

四、编制施工准备工作计划

施工准备工作是顺利完成项目建设任务的保证和前提,必须从思想上、组织上、技术上和物资供应等方面做好充分准备,并做好全场性的施工准备工作计划。其主要内容包括以下几个方面。

(1)安排好场内外运输、施工用主干道、水电来源及其引入方案。

(2)安排好场地平整方案和全场性的排水、防洪措施。

(3)安排好生产、生活基地,在充分掌握该地区情况和施工单位情况的基础上,规划混凝土构件预制,钢、木结构制品及其他构配件的加工,仓库及职工生活设施等。

(4)安排好各种材料堆场、库房用地和材料货源供应及运输。

(5)安排好冬雨季施工的准备工作。

(6)安排好场区内的宣传标志,为测量放线做准备。

(7)编制新工艺、新结构、新技术与新材料的试制试验计划和培训计划。

【单元探索】

比较施工组织总设计与单位工程施工组织设计在施工部署(施工方案)方面的差异。

码5-4 "施工部署"练习题

【单元练习】

请扫描二维码,做"施工部署"练习题。

单元三　施工总进度计划

【单元导航】

何谓施工总进度计划?其编制步骤包括哪些?

【单元解析】

码5-5　微课-施工总进度计划

施工总进度计划是以拟建项目交付使用的时间为目标而确定的控制性施工进度计划,是施工组织总设计的中心工作,也是施工部署在时间上的体现,是控制整个建设项目的施工工期及其各单位工程期限和相互搭接关系的依据。正确编制施工总进度计划是保证各个系统以及整个建设项目如期交付使用、充分发挥投资效果、降低建筑工程成本的重要条件。施工总进度计划一般按下述步骤进行编制。

一、列出工程项目一览表并计算工程量

施工总进度计划主要起控制总工期的作用,因此在列工程项目一览表时,项目划分不宜过细。通常按分期分批投产顺序和工程开展程序列出工程项目,并突出每个交工系统中的主要工程项目。一些附属项目、辅助工程及临时设施可以合并列出。

根据批准的总承建工程项目一览表,按工程的开展程序和单位工程计算主要实物工程量。此时,计算工程量的目的是选择施工方案和主要的施工运输机械,初步规划主要施工过程的流水施工,估算各项目的完成时间,计算人工及技术物资的需要量。因此,这些工程量只需粗略地计算即可。

计算工程量,可按初步(或扩大初步)设计图纸并根据各种定额手册进行:

(1)万元、十万元投资工程量,人工及材料消耗扩大指标。这种定额规定了某一种结构类型建筑,每万元或十万元投资中人工和主要材料消耗量。根据图纸中的结构类型,即可估算出拟建工程分项需要的人工和主要材料消耗量。

(2)概算指标或扩大结构定额。这两种定额都是预算定额的进一步扩大(概算指标以建筑物的每 100 m³ 体积为单位,扩大结构定额以每 100 m² 建筑面积为单位)。查定额时,分别按建筑物的结构类型、跨度、高度分类,查出这种建筑物按拟定单位所需的人工和各项主要材料消耗量,从而推算出拟建项目所需要的人工和材料消耗量。

(3)已建房屋、构筑物的资料。在缺少定额手册的情况下,可采用已建类似工程的实际材料、人工消耗量,按比例估算。但是,由于和拟建工程完全相同的已建工程毕竟是少见的,因此在利用已建工程的资料时,一般都应进行必要的调整。

除建设项目本身外,还必须计算主要的全工地性工程的工程量,例如铁路及道路长度、地下管线长度、场地平整面积等,这些数据可以从建筑总平面图上求得。

按上述方法计算出的工程量填入统一的工程量汇总表,如表5-1所示。

表 5-1　工程项目一览表

工程分类	工程项目名称	结构类型	建筑面积/m²	幢数/个	概算投资/万元	主要实物工程量									
						场地平整/m²	土方工程/m³	铁路铺设/km	道路/km	地下管线/km	…	砖石工程/m³	…	装饰工程/m²	…
全工地性工程															
主体项目															
辅助项目															
临时建筑															
⋮															
合计															

二、确定各单位工程的施工期限

影响单位工程施工期限的因素很多,如施工技术、施工方法、建筑类型、结构特征、施工管理水平、机械化程度、人工和材料供应情况、现场地形地质条件、气候条件等。由于施工条件的不同,各施工单位应根据具体条件对各影响因素进行综合考虑,确定工期的长短。此外,也可参考有关的工期定额来确定各单位工程的施工期限。

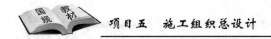

三、确定各单位工程的开工时间、竣工时间和相互搭接关系

在确定了施工期限、施工程序和各系统的控制期限后,就需要对每一个单位工程的开工时间、竣工时间进行具体确定。通常对各单位工程的工期进行分析之后,应考虑下列因素以确定开工时间、竣工时间以及相互搭接关系。

(1)保证重点,兼顾一般。在安排进度时,要分清主次,抓住重点,同一时期进行的项目不宜过多,以免分散有限的人力物力。

(2)满足连续性、均衡性施工的要求。尽量使人工、材料和施工机械的消耗量在施工全过程上均衡,减少高峰或低谷的出现,以利于人工的调度和材料供应,同时组织好大流水作业,尽量保证各施工段能同时进行作业,达到施工的连续性,以避免施工段的闲置。

(3)要满足生产工艺要求,合理安排各个建筑物的施工顺序,以缩短建设周期,尽快发挥投资效益。

(4)分期分批建设,发挥最大效益。在第一期工程投产的同时,安排好第二期以及后期工程的施工,在有限条件下,保证第一期工程早投产,促进后期工程的施工进度。

(5)认真考虑施工总平面图的空间关系。应在满足有关规范要求的前提下,使各拟建临时设施布置尽量紧凑,节省占地面积。

(6)认真考虑各种条件限制。在考虑各单位工程开工时间、竣工时间和相互搭接关系时,还应考虑现场条件、施工力量、物资供应、机械化程度以及设计单位提供图纸等资料的时间、投资等情况,以及季节、环境的影响。总之,全面考虑各种因素,对各单位工程的开工时间和施工顺序进行合理调整。

四、安排施工进度

施工总进度计划可用横道图和网络图表达。由于施工总进度计划只是起控制性作用,且施工条件复杂,因此项目划分不必过细。一般常用的施工总进度计划表如表 5-2 所示。

表 5-2 施工总进度计划表

序号	工程项目名称	结构类型	工程量	建筑面积	总劳动力量	施工进度											
						第一年				第二年				第三年			
						1	2	3	4	1	2	3	4	1	2	3	4

施工总进度计划完成后,把各项工程的工作量加在一起,即可确定某时间建设项目总工作量的大小。工作量大的高峰期,资源需求就多,可根据具体情况,调整一些单位工程的施工速度或开工时间、竣工时间,以避免高峰时的资源紧张,也能保证整个工程建设时期工作量达到均衡。

五、施工总进度计划的调整和修正

施工总进度计划表绘制完后,将同一时期各项工程的工作量加在一起,用一定的比例画在施工总进度计划的底部,即可得出建设项目工作量的动态曲线。若曲线上存在较大的高峰或低谷,则表明在该时间里各种资源的需要量变化较大,需要调整一些单位工程的施工速度或开工时间、竣工时间,以便消除高峰或低谷,使各个时期的工作量尽可能达到均衡。

在编制了各个单位工程的施工进度后,有时也需要对施工总进度计划进行必要的调整;在实施过程中,也应随着施工的进展及时作必要的调整;对于跨年度的建设项目,还应根据年度国家基本建设投资情况,对施工进度计划予以调整。

【单元探索】

比较施工组织总设计与单位工程施工组织设计在施工(总)进度计划编制方面的差异。

码5-6 "施工总进度计划"练习题

【单元练习】

请扫描二维码,做"施工总进度计划"练习题。

单元四　资源需要量计划

【单元导航】

资源需要量计划的内容和作用有哪些? 如何编制?

【单元解析】

码5-7 微课–资源需要量计划

各项资源需要量计划是做好劳动力及物资的供应、平衡、调度和落实的依据,是项目施工顺利进行的重要保证。

一、综合劳动力和主要工种劳动力计划

劳动力需要量计划是规划临时设施和组织劳动力进场的依据。编制时首先根据工程量汇总表中分别列出的各个建筑物的主要实物工程量,查预算定额或有关资料,便可得到各个建筑物主要工种的劳动量,再根据施工总进度计划表中各单位工程分工种的持续时间,即可得到某单位工程在某段时间里的平均劳动力数。按同样方法可计算出各个建筑物各主要工种在各个时期的平均工人数。将各单位工程所需的主要劳动力汇总,即可得出整个建设工程项目劳动力需要量计划,填入指定的劳动力需要量表(见表5-3)。

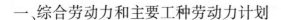

表 5-3　建设项目施工劳动力需要量汇总表

序号	工程名称	劳动量/工日	全工地性工程						生活设施		暂设工程	用工时间							
			主厂房	辅助车间	道路	铁路	给水排水管道	电气工程	永久性住宅	临时性住宅		××××年				××××年			
												1	2	3	4	1	2	3	4
1	木工																		
2	钢筋工																		
3	泥水工																		
	⋮																		

二、材料、构件和半成品需要量计划

根据工程量汇总表所列各建筑物的工程量,查定额或有关资料,便可得出各建筑物所需的建筑材料、构件和半成品的需要量。然后根据施工总进度,大致算出某些建筑材料在某一时间内的需要量,从而编制出建筑材料、构件和半成品的需要量计划,如表 5-4 所示。

表 5-4　建设项目各种物资需要量计划

序号	工程名称	材料、构件和半成品名称								
		水泥	砂	砖	钢筋	砂浆	混凝土	木结构	预制钢构件	…
		t	m^3	块	t	m^3	m^3	m^2	t	

三、施工机械需要量计划

根据施工总进度计划、主要建筑物施工方案和工程量,并套用机械产量定额求得。辅助施工机械需要量可根据建筑安装工程概算指标求得,从而编制出施工机械需要量计划,如表 5-5 所示。

表 5-5　施工机械需要量计划

序号	机械名称	规格型号	数量	电动机功率	需要量计划		
					××××年	××××年	××××年

四、施工准备工作计划

为了落实各项施工准备工作,加强检查和监督,必须根据各项施工准备工作的内容、时间和人员,编制出施工准备工作计划,如表 5-6 所示。

表5-6　施工准备工作计划

序号	施工准备项目	内容	负责单位	负责人	起止时间		备注
					××月	××月	

【单元探索】

比较施工组织总设计与单位工程施工组织设计在资源需要量计划编制方面的差异。

【单元练习】

请扫描二维码,做"资源需要量计划"练习题。

码5-8　"资源
需要量计划"练习题

单元五　全场性暂设工程

【单元导航】

问题1:全场性暂设工程有哪些类型?其特点和适用性如何?
问题2:全场性暂设工程的规模如何确定?

【单元解析】

为了确保施工顺利进行,在工程正式开工前,应及时完成工地加工厂(站)、仓库、运输道路、办公及福利设施、供水、供电及动力管网等各项大型全场性暂设工程。全场性暂设工程类型和规模因工程而异,具体如下。

一、工地加工厂组织

对于工地加工厂组织,主要是确定其建筑面积和结构形式。根据建设项目对某种产品的加工量来确定加工厂的类型、结构和加工厂面积。

(一)加工厂的类型和结构

工地加工厂类型主要有钢筋混凝土构件加工厂、木材加工厂、模板加工车间、细木加工车间、钢筋加工厂、金属结构构件加工厂和机械修理厂等。对于公路、桥梁路面工程还需有沥青混凝土加工厂。

工地加工厂的结构形式,应根据使用情况和当地条件而定。一般使用期限较短者,可采用简易结构;使用期限长的,宜采用砖石结构、砖木结构等坚固耐久性结构形式或采用拆装式活动房屋。

(二)加工厂面积确定

钢筋混凝土构件预制厂、锯木车间、模板加工车间、细木加工车间、钢筋加工车间等的

建筑面积可用式(5-1)确定

$$F = \frac{KQ}{TSa} \tag{5-1}$$

式中　F——所需建筑面积,m^2;

Q——加工总量,m^3,kg,…;

K——不均衡系数,取 $1.3 \sim 1.5$;

T——加工总时间,月;

S——每平方米场地月平均产量;

a——场地或建筑面积利用系数,取 $0.6 \sim 0.7$。

混凝土搅拌站面积确定公式如下

$$F = NA \tag{5-2}$$

式中　F——所需建筑面积,m^2;

N——搅拌机台数,台;

A——每台搅拌机所需面积,m^2。

搅拌机台数确定公式如下

$$N = \frac{QK}{TR} \tag{5-3}$$

式中　Q——混凝土需要总量,m^3;

K——不均衡系数,取 1.5;

T——混凝土工程施工总工期,工日;

R——每台混凝土搅拌机的台班产量。

二、工地仓库组织

(一)工地仓库的类型和结构

(1)建设工程所用仓库按其用途分为以下几种类型:①转运仓库,设在火车站、码头附近用来转运货物;②中心仓库,用以储存整个工程项目工地、地域性施工企业所需的材料;③现场仓库(包括堆场),专为某项工程服务的仓库,一般建在现场;④加工厂仓库,用于某加工厂储存原材料、已加工的半成品、构件等。

(2)工地仓库的结构有:①露天仓库,用于堆放不易受自然条件影响的材料;②库房,用于堆放易受自然条件影响而发生性能、质量变化的物品。

(二)工地物资储备量的确定

工地材料储备,一方面要保证工程的施工连续性;另一方面要避免材料的大量积压,以免造成仓库面积过大,增加投资。储存量的大小要根据工程的具体情况而定,场地小、运输方便的可少储存,运输不便、受季节影响的材料可多储存。

对经常或连续使用的材料,如砖、瓦、砂、石、水泥、钢材等,可按储备期计算

$$P = \frac{T_c Q_i K_j}{T} \tag{5-4}$$

式中　P——某种材料的储备量,m^3,kg,…;

T_c——材料储备天数,天,见表5-7;

Q_i——某种材料年度或季度的总需要量,可根据材料需要量计划表求得,t,m³,…;

T——有关施工项目的施工总工日;

K_j——某种材料使用不均衡系数,见表5-7。

表5-7　计算仓库面积的有关系数

序号	材料及半成品	单位	储备天数 T_c	不均衡系数 K_j	每平方米储存定额 P	有效利用系数 k	仓库类别	备注
1	水泥	t	30~60	1.3~1.5	1.5~1.9	0.65	封闭式	堆高10~12袋
2	生石灰	t	30	1.4	1.7	0.7	棚	堆高2 m
3	砂子(人工堆放)	m³	15~30	1.4	1.5	0.7	露天	堆高1~1.5 m
4	砂子(机械堆放)	m³	15~30	1.4	2.5~3	0.8	露天	堆高2.5~3 m
5	石子(人工堆放)	m³	15~30	1.5	1.5	0.7	露天	堆高1~1.5 m
6	石子(机械堆放)	m³	15~30	1.5	2.5~3	0.8	露天	堆高2.5~3 m
7	块石	m³	15~30	1.5	10	0.7	露天	堆高1.0 m
8	预制钢筋混凝土槽型板	m³	30~60	1.3	0.26~0.30	0.6	露天	堆高4块
9	板	m³	30~60	1.3	0.8	0.6	露天	堆高1.0~1.5 m
10	柱	m³	30~60	1.3	1.2	0.6	露天	堆高1.2~1.5 m
11	钢筋(直筋)	t	30~60	1.4	2.5	0.6	露天	占钢筋的80%,堆高0.5 m
12	钢筋(盘筋)	t	30~60	1.4	0.9	0.6	封闭库	占钢筋的20%,堆高1 m
13	钢筋成品	t	10~20	1.5	0.07~0.10	0.6	露天	
14	型钢	t	45	1.4	1.5	0.6	露天	堆高0.5 m
15	金属结构	t	30	1.4	0.2~0.3	0.6	露天	
16	原木	m³	30~60	1.4	1.3~1.5	0.6	露天	堆高2 m
17	成材	m³	30~45	1.4	0.7~0.8	0.5	露天	堆高1 m
18	废木料	m³	15~20	1.2	0.3~0.4	0.5	露天	占锯木量的10%~15%
19	门窗扇	m³	30	1.2	45	0.6	露天	堆高2 m
20	门窗框	m³	30	1.2	20	0.6	露天	堆高2 m
21	木屋架	m³	30	1.2	0.6	0.6	露天	
22	木模板	m²	10~15	1.4	4~6	0.7	露天	
23	模板整理	m²	10~15	1.2	1.5	0.65	露天	
24	砖	千块	10~30	1.2	0.7~0.8	0.6	露天	堆高1.5~1.6 m
25	泡沫混凝土制件	m³	30	1.2	1	0.7	露天	堆高1 m

注:储备天数根据材料来源、供应季节、运输条件等确定。一般就地供应的材料取表中之低值,外地供应采用铁路运输或水运者取高值。现场加工企业供应的成品、半成品的储备天数取低值,工程处的独立核算加工企业供应者取高值。

(三)确定仓库面积

求得某种材料的储备量后,便可根据其储备期定额,用式(5-5)计算其仓库面积

$$F = \frac{P}{qk} \tag{5-5}$$

式中　　F——某种材料所需的仓库总面积,m^2;

　　　　P——仓库材料储备量;

　　　　q——每平方米仓库面积能存放的材料、半成品和成品的数量;

　　　　k——仓库面积有效利用系数,见表5-7。

三、工地运输组织

(一)工地运输组织的方式

运输方式有:铁路运输、公路运输、水路运输和特种运输等。根据运输量的大小、运货距离、货物性质、现有运输条件和装卸费用等各方面的因素选择运输方式。

当货物由外地利用公路、水路或铁路运来时,一般由专业运输单位承运,施工单位往往只解决工程所在地区及工地范围内的运输。

(二)确定运输量

工程项目所需的所有材料、设备及其他物资,均需要从工地以外的地方运来,其运输总量应按工程的实际需要量来确定,同时还应考虑每日工程项目对物资的需求,确定单日的最大运量。每日货运量按式(5-6)计算

$$q = \frac{\sum Q_i L_i}{T} K \tag{5-6}$$

式中　　q——每昼夜货运量,t·km;

　　　　Q_i——各种货物的年度需要总量;

　　　　L_i——各种货物从发货地到储存地的距离,km;

　　　　T——工程项目施工总工日;

　　　　K——运输工作不均衡系数,铁路运输取1.0,汽车运输取0.6~0.8。

(三)确定运输方式

在选择运输方式时,应考虑各种影响因素,如运量的大小、运距的长短、货物的性质、路况及运输条件、自然条件等。另外,还应考虑经济条件,如装卸、运输费用。

一般情况下,在选择运输方式时,应尽量利用已有的永久性道路(水路、铁路、公路),通过经济分析、比较,确定一种或几种联合的运输方式。

当货运量大,可以使用拟建项目的标准轨铁路,且距国家铁路较近时,宜铁路运输;当地势复杂,且附近又没有铁路时,应考虑汽车运输;当货运量不大,运距较近时,宜采用汽车运输或特种运输;有水运条件的可采用水运。

(四)确定运输工具数量

运输方式确定后,就可以计算运输工具的数量。每一个工作班所需的运输工具数按

式(5-7)计算

$$n = \frac{q}{cbK_1} \qquad (5\text{-}7)$$

式中 n——每个工作班所需运输工具数,台;

q——每日货运量,$(t \cdot km)/$日;

c——运输工具的台班产量,$(t \cdot km)/$台班;

b——每日的工作班次,班;

K_1——运输工具使用不均衡系数,火车可取 1.0,汽车取 0.6~0.8,马车取 0.5,拖拉机取 0.65。

四、办公及福利设施组织

在工程项目建设时,必须考虑施工人员的办公、生活福利用房及车库、仓库、加工车间、修理车间等设施的建设。这些临时性建筑是建设项目顺利实施的必要条件,必须组织好。

(一)办公及福利设施的类型

(1)行政管理类。包括办公室、传达室、车库、仓库、加工车间、修理车间等。

(2)生活福利类。包括宿舍、医务室、浴室、招待所、图书室和娱乐室等。

(二)工地人员的分类

(1)直接参与施工生产的工人。包括建筑安装工人、装卸工人、运输工人等。

(2)辅助施工生产的工人。包括机修工人、仓库管理人员、临时加工厂工人、动力设施管理工人等。

(3)行政、技术管理人员。

(4)生活服务人员。包括食堂、图书、商店、医务人员等。

(5)家属。

(三)办公及福利设施的规划与实施

办公及福利设施的规划应根据工程项目建设中的用人情况来确定。

1.确定人员数量

(1)直接生产工人(基本工人)。其数量一般用式(5-8)计算

$$n = \frac{T}{t}K_1 \qquad (5\text{-}8)$$

式中 n——直接生产的基本工人数;

T——工程项目年(季)度所需总工作日;

t——年(季)度有效工作日;

K_1——年(季)度施工不均衡系数,取 1.1~1.2。

(2)非生产人员。按国家规定比例计算,如表 5-8 所示。

表 5-8　非生产人员比例

序号	企业类型	非生产人员比例/%	非生产人员组成		折算为占生产人员比例/%
			管理人员	服务人员	
1	中央省市自治区属	16~18	9~11	6~8	19~22
2	省直辖市、地区属	8~10	8~10	5~7	16.3~19
3	县(市)企业	10~14	7~9	4~6	13.6~16.3

注:1. 工程分散,职工数较多者取上限;

2. 新辟地区、当地服务网点尚未建立时应增加服务人员 5%~10%;

3. 大城市、大工业区服务人员应减少 2%~4%。

(3)家属。工期短,距离近的家属少安排些;工期长,距离远的家属多安排些。

2. 确定办公及福利设施的建筑面积

当工地人员确定后,可按实际人数确定建筑面积。

$$S = NP \tag{5-9}$$

式中　S——建筑面积,m^2;

N——施工工地人数;

P——建筑面积指标,见表 5-9。

表 5-9　办公及福利设施建筑面积参考指标　　　　　　　　单位:m^2/人

序号	临时房屋名称	指标使用方法	参考指标	序号	临时房屋名称	指标使用方法	参考指标
一	办公室	按使用人数	3~4	3	理发室	按高峰年平均人数	0.01~0.03
二	宿舍			4	俱乐部	按高峰年平均人数	0.1
1	单层通铺	按高峰年、季平均人数	2.5~3.0	5	小卖部	按高峰年平均人数	0.03
2	双层床	(扣除不住工地人数)	2.0~2.5	6	招待所	按高峰年平均人数	0.06
3	单层床	(扣除不住工地人数)	3.5~4.0	7	托儿所	按高峰年平均人数	0.03~0.06
三	家属宿舍		16~25 m^2/户	8	子弟学校	按高峰年平均人数	0.06~0.08
四	食堂	按高峰年平均人数	0.5~0.8	9	其他公用	按高峰年平均人数	0.05~0.10
	食堂兼礼堂	按高峰年平均人数	0.6~0.9	六	小型	按高峰年平均人数	
五	其他合计	按高峰年平均人数	0.5~0.6	1	开水房		10~40
1	医务所	按高峰年平均人数	0.05~0.07	2	厕所	按高峰年平均人数	0.02~0.07
2	浴室	按高峰年平均人数	0.07~0.10	3	工人休息室	按高峰年平均人数	0.15

五、工地供水组织

工地供水的主要类型有生活用水、生产用水和消防用水。

工地供水的主要内容有:确定用水量、选择水源、确定供水系统。在规划临时供水系统时,必须充分利用永久性供水设施为施工服务。

(一)确定用水量

1. 生产用水量

生产用水量包括工程施工用水量和施工机械用水量。

(1)工程施工用水量。

码 5-9   微课-
工地供水组织

$$q_1 = k \times \frac{\sum Q_1 N_1 K_1}{t \times 8 \times 3\,600} \qquad (5-10)$$

式中 q_1——生产用水量,L/s;

　　　　Q_1——年(季、月)度工程量,可从总进度计划及主要工种工程量中求得;

　　　　N_1——各工种工程施工用水定额;

　　　　K_1——每班用水不均衡系数,取 1.25~1.50;

　　　　t——与 Q_1 相应的工作日,d,按每天一班计;

　　　　k——未预见用水量的修正系数,取 1.1。

(2)施工机械用水量。

$$q_2 = k \times \frac{\sum Q_2 N_2 K_2}{8 \times 3\,600} \qquad (5-11)$$

式中 q_2——施工机械用水量,L/s;

　　　　Q_2——同一种机械台班数,台班;

　　　　N_2——该种机械台班的用水定额,L/台班;

　　　　K_2——施工机械用水不均衡系数,取 1.1~2.0;

　　　　k——未预见用水量的修正系数,取 1.1。

2. 生活用水量

生活用水量包括施工现场生活用水量和生活区生活用水量。

(1)施工现场生活用水量。

$$q_3 = k \times \frac{P_1 N_3 K_3}{24 \times 3\,600} \qquad (5-12)$$

式中 q_3——生活用水量,L/s;

　　　　P_1——建筑工地最高峰工人数;

　　　　N_3——每人每日生活用水定额,一般为 20~60 L/(人·d);

　　　　K_3——每日用水不均衡系数,取 1.5~2.5;

　　　　k——未预见用水量的修正系数,取 1.1。

(2)生活区生活用水量。

$$q_4 = \frac{P_2 N_4 K_5}{24 \times 3\,600} \qquad (5-13)$$

式中 q_4——生活区生活用水量,L/s;

　　　　P_2——生活区居民人数,人;

　　　　N_4——生活区昼夜全部用水定额,L;

　　　　K_5——用水不均衡系数。

3. 消防用水量

消防用水量 q_5，应根据建筑工地大小及居住人数确定，可参考表 5-10 取值。

表 5-10　消防用水量

序号	用水名称	火灾同时发生次数	单位	用水量
1	居民区消防用水 5 000 人以内 10 000 人以内 25 000 人以内	1 2 3	L/s L/s L/s	10 10~15 15~20
2	施工现场消防用水 施工现场在 25 hm² 以内 每增加 25 hm² 递增	1	L/s	10~15 5

4. 总用水量 Q

(1) 当 $q_1 + q_2 + q_3 + q_4 \leq q_5$ 时，则

$$Q = q_5 + \frac{1}{2}(q_1 + q_2 + q_3 + q_4) \qquad (5\text{-}14)$$

(2) 当 $q_1 + q_2 + q_3 + q_4 > q_5$ 时，则

$$Q = q_1 + q_2 + q_3 + q_4 \qquad (5\text{-}15)$$

(3) 当工地面积小于 5 hm²，且 $q_1 + q_2 + q_3 + q_4 < q_5$ 时，则

$$Q = q_5 \qquad (5\text{-}16)$$

最后计算出的总用水量，应增加 10%，以补偿不可避免的管网渗漏损失。

(二) 选择水源

建筑工地临时供水水源有供水管道和天然水源两种。应尽可能利用现场附近已有的供水管道，只有在工地附近没有现成的供水管道或现成的供水管道无法使用以及供水管道供水量难以满足使用要求时，才使用江河、水库、泉水、井水等天然水源。选择水源时应注意以下因素：①水量充足可靠；②生活饮用水、生产用水的水质应符合要求；③与农业、水利综合利用；④取水、输水、净水设施要安全、可靠、经济；⑤施工运转、管理和维护方便。

(三) 确定供水系统

临时供水系统可由取水设施、储水构筑物(水塔及蓄水池)、输水管和配水管线综合而成。这个系统应优先考虑建成永久性供水系统，只有在工期紧迫、修建永久性供水系统难以应对急需时，才修建临时供水系统。

1. 确定取水设施

取水设施一般由进水装置、进水管和水泵组成。取水口距河底(或井底)0.25~0.9 m。供水工程所用水泵有离心泵、隔膜泵及活塞泵三种。所选用的水泵应具有足够的抽水能力和扬程。

2. 确定储水构筑物

储水构筑物一般由水池、水塔或水箱组成。在临时供水时，如水泵房不能连续抽水，

则需设置储水构筑物。其容量以每小时消防用水确定,但不得少于10~20 m³。储水构筑物(水塔)高度应按供水范围、供水对象位置及水塔本身的位置来确定。

3. 管材选择与管径确定

临时供水管道通常根据压力的大小和管径的粗细来确定管材,一般干管为钢管、铸铁管、预应力混凝土压力管等,支管为钢管、热镀锌钢管等。管径的大小由式(5-17)计算

$$D = \sqrt{\frac{4Q \times 1\,000}{\pi v}} \tag{5-17}$$

式中　D——配水管直径,mm;

　　　Q——总需水量,L/s;

　　　v——管网中水流速度,m/s,可查表5-11获得。

表 5-11　临时水管经济流速 v

项次	管径/m	流速/(m/s)	
		正常时间	消防时间
1	支管 $D<0.10$	2	
2	生产消防管道 $D=0.1\sim0.3$	1.3	>3.0
3	生产消防管道 $D>0.3$	1.5~1.7	2.5
4	生产用水管道 $D>0.3$	1.5~2.5	3.0

六、工地临时供电组织

建筑工地临时供电组织包括计算用电量、选择电源、确定变压器、布置配电线路和选择导线截面等。

(一)用电量计算

施工用电主要分动力用电和照明用电两部分,其用电量为

$$P = (1.05 \sim 1.10)\left(K_1 \frac{\sum P_1}{\cos\varphi} + K_2 \sum P_2 + K_3 \sum P_3 + K_4 \sum P_4\right) \tag{5-18}$$

式中　P——供电设备总需要容量,kV·A;

　　　P_1——电动机额定功率,kW;

　　　P_2——电焊机额定容量,kV·A;

　　　P_3——室内照明功率,kW;

　　　P_4——室外照明功率,kW;

　　　$\cos\varphi$——电动机的平均功率因数,一般为0.65~0.75,最高为0.75~0.78;

　　　K_1、K_2、K_3、K_4——需要系数(见表5-12)。

表 5-12　需要系数 K 值

用电名称	数量	需要系数				说明
		K_1	K_2	K_3	K_4	
电动机	3~10 台	0.7				如施工上需要电热时，将其用电量计算进去。各动力照明用电应根据不同工作性质分类计算
	11~30 台	0.6				
	30 台以上	0.5				
加工厂动力设备		0.5				
电焊机	3~10 台		0.6			
	10 台以上		0.5			
室内照明				0.8		
室外照明					1.0	

施工现场的照明用电量所占的比重较动力用电量要少得多，所以在估算总用电量时可以不考虑照明用电量，只要在动力用电量之外再加上 10%作为照明用电量即可。

（二）选择电源

工地临时供电的电源，应优先选用城市或地区已有的电力系统，只有无法利用或电源不足时，才考虑设临时电站供电。一般是将附近的高压电通过设在工地的变压器引入工地，这是最经济的方案，但事先应将用电量向供电部门申请批准。变压器的功率则可按式（5-19）计算

$$P = K\frac{\sum P_{\max}}{\cos\varphi} \tag{5-19}$$

式中　P——变压器的功率，kW；

　　　K——功率损失系数，取 1.05；

　　　$\sum P_{\max}$——各施工区的最大计算负荷，kW；

　　　$\cos\varphi$——功率因数。

根据计算所得功率，可从变压器产品目录中选用相近的变压器。

（三）选择配电线路和导线截面

配电线路布置方案有枝状、环状和混合式三种，主要根据用户的位置和要求、永久性供电线路的形状而定。一般 3~10 kV 的高压线路宜采用环状，380/220 V 的低压线路可用枝状。线路中的导线截面，则应满足机械强度、允许电流和允许电压的要求。通常导线截面是先根据负荷电流的大小选择，再以机械强度和允许的电压损失值进行换算。

【单元探索】

查找资料，比较各种全场性暂设工程确定方法的特点和适用性。

【单元练习】

请扫描二维码，做"全场性暂设工程"练习题。

码 5-10　"全场性暂设工程"练习题

单元六　施工总平面图设计

【单元导航】

问题1:施工总平面图的设计原则、依据、内容和步骤分别是什么?

问题2:施工总平面图设计如何优化?

【单元解析】

施工总平面图是拟建项目施工现场的总体平面布置图。它是按照施工方案和施工总进度计划的要求,对施工现场的交通道路、材料仓库、附属企业、临时房屋、临时水电管线等提出合理的规划布置,从而正确处理全工地施工期间所需各项临时设施和永久建筑以及拟建项目之间的空间关系。编制施工总平面图的关键是如何从建设项目的全局出发,科学、合理地解决好施工组织的空间问题和施工成本问题。

一、施工总平面图设计的原则、依据和内容

施工总平面图设计的原则、依据和内容与单位工程施工平面图设计基本相同,但两者考虑的范围和深度不同,施工总平面图设计侧重于宏观和全局性,单位工程施工平面图设计则侧重于具体和细部。这里就施工总平面图设计的原则、依据和内容做简单阐述。

(一)施工总平面图设计的原则

施工总平面图设计的原则是平面紧凑合理,方便施工流程,运输方便通畅,降低临时建设费用,便于生产生活,保护生态环境,保证安全可靠。

码5-11　微课-
施工总平面图
设计原则

(二)施工总平面图设计的依据

施工总平面图设计的依据包括:设计资料,建设地区的自然条件、经济技术条件及资源供应情况和运输条件,建设项目的建设概况,物资需求资料,各构件加工厂、仓库、临时性建筑的位置和尺寸。

(三)施工总平面图设计的内容

施工总平面图设计的内容主要有:建设项目的建筑总平面图上,一切地上、地下的已有和拟建建筑物、构筑物及其他设施的位置和尺寸;一切为全工地施工服务的临时设施布置位置;永久性及半永久性坐标位置、取土弃土位置。

二、施工总平面图的设计步骤

设计全工地性施工总平面图,首先应解决大宗材料进入工地的运输方式。如铁路运输需将铁轨引入工地,水路运输需考虑增设码头、仓储和转运问题,公路运输需考虑运输路线的布置问题等。

(一)场外交通的引入

当设计全工地性施工总平面图时,首先应从大宗材料、成品、半成品、设备等进入工地

的运输方式入手。当大批材料由铁路运来时,首先要解决铁路的引入问题;当大批材料由水路运来时,应首先考虑原有码头的运输能力和是否增设专用码头的问题;当大批材料由公路运入工地时,由于汽车线路可以灵活布置,因此一般先布置场内仓库和加工厂,然后再布置场外交通的引入。

(二) 仓库与材料堆场的布置

通常考虑将仓库与材料堆场设置在运输方便、位置适中、运距较短且安全防火的地方,并应区别不同材料、设备和运输方式来设置。仓库与材料堆场的布置应考虑下列因素:

(1)尽量利用永久性仓库,节约成本。

(2)仓库和堆场位置距使用地尽量近,减少二次搬运。

(3)当有铁路时,尽量布置在铁路线旁边,并且留够装卸前线,而且应设在靠工地一侧,避免内部运输跨越铁路。

(4)根据材料用途设置仓库和堆场:①砂、石、水泥等在搅拌站附近;②钢筋、木材、金属结构等在加工厂附近;③油库、氧气库等布置在僻静、安全处;④设备尤其是笨重设备应尽量在车间附近;⑤砖、瓦和预制构件等直接使用材料,应布置在施工现场吊车半径范围之内。

(三) 加工厂布置

加工厂类型一般包括混凝土搅拌站、构件预制厂、钢筋加工厂、木材加工厂、金属结构加工厂等。当布置这些加工厂时,应主要考虑来料加工和成品、半成品运往需要地点的总运输费用最小,且加工厂的生产和工程项目施工互不干扰。

(1)搅拌站布置。根据工程的具体情况可采用集中、分散或集中与分散相结合三种方式布置。当现浇混凝土量大时,宜在工地设置混凝土搅拌站;当运输条件好时,宜采用集中搅拌最有利;当运输条件较差时,宜采用分散搅拌。

(2)预制构件厂布置。一般建在空闲地带,既能安全生产,又不影响现场施工。

(3)钢筋加工厂布置。根据不同情况,可采用集中或分散布置。对于冷加工、对焊、点焊的钢筋网等宜集中布置,设置中心加工厂,其位置应靠近构件加工厂;对于小型加工件,利用简单机具即可加工的钢筋,可在靠近使用地分散设置加工棚。

(4)木材加工厂布置。根据木材加工的性质、数量,选择集中或分散布置。一般原木加工、批量生产的产品等加工量大的,应集中布置在铁路、公路附近,简单的小型加工件可分散布置在施工现场搭设的几个临时加工棚。

(5)金属结构、焊接、机修等车间的布置。由于相互之间生产上联系密切,应尽量集中布置在一起。

(四) 内部运输道路布置

根据各加工厂、仓库及各施工对象的相对位置,对货物周转运行图进行反复研究,区分主要道路和次要道路,进行道路的整体规划,以保证运输畅通,车辆行驶安全,节省造价。在内部运输道路布置时应考虑以下几点:

(1)尽量利用拟建的永久性道路。将它们提前修建,或先修路基,铺设简易路面,项目完成后再铺路面。

(2)保证运输畅通。应设两个以上的进出口,避免与铁路交叉。一般厂内主干道应设成环状,其主干道应为双车道,宽度不小于6 m;次要道路为单车道,宽度不小于3.5 m。

(3)合理规划拟建道路与地下管网的施工顺序。在修建拟建永久性道路时,应考虑路下的地下管网,避免将来重复开挖,尽量做到一次性到位,节约投资。

(五)临时性房屋布置

临时性房屋一般有办公室、汽车库、职工休息室、开水房、浴室、食堂、商店、俱乐部等。布置时应考虑以下几点:

(1)全工地性管理用房(办公室、门卫等)应设在工地入口处。

(2)工人生活福利设施(商店、俱乐部、浴室等)应设在工人较集中的地方。

(3)食堂可布置在工地内部或工地与生活区之间。

(4)职工住房应布置在工地以外的生活区,一般以距工地500~1 000 m为宜。

(六)临时性水电管网的布置

临时性水电管网布置时,尽量利用可用的水源、电源。一般排水干管和输电线沿主干道布置;水池、水塔等储水设施应设在地势较高处;总变电站应设在高压电入口处;消防站应布置在工地出入口附近,消火栓沿道路布置;过冬的管网要采取保温措施。

综上所述,外部交通、仓库、加工厂、内部道路、临时房屋、水电管网等布置应系统考虑,进行多种方案比较,在确定之后采用标准图例绘制在总平面图上。

三、施工总平面图设计的优化方法

在施工总平面图设计时,为使场地分配、仓库位置确定,管线道路布置更为经济合理,需要采用一些优化计算方法。其方法包括场地分配优化法、区域叠合优化法、选点归邻优化法、最小树选线优化法等四种。下面介绍的是几种常用的优化计算方法。

(一)场地分配优化法

施工总平面通常要划分为几块场地,供几个专业工程施工使用。根据场地情况和专业工程施工要求,某一块场地可能会适用一个或几个专业化工程使用,但施工中,一个专业工程只能使用一块场地,因此需要对场地进行合理分配,满足各自施工要求。

(二)区域叠合优化法

施工现场的生活福利设施主要是为全工地服务的,因此它的布置应力求位置适中,使用方便,节省往返时间,各服务点的受益大致均衡。确定这类临时设施的位置可采用区域叠合优化法。区域叠合优化法是一种纸面作业法,其步骤如下:

(1)在施工总平面图上将各服务点的位置一一列出,按各点所在位置画出外形轮廓图。

(2)将画好的外形轮廓图剪下,进行第一次折叠,折叠的要求是:折过去的部分最大限度地重合在其余面积之内。

(3)将折叠的图形展开,把折过去的面积用一种颜色涂上(用线条或阴影区分)。

(4)再换一个方向,按以上方法折叠、涂色。如此重复多次(与区域凸顶点个数大致相同的次数),最后剩下一小块未涂颜色区域,即为最优点最适合区域。

(三)选点归邻优化法

选点归邻优化法确定最优设场点位置。由于现场的道路布置形式不同,可分为两种情况。

1.道路为无环路的枝状

当道路为无环路的枝状时,选择最优设场可以忽略距离因素,选点方法为"道路没有圈,检查两个端,小半临邻站,够半就设场"。具体的步骤为:

(1)计算所有服务点需求量之和的一半, $Q_b = \frac{1}{2}\sum Q_j$ 。

(2)比较 Q_b 与 Q_j :如果 $Q_j \geqslant Q_b$,则 j 点为最佳设场点;如果 $Q_j < Q_b$,则合并到邻点 $j-1$ 处, $j-1$ 点用量变为 $Q_j + Q_{j-1}$ 。以此类推一直到累加够半的时候为止。

2.道路为环形道路

当道路为环形道路时,最优点在道路交叉点上。具体的步骤为:

(1)计算所有服务点需求量之和的一半, $Q_b = \frac{1}{2}\sum Q_j$ 。

(2)比较各支路上各服务点 Q_b 与 Q_j :如果 $Q_j \geqslant Q_b$,则 j 点为最佳设场点;如果 $Q_j < Q_b$,则合并到邻点 $j-1$ 处。

(3)如果支路上各点均 $Q_j < Q_b$,则比较环路上各点 Q_b 与 Q_j ;如果 $Q_j \geqslant Q_b$,则 j 点为最优设场点。

(4)如果环路上无 $Q_j \geqslant Q_b$,则计算环路上各服务点与道路交叉点的运输量与里程的乘积之和: $S_i = \sum Q_j D_{ij}$ 。 S_i 的最小值即为最优设场点。

以上介绍的几种简便优化方法运用在施工总平面图的设计中,尚应根据现场的实际情况,对优化结果加以修正和调整,使之更符合实际要求。

【单元探索】

比较施工组织总设计与单位工程施工组织设计在施工(总)平面图设计方面的差异。

【单元练习】

请扫描二维码,做"施工总平面图设计"练习题。

码5-12　"施工总平面图设计"练习题

【项目测试】

请扫描二维码,做"施工组织总设计"测试卷。

码5-13　"施工组织总设计"测试卷

项目六　建设工程项目管理概论

　　项目建设管理是为适应建立社会主义市场经济体制的需要,进一步加强工程建设的行业管理,使工程建设项目管理逐步走上法治化、规范化的道路,保证工程建设的工期、质量、安全和投资效益,根据国家有关政策法规,结合相关行业特点,通过制定相关管理规定与办法,进行行业统一管理和协调的过程。

　　项目建设单位要按批准的建设文件,充分发挥管理的主导作用,协调设计、监理、施工及地方等各方面的关系,实行目标管理。建设单位与设计、监理、工程承包单位是合同关系,各方面应严格履行合同。

　　(1)项目建设单位要建立严格的现场协调或调度制度。及时研究解决设计、施工的关键技术问题。从整体效益出发,认真履行合同,积极处理好工程建设各方的关系,为施工创造良好的外部条件。

　　(2)监理单位受项目建设单位委托,按合同规定在现场从事组织、管理、协调、监督工作。同时,监理单位要站在独立公正的立场上,协调建设单位与设计、施工等单位之间的关系。

　　(3)设计单位应按合同及时提供施工详图,并确保设计质量。按工程规模,派出设计代表组进驻施工现场解决施工中出现的设计问题。

　　施工详图经监理单位审核后交施工单位施工。设计单位对不涉及重大设计原则问题的合理意见应当采纳并修改设计。若有分歧意见,由建设单位决定。如涉及初步设计重大变更问题,应由原初步设计批准部门审定。

　　(4)施工企业要切实加强管理,认真履行签订的承包合同。在施工过程中,要将所编制的施工计划、技术措施及组织管理情况报项目建设单位。

　　项目建设管理对于适应建立社会主义市场经济体制有很积极的意义和作用。可以进一步加强工程建设的行业管理,同时使工程建设项目管理逐步走上法治化、规范化的道路,保证工程建设的工期、质量、安全和投资效益。对于管理者是一个必不可少的工作技能要求。

【学习目标】

学习单元	能力目标	知识点
单元一	建设工程项目各参与方管理的目标与任务	建设工程项目管理的概念; 建设工程项目管理的目标与任务
单元二	各种组织工具的作用、特点和表达模型; 建设工程项目管理规划的编制方法	组织论、组织工具及在项目管理中的运用; 建设工程项目管理规划的内容和编制方法
单元三	建设工程项目经理及监理的工作性质、任务和职责	施工企业项目经理的工作性质、任务和责任; 建设工程监理的工作性质、任务和方法

【思政导引】

项目管理体系的建立与认证——汲取先进知识使中国建造行稳致远

从世界上最长的港珠澳大桥、"八纵八横"中国高速铁路网,到5G移动通信、人工智能、量子信息技术,这些巨型工程或前沿科技,从伟大构想到成为现实,都是通过项目、项目集或项目组合的形式实施落地的。

可以说,项目管理水平的高低是决定企业乃至国家战略计划成败的重要因素。

2019年,中国国际人才交流基金会(原国家外国专家局培训中心,以下简称基金会)将起源于美国的项目管理协会(PMI)的项目管理知识体系及认证引入中国整整20年。

这正是中国经济飞速发展的20年,中国成为世界第二大经济体,中国项目管理的发展也与中国经济同拍,一路飞扬直上,在行业发展和人才培养方面起到了积极的助推作用。

1. 中国国际化步伐越走越稳,二十年硕果累累

"2001年,在拉美某国,华为负责承建当地的SDH城域网工程,合同金额仅几百万美元,严重亏损。起初,项目实施非常困难。"华为技术有限公司项目管理能力中心部长易祖炜表示,"那时候,项目经理只知道做事要有计划、有目标,每天盯着任务监控、监督,有方法而不系统。"

PMI与华为技术有限公司自2011年正式建立合作。"优质高效的项目管理,以项目为中心的运作,助力华为技术有限公司实现商业目标和价值,有效提升了客户满意度,打造了企业核心竞争力,也培养了一批职业化的项目管理人才。"易祖炜说。作为中国最具代表性的科技型企业之一,华为技术有限公司引领着国内项目管理应用和发展方向,双方合作为业界树立了标杆。

随着项目管理推广的深入,国企和央企也开始积极与PMI展开互动。

海洋石油工程股份有限公司开始尝试项目集群化、集约化管理模式。近些年的巨型工程"荔湾3-1"是我国自主研发、亚洲最大的深海油气平台,是具有世界级建造难度的超大型海洋钢结构物。该项目完全按照对外合作管理的基本模式执行,即中外"双作业者",是在项目管理模式上的另一次创新,同时也是中国项目管理国际化的重要表现。它的交付使得"西气东输、川气东送、海气登陆"的国家天然气战略初具雏形。

"项目管理人员必须用相同管理概念、语言、管理工具,同一条职业路径的人在同一频道说话。"时任海洋石油工程股份有限公司总裁、党委书记金晓剑表示。

华为技术有限公司、海洋石油工程服份有限公司等企业,在PMI全球高管理事会这样的项目管理国际化舞台上发挥着"中国影响力"。

2. 项目管理理念与时俱进,未来大有可为

未来,项目管理的需求将不断增加,工作方式也会随时代的发展而变化。PMI研究显

海洋石油工程股份有限公司"荔湾3-1"气田项目[项目管理协会(PMI)提供]

示,到2027年,全球项目管理工作岗位需求量将达到8 800万元。

一方面,颠覆性技术的趋势势不可当,全球正面临着复杂的变化和数字化革命,催生出更多项目型工作。中国正在积极开展经济转型,推动创新发展,科技创新的实现势必需要通过更多的项目、项目集和项目组合落地。

另一方面,根据PMI 2019年《职业脉搏调查》(*pulse of the profession*),随着科技的不断发展,未来的工作方式将会发生根本性的改变,工作的本质越来越转变为"由一个个项目组成的项目组合",并且也将越来越多地与新科技相结合。

单元一　建设工程项目管理的目标与任务

【单元导航】

问题1:何谓建设工程项目管理? 有哪些类型?

问题2:建设工程项目管理的目标与任务是什么?

【单元解析】

码6-1　微课–建设工程项目管理的目标与任务

一、建设工程项目管理的概念

建设工程项目的全寿命周期包括项目的决策阶段、实施阶段和使用阶段(或称运营阶段)。项目立项(立项批准)是项目决策的标志。项目的实施阶段包括设计前的准备阶段、设计阶段、施工阶段、动用前准备阶段和保修期。招标投标工作分散在设计前的准备阶段、设计阶段和施工阶段中进行,一般不单独设置。建设工程项目管理的时间范畴是建设工程项目的实施阶段。

建设工程项目管理的内涵是:自项目开始至项目完成,通过项目策划、项目控制,以使项目的费用目标、进度目标和质量目标得以实现。该定义有关字段的含义如下:

(1)"自项目开始至项目完成"指的是项目的实施阶段。

(2)"项目策划"指的是目标控制前的一系列筹划和准备工作。

（3）"费用目标"对业主而言是投资目标,对施工方而言是成本目标。

建设工程项目管理的核心任务是项目的目标控制,在工程实践意义上,如果一个建设项目没有明确的投资目标、进度目标、质量目标,就没有必要进行管理,也无法进行定量的目标控制。

二、建设工程项目管理的分类

一个建设工程项目往往由许多参与单位承担不同的建设任务和管理任务(如勘察、土建设计、工艺设计、工程施工、设备安装、工程监理、建设物资供应、业主方管理、政府主管部门的管理和监督等),各参与单位的工作性质、工作任务和利益不尽相同,因此形成了代表不同利益方的项目管理。由于业主方是建设工程项目实施过程(生产过程)的总集成者(人力资源、物资资源和知识的集成),也是建设工程项目生产过程的总组织者,因此对于一个建设单位项目,业主方的项目管理往往是该项目的项目管理的核心。

按建设工程项目参与方的工作性质和组织特征划分,项目管理有以下几种类型:

（1）业主方的项目管理。

（2）设计方的项目管理。

（3）施工方的项目管理。

（4）供货方的项目管理。

（5）建设项目工程总承包方的项目管理。

其中,业主方的项目管理是管理核心。

三、建设工程项目管理的目标和任务

（一）施工方项目管理的目标和任务

施工方作为项目建设的一个重要参与方,其项目管理主要服务于项目的整体利益和施工方本身的利益。其项目管理的目标包括:施工的安全管理目标、施工的成本目标、施工的进度目标和施工的质量目标。其项目管理的任务包括:施工安全管理、施工成本控制、施工进度控制、施工质量控制、施工合同管理、施工信息管理、与施工有关的组织和协调等(即施工方的"三控三管一协调")。

（二）建设项目工程总承包方项目管理的目标和任务

建设项目工程总承包方作为项目建设的一个重要参与方,其项目管理主要服务于项目的利益和建设项目工程总承包方本身的利益。其项目管理的目标包括:工程建设的安全管理目标、建设项目的总投资目标和建设项目工程总承包方的成本目标、建设项目工程总承包方的进度目标和建设项目工程总承包方的质量目标。其项目管理的主要任务是建设项目工程总承包方的"三控三管一协调"。

（三）业主方项目管理的目标和任务

业主方的项目管理服务于业主的利益。其项目管理的目标包括:项目的投资目标、进度目标和质量目标。工作任务为业主方的"三控三管一协调"。在业主项目管理的任务中,安全管理是最重要的任务。

(四)设计方项目管理的目标和任务

设计方作为项目建设的一个参与方,设计方项目管理主要服务于项目的整体利益和设计方本身的利益。其项目管理的目标包括:设计的成本目标、设计的进度目标、设计的质量目标,另外考虑业主的投资目标。设计方项目管理的任务同样包括设计方的"三控三管一协调"。

(五)供货方项目管理的目标和任务

供货方作为项目建设的一个参与方,其项目管理主要服务于项目的整体利益和供货方本身的利益。其项目管理的目标包括:供货方的成本目标、供货方的进度目标和供货的质量目标。供货方的项目管理的任务也同样是供货方"三控三管一协调"。

综上所述,管理的目标是项目建设参与各方的安全管理目标、成本目标、进度目标和质量目标,管理的任务均围绕服务于项目的整体利益和参与方本身的利益展开。

四、建设工程项目管理的背景和发展趋势

(一)建设工程项目管理的国内外背景

1. 建设工程项目管理的国外背景

(1)20世纪60年代末期至70年代初期,西方工业发达国家开始将管理学的理论和方法运用于建设工程领域。

(2)项目管理首先运用于业主方工程管理中,然后逐步在承包方、设计方和供货方中得以推行。

(3)20世纪70年代中期兴起了项目管理咨询服务,项目管理咨询公司的主要服务对象是业主,但也服务于承包商、设计方和供货商。

(4)国际咨询工程师协会(FIDIC)于1980年颁布了《业主方与项目管理公司的项目管理合同条件》。该文件明确了代表业主利益的项目管理方的地位、作用、任务和责任。

(5)在许多国家,项目管理由专业人士——建造师担任。建造师的业务范围不限于在项目实施阶段的工程项目管理工作,还包括项目决策的管理和项目使用阶段的物业管理工作。

2. 建设工程项目管理的国内背景

(1)1980年5月我国恢复了在世界银行的合法席位,开始享受会员国的合法权利,并履行会员国应尽的义务。鲁布革电站工程是我国第一个利用世界银行贷款,并按世界银行规定进行国际竞争性招标和项目管理的工程。在4年多的时间里,创造了著名的"鲁布革工程项目管理经验"。

(2)1983年由国家计划委员会提出推行项目前期项目经理负责制。

(3)1987年要求采用项目法施工。

(4)1988年开始推行建设工程监理制度。

(5)1991年全面推广工程项目管理。

(6)1995年建设部颁发了《建筑施工企业项目经理资质管理办法》,推行项目经理负责制。

(7)2003年建设部发出《关于建筑业企业项目经理资质管理制度向建造师执业资格

制度过渡有关问题的通知》(建市〔2003〕86 号)。

(8)2017 年 5 月住建部发布了《建设工程项目管理规范》(GB/T 50326—2017)。

(二)建设工程项目管理的发展趋势

(1)项目管理作为一门学科,30 多年来在不断发展,传统的 Project Management 是项目管理学科的第一代,其第二代是 Program Management(尚没有统一的中文术语,指的是由多个相互关联的项目组成的项目群的管理,不限于项目的实施阶段),第三代是 Portfolio Management(尚没有统一的中文术语,指的是多个项目组成的项目群的管理,这些项目不一定有内在联系,可称为组合管理),第四代是 Change Management(指的是变更管理)。

(2)把项目决策阶段的开发管理 DM、实施阶段的项目管理 PM 和使用阶段的设施管理 FM 集成为一个管理系统,这就形成工程项目全寿命管理(Lifecycle Management)系统,其含义如图 6-1 所示。工程项目全寿命管理可避免上述 DM、PM 和 FM 相互独立的弊病,有利于工程项目的保值和增值。

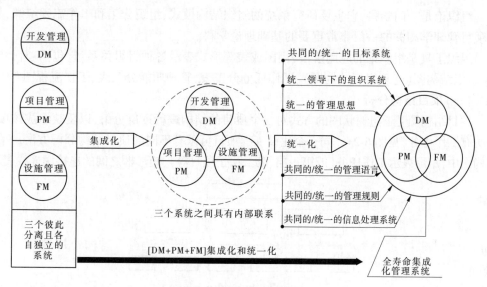

图 6-1 项目全寿命管理

(3)工程项目管理发展中的一个非常重要的方向是应用信息技术,它包括项目管理信息系统(Project Management Information System,PMIS)的应用和在互联网平台上进行工程管理等。

【单元探索】

建设工程项目各参与方管理的目标与任务有何异同?

【单元练习】

请扫描二维码,做"建设工程项目管理的目标与任务"练习题。

码 6-2 "建设工程项目管理的目标与任务"练习题

单元二　建设工程项目管理的组织与规划

【单元导航】

问题1:何谓组织论? 组织工具有哪些? 如何运用?

问题2:建设工程项目管理规划的内容有哪些? 其编制方法有哪些?

码6-3　微课–建设工程项目管理的组织与规划

【单元解析】

一、建设工程项目管理的组织

组织论是一门学科,它主要研究系统的组织结构模式、组织分工和工作流程组织,是与项目管理学相关的一门非常重要的基础理论学科。

组织工具是组织论的应用手段,用图或表等形式表示各种组织关系,它包括项目结构图、组织结构图(管理组织结构图)、工作任务分工表、管理职能分工表、工作流程图等。

(一)项目结构分析

项目结构图是通过树状图的方式对一个项目的结构进行逐层分解,以反映组成该项目的所有工作任务(见图6-2)。同一个建设工程项目可以有不同的项目结构分析方法。项目结构图中,矩形表示工作任务(或第一层、第二层子项目等),矩形框之间的连接用连线表示。

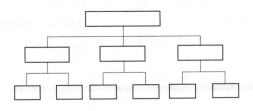

图6-2　项目结构图

一个建设工程项目有不同类型和不同用途的信息,为了有组织地存储信息、方便信息的检索和信息的加工整理,必须对项目的信息进行编码。项目结构的编码依据项目结构图,其和用于投资控制、进度控制、质量控制、合同管理和信息管理等管理工作的编码有紧密的有机联系,但它们之间又有区别。项目结构图和项目结构编码是编制上述其他编码的基础。图6-3为某工程项目的项目结构图。

(二)项目管理的组织结构

(1)对一个项目的组织结构进行分解,并用图的方式表示,就形成项目组织结构图(见图6-4),或称项目管理组织结构图,它反映一个组织系统中各组成部门(组成元素)之间的组织关系(指令关系)。在组织结构图中,矩形框表示工作部门,上级工作部门对其直接下属工作部门的指令关系用单向箭线表示。常用的组织结构模式包括职能组织结构(见图6-5)、线性组织结构(见图6-6)和矩阵组织结构(见图6-7)等。

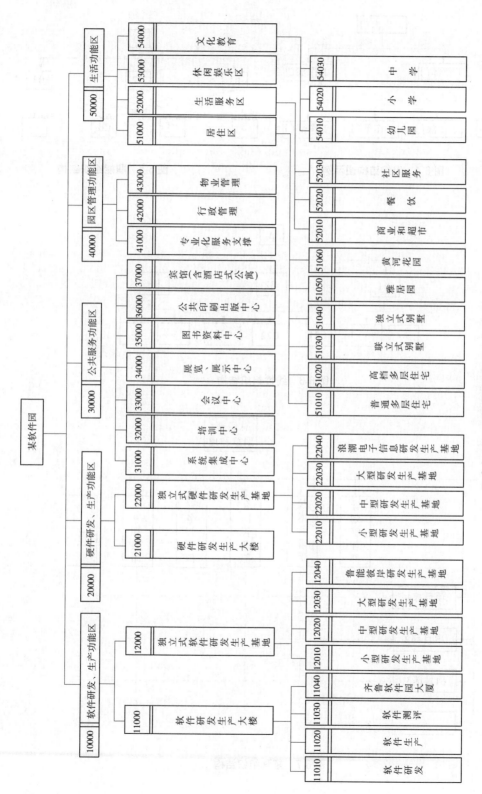

图 6-3 某工程项目的项目结构图

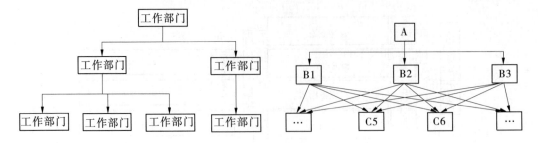

图 6-4　组织结构图示例　　　　　　　　图 6-5　职能组织结构

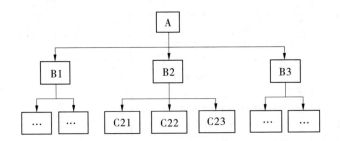

图 6-6　线性组织结构

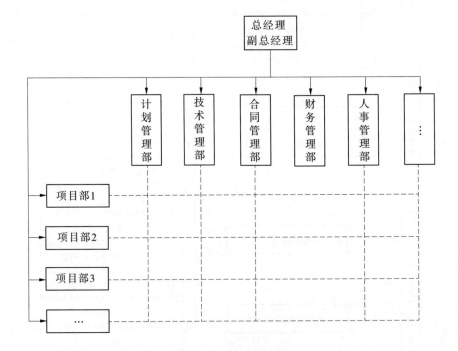

图 6-7　矩阵组织结构

（2）一个建设工程项目的实施除业主方外，还有许多单位参加，如设计单位、施工单位、供货单位和工程管理咨询单位以及有关的政府行政管理部门等，项目组织结构图应注意表达业主方以及项目的参与单位有关的各工作部门之间的组织关系。

（3）业主方、设计方、施工方、供货方和工程管理咨询方的项目管理的组织结构都可用各自的项目组织结构图予以描述。

（三）项目管理的工作任务分工

（1）业主方和项目各参与方，如设计单位、施工单位、供货单位和工程管理咨询单位等都有各自的项目管理任务，上述各方都应该编制各自的项目管理工作任务分工表。

（2）为了编制项目管理工作任务分工表（见表6-1），首先应对项目实施的各阶段的费用（投资或成本）控制、进度控制、质量控制、合同管理、信息管理和组织与协调等管理任务进行详细分解，在项目管理任务分解的基础上确定项目经理和费用（投资或成本）控制、进度控制、质量控制、合同管理、信息管理和组织与协调等主管工作部门或主管人员的工作任务。

表 6-1　工作任务分工表

工作任务	工作部门						
	项目经理部	投资控制部	进度控制部	质量控制部	合同管理部	信息管理部	…

（四）项目管理的职能分工

（1）管理是由多个环节组成的过程，即提出问题、筹划（Plan）、决策（Do）、执行（Execute）、检查（Check）。管理职能图如图6-8所示。

（2）业主方和项目各参与方，如设计单位、施工单位、供货单位和工程管理咨询单位等都有各自的项目管理任务和职能分工，上述各方都应该编制各自的项目管理职能分工表。

（3）项目管理职能分工表（见表6-2）是用表的形式反映项目管理班子内部项目经理、各工作部门和各工作岗位对各项工作任务的项目管理职能分工。

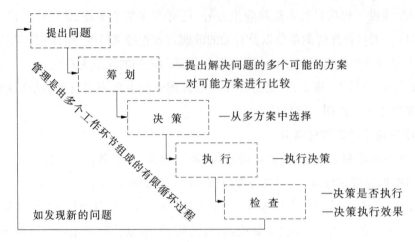

图 6-8　管理职能图

表 6-2　管理职能分工表

工作任务	工作部门								
	项目经理部	投资控制部	进度控制部	质量控制部	合同管理部	信息管理部	…		

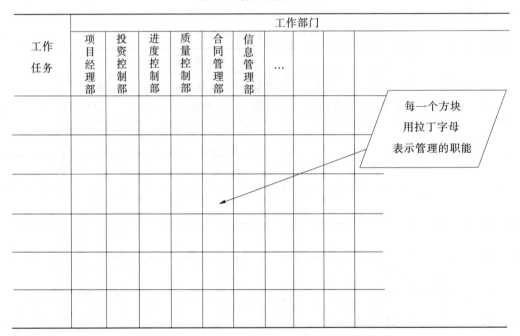

（五）项目管理的工作流程组织

项目管理的工作流程组织的任务是定义工作的流程。工作流程图服务于工作流程组织,它用图的形式反映一个组织系统中各项工作之间的逻辑关系。

在项目管理中可用工作流程图来描述各项目管理工作的流程,如投资控制工作流程图、进度控制工作流程图、质量控制工作流程图、合同管理工作流程图、信息管理工作流程图、设计的工作流程图、施工的工作流程图、物资采购的工作流程图等,如图6-9所示。

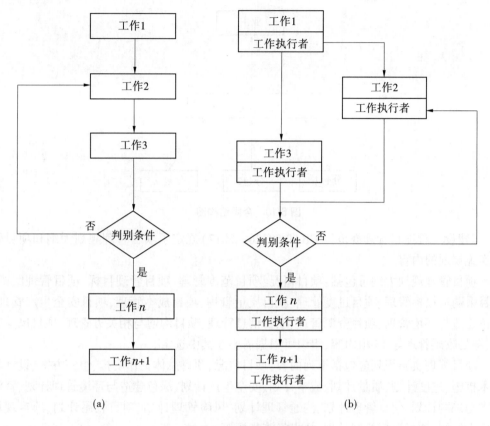

图 6-9 工作流程图示例

工作流程图可视需要逐层细化,如初步设计阶段投资控制工作流程图、施工图阶段投资控制工作流程图、施工阶段投资控制工作流程图等。

(六)合同结构

(1)合同结构图反映业主方和项目各参与方之间,以及项目各参与方之间的合同关系。通过合同结构图可以非常清晰地了解一个项目有哪些,或将有哪些合同,以及项目各参与方的合同组织关系。

(2)如果两个单位之间有合同关系,在合同结构图中用双向箭线联系(见图 6-10)。在项目管理的组织结构图中,如果两个单位之间有管理指令关系,则用单向箭线联系。

二、工程项目管理的规划和编制方法

(一)建设工程项目管理规划的内容

建设工程项目管理规划涉及项目整个实施阶段,它属于业主方项目管理的范畴,其内容涉及的范围和深度应视项目的特点而定。

项目管理策划应由项目管理规划策划和项目管理配套策划组成。项目管理规划应包括项目管理规划大纲和项目管理实施规划,项目管理配套策划应包括项目管理规划策划外的所有项目管理策划内容。

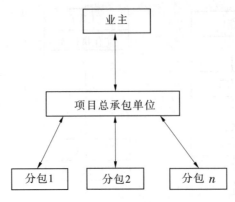

图 6-10　合同结构图

《建设工程项目管理规范》(GB/T 50326—2017)规定了项目管理规划大纲和项目管理实施规划的内容。

项目管理规划大纲可包括:项目概况、项目范围管理、项目管理目标、项目管理组织、项目采购与投标管理、项目进度管理、项目质量管理、项目成本管理、项目安全生产管理、绿色建造与环境管理、项目资源管理、项目信息管理、项目沟通与相关方管理、项目风险管理、项目收尾管理等 15 项内容,组织可根据需要在其中选定。

项目管理实施规划应包括下列内容:项目概况、项目总体工作安排、组织方案、设计与技术措施、进度计划、质量计划、成本计划、安全生产计划、绿色建造与环境管理计划、资源需求与采购计划、信息管理计划、沟通管理计划、风险管理计划、项目收尾计划、项目现场平面布置图、项目目标控制计划、技术经济指标等。

(二)建设工程项目管理规划的编制方法

项目管理规划大纲应是项目管理工作中具有战略性、全局性和宏观性的指导文件。项目管理规划大纲制定前,组织可进行大纲框架结构策划和内容要点策划。其中,大纲框架策划的要求主要有:一是参照《建设工程项目管理规范》(GB/T 50326—2017)管理要求;二是结合工程特点和管理任务目标。大纲内容策划需着重强调工作思路,并且要点要明确,此时不可能也没必要很具体很详细。

《建设工程项目管理规范》(GB/T 50326—2017)规定编制项目管理规划大纲应遵循下列步骤:明确项目需求和项目管理范围;确定项目管理目标;分析项目实施条件,进行项目工作结构分解;确定项目管理组织模式、组织结构和职责分工;规定项目管理措施;编制项目资源计划;报送审批。

项目管理实施规划是规划大纲的进一步深化与细化,因此需依据项目管理规划大纲来编制实施规划,而且需把规划大纲策划过程的决策意图体现在实施规划中。一般情况下,施工单位的项目施工组织设计等同于项目管理实施规划。

《建设工程项目管理规范》(GB/T 50326—2017)规定编制项目管理实施规划应遵循下列步骤:了解相关方的要求;分析项目具体特点和环境条件;熟悉相关的法规和文件;实施编制活动;履行报批手续。

工程项目管理规划的范围和编制主体如表6-3所示。

表6-3　工程项目管理规划的范围和编制主体

项目定义	项目范围与特征	项目管理规划名称	编制主体
建设项目	在一个总体规划范围内、统一立项审批、单一或多元投资、经济独立核算的建设工程	《建设项目管理规划》	建设单位
工程项目	建设项目内的单位、单项工程或独立使用功能的交工系统（一般含多个）	《工程项目管理规划》(《规划大纲》和《实施规划》，如日常的施工组织设计、项目管理计划等)	承包单位
专业工程项目	上下水、强弱电、风暖气、桩基础、内外装等	《工程项目管理实施规划》(规划大纲可略)	专业分包单位

【单元探索】

结合工程实际，加深对建设工程项目管理规划编制方法的理解。

【单元练习】

请扫描二维码，做"建设工程项目管理的组织与规划"练习题。

码6-4　"建设工程项目管理的组织与规划"练习题

单元三　建设工程项目经理及监理的工作性质、任务和职责

【单元导航】

问题1：建设工程项目经理的工作性质、任务和责任是什么？
问题2：建设工程监理的工作性质、任务和方法是什么？

【单元解析】

码6-5　微课-建设工程项目经理及监理的工作性质任务与职责

一、建设工程项目经理的工作性质、任务和责任

(一)建设工程项目经理的工作性质

《建设工程施工项目经理岗位职业标准》(T/CCIAT 0010—2019)中规定，项目经理是具备相应任职条件，由企业法定代表人授权对施工项目进行全面管理的责任人。

(二)建设工程项目经理的任务

项目经理是建筑企业在施工现场的授权代理人，负责组织履行建设工程施工合同，并对工程项目进行全面管理。

《建设工程施工项目经理岗位职业标准》(T/CCIAT 0010—2019)中规定，项目经理应具有并不限于下列权限：

(1)参与项目投标及施工合同签订。

(2)参与组建项目经理部,提名项目副经理、项目技术负责人,选用项目团队成员。

(3)主持项目经理部工作,组织制定项目经理部管理制度。

(4)决定企业授权范围内的资源投入和使用。

(5)参与分包合同和供货合同签订。

(6)在授权范围内直接与项目相关方进行沟通。

(7)根据企业考核评价办法组织项目团队成员绩效考核评价,按企业薪酬制度拟定项目团队成员绩效工资分配方案,提出不称职管理人员解聘建议。

(三)建设工程项目经理的责任

项目经理应具有明确的责权利。企业可根据自身实际情况及项目管理需求,进一步细化和明确项目经理的职责和权限,并通过项目管理目标责任书确定的指标进行考核和奖惩。

项目管理目标责任书应在项目实施之前,由组织法定代表人或其授权人与项目管理机构负责人协商制定。

《建设工程施工项目经理岗位职业标准》(T/CCIAT 0010—2019)中规定项目经理应履行并不限于下列职责:

(1)依据企业规定组建项目经理部,组织制定项目管理岗位职责,明确项目团队成员职责分工。

(2)执行企业各项规章制度,组织制定和执行施工现场项目管理制度。

(3)组织项目团队成员进行施工合同交底和项目管理目标责任分解。

(4)在授权范围内组织编制和落实施工组织设计、项目管理实施规划、施工进度计划、绿色施工及环境保护措施、质量安全技术措施、施工方案和专项施工方案。

(5)在授权范围内进行项目管理指标分解,优化项目资源配置,协调施工现场人力资源安排,并对工程材料、构配件、施工机具设备等资源的质量和安全使用进行全程监控。

(6)组织项目团队成员进行经济活动分析,进行施工成本目标分解和成本计划编制,制定和实施施工成本控制措施。

(7)建立健全协调工作机制,主持工地例会,协调解决工程施工问题。

(8)依据施工合同配合企业或受企业委托选择分包单位,组织审核分包工程款支付申请。

(9)主持与建设单位、分包单位、供应单位之间的结算工作,在授权范围内签署结算文件。

(10)建立和完善工程档案文件管理制度,规范工程资料管理及存档程序,及时组织汇总工程结算和竣工资料,参与工程竣工验收。

(11)组织进行缺陷责任期工程保修工作,组织项目管理工作总结。

(四)施工企业人力资源管理的任务

项目人力资源管理的目的是:调动所有项目参与人的积极性,在项目承担组织的内部和外部建立有效的工作机制,以实现项目目标。

《建设工程项目管理规范》(GB/T 50326—2017)规定:

(1)项目管理机构应编制人力资源需求计划、人力资源配置计划和人力资源培训计划。

(2)项目管理机构应确保人力资源的选择、培训和考核符合项目管理需求。

(3)项目管理人员应在意识、培训、经验、能力方面满足规定要求。

(4)组织应对项目人力资源管理方法、组织规划、制度建设、团队建设、使用效率和成本管理进行分析和评价,以保证项目人力资源符合要求。

项目人力资源管理的全过程包括项目人力资源管理计划、项目人力资源管理控制和项目管理人力资源管理考核。

二、建设工程监理的工作性质、任务和方法

(一)建设工程监理的工作性质

工程监理单位是建筑市场的主体之一,工程建设监理是一种高智能的有偿技术服务,在国际上把这类技术服务归为工程咨询(工程顾问)服务。我国的建设工程监理属于国际上业主方项目管理的范畴。

我国推行建设工程监理制度的目的是:确保工程建设质量、提高工程建设水平、充分发挥投资效益。

住房和城乡建设部规定下列建设工程必须实行监理:

(1)国家重点建设工程。

(2)大中型公用事业工程。

(3)成片开发建设的住宅小区工程。

(4)利用外国政府或者国际组织贷款、援助资金的工程。

(5)国家规定必须实行监理的其他工程。

建设工程监理的工作性质有如下几个特点:服务性、科学性、独立性和公正性,从事工程监理活动,应当遵循"守法、诚信、公正、科学"的准则。

(二)建设工程监理工作任务

(1)《中华人民共和国建筑法》规定:建筑工程监理应当依照法律、行政法规及有关的技术标准、设计文件和建筑工程承包合同,对承包单位在施工质量、建设工期和建设资金使用等方面,代表建设单位实施监督。

(2)《建设工程监理规范》(GB/T 50319—2013)规定:工程建设监理的主要内容是控制工程建设的投资、建设工期和工程质量;对工程建设合同信息进行管理,协调有关单位间的工作关系,并履行建设工程安全生产管理法定职责的服务活动。工程监理人员认为工程施工不符合工程设计要求、施工技术标准和合同约定的,有权要求建筑施工企业改正。工程监理人员发现工程设计不符合建筑工程质量标准或者合同约定的质量要求的,应当报告建设单位要求设计单位改正。

(3)《建设工程质量管理条例》规定:工程监理单位应当选派具备相应资格的总监理工程师和监理工程师进驻施工现场。未经监理工程师签字,建筑材料、建筑构配件和设备不得在工程上使用或安装,施工单位不得进行下一道工序的施工。未经总监理工程师签字,建设单位不拨付工程款,不进行竣工验收。监理工程师应当按照工程监理规范的要求,采取旁站、巡视和平行检验等形式,对建设工程实施监理。

(4)《建设工程安全生产管理条例》规定:工程监理单位应当审查施工组织设计中安全技术措施或者专项施工方案是否符合工程建设强制性标准。工程监理单位在实施监理过程中,发现存在安全事故隐患的,应当要求施工单位整改;情况严重的,应当要求施工单位暂时停止施工,并及时报告建设单位。施工单位拒不整改或者不停止施工的,工程监理单位应当及时向有关主管部门报告。工程监理单位和监理工程师应当按照法律、法规和工程建设强制性标准实施监理,并对建设工程安全生产承担监理责任。

(三) 建设工程监理的工作方法

(1)《中华人民共和国建筑法》规定:实施建筑工程监理前,建设单位应当将委托工程的监理单位、监理的内容及监理权限,书面通知被监理的建筑施工企业。

(2)工程建设监理一般应按下列程序进行:编制工程建设监理规划;按工程建设进度、分专业编制工程建设监理细则;按照建设监理细则进行建设监理;参与工程竣工预验收,签署建设监理意见;建设监理业务完成后,向项目法人提交工程建设监理档案资料。

工程建设监理规划应由总监理工程师主持,专业监理工程师参加编制。工程建设监理实施细则应由各有关专业的专业监理工程师参与编制。

(3)监理工作的方法有:

①现场记录。监理机构认真、完整记录每日施工现场的人员、设备、材料、天气、施工环境以及施工中出现的各种情况。

②发布文件。监理机构采用通知、指示、批复、签认等文件形式进行施工全过程的控制和管理。

③旁站监理。监理机构按照监理合同约定,在施工现场对工程重要部位和关键工序的施工,实施连续性的全过程检查、监督与管理。

④巡视检验。监理机构对所监理的工程项目进行定期或不定期的检查、监督和管理。

⑤跟踪检测。在承包人进行试样检测前,监理机构对其检测人员、仪器设备以及拟定的检测程序和方法进行审核;在承包人对试样进行检测时,实施全过程的监督,确认其程序、方法的有效性以及检测结果的可信性,并对该结果确认。

⑥平行检测。监理机构在承包人对试样自行检测的同时,独立抽样进行检测,核验承包人的监测结果。

⑦协调。监理机构对参与工程建设各方之间的关系以及工程施工过程中出现的问题和争议进行调解。

【单元探索】

比较建设工程项目经理及监理工作性质、任务和职责的异同。

【单元练习】

　　请扫描二维码,做"建设工程项目经理及监理的工作性质、任务和职责"练习题。

【项目测试】

　　请扫描二维码,做"建设工程项目管理概论"测试卷。

码 6-6　"建设工程项目经理及监理的工作性质、任务和职责"练习题

码 6-7　"建设工程项目管理概论"测试卷

项目七　　建设工程合同与合同管理

【学习目标】

学习单元	能力目标	知识点
单元一	掌握建设工程招标与投标的程序及方法	招标投标的概念、程序和要求； 建设工程施工合同的谈判与签约
单元二	了解建设工程合同文件的组成及其解释权的高低	建设工程施工承包合同及内容； 建设工程物资采购合同及内容； 建设工程项目总承包合同及内容； 建设工程监理合同及内容
单元三	掌握各种合同计价方式在工程实际中的应用	单价合同、总价合同和成本加酬金合同的概念、特点和适用性
单元四	掌握投标担保、履约担保、预付款担保和支付担保在工程实际中的具体应用	担保方式，保证的概念； 投标担保、履约担保、预付款担保和支付担保的概念、担保方式、额度和有效期
单元五	掌握建设工程施工合同实施的具体方法	建设工程施工合同实施的内容
单元六	掌握索赔费用和工期的计算方法	索赔的概念和分类； 索赔的依据和方法
单元七	掌握建设工程施工风险量的确定方法	风险和风险量的概念和特点； 建设工程施工风险的类型、管理任务和流程
单元八		国际建设工程承包合同的概念、特征、订立和履行，合同争议的解决方式； 几种常用国际建设工程承包合同的特点

【思政导引】

麦加轻轨铁路项目建设——秉承工匠精神和契约精神

中国在沙特建造的麦加轻轨铁路是沙特第一条轻轨铁路。为了解决人们出行所产生的交通问题，沙特政府决定拿出几十亿美元(大约200亿元人民币)用来建设麦加轻轨铁路。通过竞争,中国企业以 17.7 亿美元约 120 亿元人民币的价格中标。

麦加轻轨铁路

麦加轻轨工程全长 18.25 km,其中的桥梁就有 13.36 km,更为艰巨的是要穿越大片沙漠、无人地带,在沙漠上建造轻轨,沙子的流动性以及干旱高温的环境,无论是铁轨铺建还是地基建造都相当困难。中国企业凭借丰富的沙漠施工经验,在麦加轻轨建造期间,巧妙运用国内基建建设经验,边治理沙漠边修建铁轨,在风沙极大的地区或者桥梁上,中国企业会在施工路段上埋设大量温度传感器以及压力传感器,从而随时监控路段温度,以便随时做出工艺调整,同时还在铁轨两旁建立了大量防沙设施,从而减少了风沙对铁轨的损耗。

干旱高温是制约工程建设的重要因素,当地在夏季时温度可高达 50 ℃,在这种温度下几乎无法进行正常施工,美、英、法等国都被这些难题所"劝退"。开工不久,很多工人的脚底被烫出水泡,甚至还有一些工人出现中暑的情况。而雇佣当地工人,沙特政府规定的工作时间是十二点到十四点,其他超出的时间视作加班,要支付数倍的加班费,这将大大增加施工成本;同时,该项目是由国外公司设计的,这就导致在建设进度、订货和采购方面受到设计公司的制约,不仅影响进度,而且国外提供的货品原料,远远高于中国的预算,17.7 亿美元的报价开始出现"窟窿"。此时,中国企业意识到这是一个烫手山芋,然而为时已晚。为了国家和企业的信誉,必须克服一切困难完成建设任务,中国企业暂停所有能够缓期的项目,秉承工匠精神和契约精神,全力应对沙特轻轨项目建设。经历 16 个月的顽强拼搏,终于保质保量完成项目建设,再次证明了中国企业在高铁建设项目上领先世界的地位。沙特媒体也称赞说:这是沙特建设史上的奇迹。

麦加轻轨铁路是沙特 50 年来第一个轻轨铁路项目,是沙特名副其实的头号工程,也是中沙两国之间共同合作的标志性工程。虽然项目最终亏损,但该项目的建设不仅成了沟通阿拉伯地区的重要枢纽,更拉近了中国和沙特的关系,是中沙两国之间的友谊工程。麦加轻轨铁路建设的意义早已超越了项目本身,它充分表明近十年来"我们实行更加积极主动的开放战略,构建面向全球的高标准自由贸易区网络,加快推进自由贸易试验区、海南自由贸易港建设,共建'一带一路'成为深受欢迎的国际公共产品和国际合作平台"(党的二十大报告)。

单元一　建设工程的招标与投标

【单元导航】

问题1:何谓建设工程招标投标? 其程序和要求是什么?

问题2:建设工程施工合同谈判与签约的程序与内容有哪些?

码7-1　微课–建
设工程的招标
与投标

【单元解析】

一、建设工程施工招标的程序和要求

(一)招标投标的概念

招标投标是一种特殊的交易方式和订立合同的特殊程序。在国际贸易中,目前已有许多领域采用这种方式,并已逐步形成了许多国际惯例。

招标是指由招标人发出招标公告或通知,召集自愿参加竞争者投标,并根据事先规定的评选办法确定其中最佳的投标人为中标人,并与之最终签订合同的过程。

投标是投标人根据招标文件的要求,提出完成发包业务的方法、措施和报价,通过竞争取得业务承包权的活动。

(二)建设工程施工招标的范围

在中华人民共和国境内进行下列工程项目建设,包括项目的勘察、设计、施工、建立以及与工程建设有关的重要设备、材料的采购,必须进行招标:

(1)大型基础设施、公用事业等关系社会公共利益、公众安全的项目。

(2)全部或者部分使用国有资金投资或者国家融资的项目。

(3)使用国际组织或者外国政府贷款、援助资金的项目。

招标范围内的各类工程建设项目,达到下列标准之一的,必须进行招标:

(1)施工单项合同估算价在人民币400万元以上的。

(2)重要设备、材料等货物的采购,单项合同估算价在人民币100万元以上的。

(3)勘察、设计、监理等服务的采购,单项合同估算价在人民币100万元以上的。

(4)同一项目中可以合并进行的勘察、设计、施工、监理以及与工程建设有关的重要设备、材料等的采购,合同估算价合计达到前款规定标准的,必须招标。

(三)建设工程施工招标的程序

建设工程施工招标的程序如下:

(1)招标单位组建招标工作机构,进行必要的前期准备工作。

(2)编制招标文件和标底。

(3)发布招标公告并发出招标邀请书。

(4)投标单位递交投标文件。

(5)建立评标机构,制订评标、定标办法。

(6)开标。

(7)评标,定标。

(8)发出中标通知书,同时通报所有投标人。

(9)招标单位与中标单位签订承包合同。

(四)建设工程施工招标的要求

依法必须招标的工程建设项目,应当具备下列条件才能进行施工招标:

(1)招标人已经依法成立。

(2)初步设计及概算应当履行审批手续的,已经批准。

(3)招标范围、招标方式和招标组织形式等应当履行核准手续的,已经核准。

(4)有相应资金或资金来源已经落实。

(5)有招标所需的设计图纸及技术资料。

二、建设工程施工投标的程序和要求

(一)建设工程施工投标的程序

(1)提交投标申请书。

根据招标通知或招标人的邀请,报名参加投标,向招标人提交投标申请书,包括企业的法人地位、资质等级、技术水平、财务情况、经营状况、商业信誉及业绩等资料。

(2)接受投标资格审查。

(3)向招标人领取或购买招标文件及有关资料。

(4)组织企业内部或有关协作单位,研究招标文件并制订投标方案和标价。

(5)勘察现场和参加标前会议,弄清现场条件和其他有关条件。

现场勘察:一般是标前会议的一部分,招标人会组织所有投标人进行现场参观和说明。投标人应准备好现场勘察提纲并积极参加这一活动。

标前会议:也称投标预备会,是招标人给所有投标人提供的一次答疑的机会,有利于加深对招标文件的理解。

(6)拟订、落实投标方案和标价,填写标书,并按规定的时间密封报送。

投标文件编制完成,经核对无误,由投标人的法定代表人签字盖章后,分类装订成册封入密封袋中,派专人在投标截止日前送到招标人指定地点,投标人应从收件处领取回执作为凭证。

(7)参加开标会。

在投标截止后,投标人的法定代表人或授权代表应在招标书规定的开标时间和地点参加开标会;确认其投标文件的密封完整性;招标人唱标后,签字确认唱标记录。

(8)中标、签订工程承包合同。

投标人中标后,应在招标单位规定的时间内与招标单位谈判,并签订承包合同,同时还要向业主提交履约保函或保证金。

(二)建设工程施工投标的要求

1. 工程投标的前期工作

工程投标是一门科学,也是一项复杂的竞争活动。投标的前期工作主要是获取招标信息、对工程项目进行调研和成立投标工作机构。

1)获取招标信息

信息是一种重要资源,在投标竞争中更能体现出它的价值。投标企业要想在竞争中取胜,必须通过多种途径掌握与项目有关的各种信息,比如建筑市场、项目的社会环境、自然环境、经济环境、工程特点以及本企业对项目的承担能力等,对于以上各种信息,要认真地调查、掌握、筛选,还要进行综合分析,这对于投标决策是非常有利的。

2)对工程项目进行调研

为了增加中标的机会和获得良好的经济效益,除获知有哪些项目拟进行招标外,投标企业还应收集以下几个方面的资料:

(1)相关法律、法规情况。

(2)调研基础设施情况。

(3)调研生产要素情况。

(4)调研自然环境。

3)成立投标工作机构

为确保在投标竞争中获胜,投标单位必须精心挑选精干且富有经验的人员组成投标工作机构。该工作机构应熟悉招标投标的基本工作程序及经济、技术、管理和法律方面的知识,应能及时掌握市场动态,了解行情,能基本判断拟建项目的竞争态势,认真研究招标文件,善于运用竞争策略,能根据具体项目的各种特点制定出恰当的投标报价策略。

2. 工程投标的策略

投标策略就是投标人在招标投标中为中标所采取的一系列投标技巧、措施及方法。决策是否正确、及时,对投标企业在工程投标中的成败有着决定性的影响。投标策略的基本原则是使投标决策达到经济性和有效性的统一。

投标策略主要包括以下三个方面的内容:

(1)确定投标项目。

(2)研究确定投什么性质的标,通常有生存型、竞争型、盈利型等几种。

(3)选择投标报价的策略和技巧(以长补短,以优胜劣),如不平衡报价法、多方案报价法、突然降价法、增加建议方案法等。

3. 投标文件的编制与投送

投标文件是参加招标投标竞争的一个书面成果,它是投标人能否通过评标,中标而签订合同的依据。因此,投标人应对投标文件的编制与投送给予高度的重视。

1)投标文件的内容

投标文件应严格按照招标文件的各项要求进行编制,一般来说投标文件的内容主要包括以下几个方面:

(1)投标书。

(2)投标书附录。

(3)投标保证金。

(4)法定代表人。

(5)授权委托书。

(6)具有标价的工程量清单与报价表。

（7）施工组织设计。

（8）辅助资料表。

（9）资格审查表。

（10）对招标文件的合同条款内容的确认和响应。

（11）按招标文件的规定提交的其他资料。

2）投标文件的投送

投标文件编制完成后，应在投标截止日期前将招标文件送到指定的单位及地点。在截止日期后送达的投标文件，招标单位应拒收。投标人对投标文件的补充、修改、撤回其投标文件的通知，也必须在规定的投标截止日期前送达规定地点。

递送投标文件不宜太早，一般在投标截止日期前两天为宜，因市场情况在不断变化，投标人需根据市场行情的变化和自身的情况及时地对投标文件进行修改。

三、建设工程施工合同谈判与签约

（一）合同订立的程序

施工合同作为合同的一种，其订立也应经过要约和承诺两个阶段。

（1）要约是一方当事人向另一方当事人提出订立合同的条件，希望对方能完全接受此条件的意思表示。发出要约的一方成为要约人，收到要约的一方成为受要约人。要约具有法律效力，对当事人具有约束力，不得随意撤回和撤销。

要约邀请是希望他人向自己发出要约的意思表示。要约邀请不具有法律的约束力。

（2）承诺也称接受，是指受要约人同意要约的意思表示。即受要约人同意接受要约的全部条件而与要约人成立合同。承诺也属于法律行为，承诺产生的重要法律后果是交易达成、合同成立。

根据《中华人民共和国招标投标法》（简称《招标投标法》）对招标、投标的规定，招标、投标、中标的过程实质就是要约、承诺的一种具体方式。招标人通过媒体发布招标公告，或向符合条件的投标人发出招标文件，为要约邀请；投标人根据招标文件内容在约定的期限内向招标人提交投标文件，为要约；招标人通过评标确定中标人，发出中标通知书，为承诺；招标人和中标人按照中标通知书、招标文件和中标人的投标文件等订立书面合同后，合同成立并生效。

建设工程施工合同的订立一般要经历一个较长的过程。在明确中标人并发出中标通知书后，双方即可就建设工程施工合同的具体内容和有关条款展开谈判，直至最终签订合同。

（二）建设工程施工合同谈判的主要内容

建设工程施工合同谈判时，承发包双方主要依据国家或地方法律及行政法规、《建设工程施工合同（示范文本）》（GF—2017—0201）中的通用条款、招标工程特点及现场情况、招标投标文件和中标通知书等，主要谈判内容如下所述。

（1）关于工程内容和范围的确认。

招标人和中标人可就招标文件中的某些具体工作内容进行讨论、修改、明确或细化，从而确定工程承包的具体内容和范围。

(2)关于技术要求、技术规范和施工技术方案。

双方尚可对技术要求、技术规范和施工技术方案等进行进一步的讨论和确认,必要的情况下甚至可以变更技术要求和施工方案。

(3)关于合同价格条款。

依据计价方式的不同,建设工程施工合同可以分为总价合同、单价合同和成本加酬金合同。一般在招标文件中就已明确规定合同将采用什么计价方式,在合同谈判阶段往往没有讨论的余地。但在可能的情况下,中标人在谈判过程中仍然可以提出降低风险的改进方案。

(4)关于价格调整条款。

对于工期较长的建设工程,容易遭受货币贬值或通货膨胀等因素的影响,可能会给承包人造成较大的损失。价格调整条款可以比较公正地解决这一承包人无法控制的风险损失。

(5)关于合同款支付方式的条款。

建设工程施工合同的付款分四个阶段进行,即预付款、工程进度款、最终付款和退还保证金。关于支付时间、支付方式、支付条件和支付审批程序等有很多种可能的选择,并且可能对承包人的成本、进度等产生比较大的影响,因此合同支付方式的有关条款是谈判的重要方面。

(6)关于工期和维修期。

中标人与招标人可根据招标文件中要求的工期,或者根据投标人在投标文件中承诺的工期,并考虑工程范围和工程量的变动而产生的影响来商定一个确定的工期。同时,还要明确开工日期、竣工日期等。

合同文本中应当对维修工程的范围、维修责任及维修期的开始时间和结束时间有明确的规定,承包人应该只承担由于材料、施工方法及操作工艺等不符合合同规定而产生的缺陷维修。

(7)合同条件中其他特殊条款的完善。

(三)建设工程施工合同的签订

(1)合同风险评估。

在签订合同之前,承包人应对合同的合法性、完备性、合同双方的责任、权益以及合同风险进行评审、认定和评价。

(2)合同文件内容。

建设工程施工合同文件的构成:合同协议书、工程量及价格、合同条件(包括合同一般条件和合同特殊条件)、投标文件、合同技术条件(含图纸)、中标通知书、双方代表共同签署的合同补遗、招标文件、其他双方认为应该作为合同组成部分的文件。

(3)关于合同协议的补遗。

在合同谈判阶段,双方谈判的结果一般以《合同补遗》的形式,有时也可以以《合同谈判纪要》的形式,形成书面文件。

(4)签订合同。

双方在合同谈判结束后,应按上述内容和形式形成一个完整的合同文本草案,经双方代表认可后形成正式文件。双方核对无误后,由双方代表草签,至此合同谈判阶段即告结束。此时,承包人应及时准备和递交履约保函,准备正式签署施工承包合同。

【单元探索】

结合工程实际,进一步加深对建设工程招标投标程序及方法的理解。

【单元练习】

请扫描二维码,做"建设工程的招标与投标"练习题。

码 7-2　"建设工程的招标与投标"练习题

单元二　建设工程合同的内容

【单元导航】

问题 1:何谓建设工程施工承包合同? 其内容有哪些?

问题 2:何谓物资采购合同? 其内容有哪些?

问题 3:何谓建设工程项目总承包合同? 其内容有哪些?

问题 4:何谓建设工程监理合同? 其内容有哪些?

码 7-3　微课-建设工程合同的内容

【单元解析】

根据《中华人民共和国民法典》(简称《民法典》)第 788 条的规定,建设工程合同是承包人进行工程建设,发包人支付价款的合同,通常包括建设工程勘察合同、设计合同、施工合同等,在传统民法上,建设工程合同属于承揽合同的一种。

一、建设工程施工承包合同的内容

建设工程施工承包合同是发包方(或称"甲方")与承包方(或称"乙方")为完成合同中所指定的工程,明确双方的权利与义务的协议。按合同文件的基本要求,承包方应完成发包方所交付的工程项目,发包方按规定支付工程款项。项目合同受中华人民共和国法律的约束,按中华人民共和国法律解释。

建设工程施工承包合同是建设工程合同中最重要,也是最复杂的合同。它在工程项目中持续时间长,标的物特殊,价格高,合同内容具有多样性和复杂性。在整个建设工程的合同体系中,它起主干合同的作用。

建设工程施工承包合同由下列文件组成:

(1)双方签署的本合同协议书。

(2)中标通知书。

(3)投标书及其附件。

(4)本合同专用条款。本合同专用条款是发包人与承包人根据法律、行政法规的规定,结合具体过程的实际情况,经协商达成一致意见的条款,是对通用条款的具体化、补充

或修改。

(5)本合同通用条款。本合同通用条款是根据《中华人民共和国民法典》《中华人民共和国建筑法》等法律法规对承发包双方的权利和义务做出的具体规定,是通用于建设工程施工的条款,它代表我国的工程施工惯例。

(6)本工程所适用的标准、规范及有关技术文件。

(7)图纸。

(8)工程量清单。

(9)工程报价单或预算书。

双方有关工程的洽谈、变更等书面协议或文件视为本合同的组成部分。

二、建设工程物资采购合同的内容

建设工程物资采购合同,是指具有平等主体的自然人、法人、其他组织之间为实现建设工程物资买卖,设立、变更、终止相互权利义务关系的协议。依照协议,出卖人转移建设工程物资的所有权于买受人,买受人接受该项建设工程物资并支付价款。

工程建设过程中的物资主要包括建筑材料和设备等。建筑材料和设备的供应一般需要经过订货、生产(加工)、运输、储存、使用(安装)等各个环节,是一个复杂的过程。

建设工程物资采购合同,一般分为建筑材料采购合同和设备采购合同。

(一)建筑材料采购合同的内容

建筑材料采购合同,是指平等主体的自然人、法人、其他组织之间,以工程项目所需材料为标的、以材料买卖为目的,出卖人(简称卖方)转移材料的所有权于买受人(简称买方),买受人支付材料价款的合同。

建筑材料采购合同的主要内容包括以下几个方面:

(1)标的。标的主要包括购销物资的名称(注明牌号、商标)、品种、型号、规格、等级、花色、技术标准或质量要求等。

(2)数量。数量的计量方法要按照国家或主管部门的规定执行,或者按照供需双方商定的方法执行。对于某些建筑材料,还应在合同中写明交货数量的正负尾数差、合理磅差和运输途中的自然损耗的规定及计算方法。

(3)包装。包装包括包装的标准、包装物的供应和回收。包装标准是指产品包装的类型、规格、容量以及印刷标记等。包装物一般应由建筑材料的供方负责供应,并且一般不得另外向需方收取包装费。

(4)交付及运输方式。交付方式可以是需方到约定地点提货或供方负责将货物送达指定地点。如果是由供方负责将货物送达指定地点,要确定运输方式,一般由需方在签订合同时提出要求,供方代办发运,运费由需方负担。

(5)交货期限。应明确具体的交货时间(如果分批交货,要注明各个批次的交货时间)。

(6)价格。有国家定价的材料,应按国家定价执行;按规定应由国家定价的但国家尚无定价的材料,其价格应报请物价主管部门批准;不属于国家定价的产品,可由供需双方协商确定价格。

(7)结算。合同中应明确结算的时间、方式和手续。

(8)违约责任。供方的违约行为包括不能供货、不能按期供货、供应的货物有质量缺陷或数量不足等；需方的违约行为包括不按合同要求接受货物、逾期付款或拒绝付款等。如有违约，应依照法律和合同规定承担相应的法律责任。

(9)特殊条款。双方当事人可根据需要协商订立。

(10)争议的解决方式。

(二)设备采购合同的内容

设备采购合同，是指平等主体的自然人、法人、其他组织之间，以工程项目所需设备为标的，以设备买卖为目的，出卖人(简称卖方)转移设备的所有权于买受人(简称买方)，买受人支付设备价款的合同。

设备采购合同的主要内容包括以下几个方面：

(1)产品(成套设备)的名称、品种、型号、规格、等级、技术标准或技术性能指标。

(2)数量和计量单位。

(3)包装标准及包装物的供应与回收的规定。

(4)交货单位、交货方式、运输方式、到货地点(包括专用线、码头等)、接(提)货单位。

(5)交(提)货期限。

(6)验收方法。

(7)产品价格。

(8)结算方式、开户银行、账户名称、账号、结算单位。

(9)违约责任。

(10)争议解决的方式。

三、建设工程项目总承包合同的内容

建设工程项目总承包合同的内容主要包括以下几个方面。

(一)词语含义及合同条件

对合同中常用的或容易引起歧义的词语进行解释，赋予它们明确的含义。

对合同文件的组成、顺序、合同使用的标准，也应做出明确的规定。

(二)总承包的内容

合同对总承包的内容做出明确规定，一般包括从工程立项到交付使用的工程建设全过程，具体应包括可行性研究、勘察设计、设备采购、施工管理、试车考核等内容。具体的承包内容由当事人约定，约定设计—施工的总承包、投资—设计—施工的总承包等。

(三)双方当事人的权利义务

合同应对双方当事人的权利义务做出明确的规定，这是合同的主要内容，规定应当详细、准确。

发包人一般应当承担以下义务：

(1)按照约定向承包人支付工程款。

(2)向承包方提供现场。

(3)协助承包人申请有关许可、执照和批准。

(4)如果发包人单方要求终止合同,没有承包人的同意,在一定时期内不得重新开始实施该工程。

承包人一般应当承担以下义务:

(1)完成满足合同要求的工程以及相关的工作。

(2)提供履约保证。

(3)负责工程的协调与恰当实施。

(4)按照发包人的要求终止合同。

(四)合同履行期限

合同应当明确规定交工的时间,同时也应对各阶段的工作期限做出明确规定。

(五)合同价款

这一部分的内容应规定合同价款的计算方式、结算方式,以及价款的支付期限等。

(六)工程质量与验收

合同应当明确规定对工程质量的要求,对工程质量的验收方法、验收时间及确认方式。工程质量检验的重点应当是竣工检验,通过竣工检验后发包人可以接受工程。合同也可以约定竣工后的检验。

(七)合同的变更

工程建设的特点决定了合同在履行中往往会出现一些事先没有估计到的情况。一般在合同期限内的任何时间,发包人代表可以通过发布或者要求承包人递交建议书的方式提出变更。如果承包人认为这种变更是有价值的,也可以在任何时候向发包人代表提交此类建议书。批准权在发包人。

(八)风险、责任和保险

承包人应当保障和保护发包人、发包人代表以及雇员免遭由工程导致的一切索赔、损害和开支。应由发包人承担的风险也应做出明确的规定。合同对保险的办理、保险事故的护理等都应做出明确的规定。

(九)工程保修

合同按国家的规定写明保修项目、内容、范围、期限及保修金额和支付办法。

(十)对设计、分包人的规定

承包人进行并负责工程的设计,设计应当由合格的设计人员进行。承包人还应当编制足够详细的施工文件,编制和提交竣工图纸、操作和维修手册。承包人应对所有分包人遵守合同的全部规定负责,任何分包人、分包人的代理人或者雇员的行为或者违约,完全视为承包人自己的行为或者违约,并负全部责任。

(十一)索赔和争议的处理

合同应明确索赔的程序和争议的处理方式。对争议的处理,一般应以仲裁作为解决的最终方式。

(十二) 违约责任

合同应明确双方的违约责任。包括发包人不按时支付合同款的责任、超越合同规定干预承包人工作的责任,也包括承包人不能按合同约定的期限和质量完成工作的责任等。

四、建设工程监理合同的内容

建设工程委托监理合同简称监理合同,是指工程建设单位聘请监理单位代其对工程项目进行管理,明确双方权利义务的协议。

工程监理合同的内容一般由以下五部分组成。

(一) 监理投标书及监理中标通知书

这里的监理投标书是指监理中标人的投标书。监理投标书中的投标函及监理大纲是整个投标文件中具有实质性投标意义的内容。

监理中标通知书是招标人对监理中标人在投标书中所作要约的全盘接受,是对中标人要约的承诺。

(二) 监理合同协议书

监理合同协议书是确定合同关系的总括性文件,定义了监理委托人和监理人,界定了监理项目及监理合同文件构成,原则性地约定了双方的义务,规定了合同的履行期。

(三) 监理合同标准条件

监理合同标准条件是针对监理合同文件自身以及监理双方一般性的权利义务确定的合同条款,具有普遍性和通用性。它是监理合同的通用文本,适用于各类工程建设监理委托,是所有签约工程都应遵守的基本条件。

(四) 监理合同专用条件

监理合同专用条件是对标准条件的补充,是标准条件在具体工程项目上的具体化。因此,在使用专用条件时,要特别注意的是反映具体监理项目的实际、合同双方的特别约定。

(五) 在合同履行中双方共同签署的合同补充与修正文件

在合同的实施过程中,如果情况变化超出了原合同的约束范围,就需要在原合同的基础上进行适当的补充或修改。合同的任何补充和修改都必须取得合同当事人的协商一致,并经合同双方的法定代表人或其授权人签署才有效。

【单元探索】

了解建设工程合同文件的组成及其解释权的高低。

【单元练习】

请扫描二维码,做"建设工程合同的内容"练习题。

码 7-4 "建设工程合同的内容"练习题

单元三　合同计价方式

【单元导航】

合同计价方式有哪些？其概念、特点和适用性分别是什么？

【单元解析】

码 7-5　微课——
合同计价方式

建设工程施工合同可以按照不同的标准进行分类,按照承包合同的计价方式可以分为单价合同、总价合同和成本加酬金合同(又称成本补偿合同)三大类。

一、单价合同

单价合同是在合同中明确每项工程内容的单位价格,支付时则根据实际完成的工程量,按合同单价计算应付工程款。单价合同是建筑工程中广泛采用的一种合同类型。

单价合同的特点是单价优先,允许随工程量的变化调整工程总价,业主和承包商都不存在工程量方面的风险,对合同双方都比较公平。这种合同适用于招标时尚无详细图纸或设计内容尚不十分明确,只是结构形式已经确定,工程量还不够准确的情况。

单价合同又分为固定单价合同和可调单价合同。

(一)固定单价合同

在这种合同条件下,无论发生哪些影响价格的因素都不对单价进行调整。这也是经常采用的合同形式,特别是在设计条件或其他建设条件(如地质条件)还不太落实的情况下,而以后又需增加工程内容或工程量时,可以按单价适当追加合同内容。

(二)可调单价合同

合同单价可调的项目和调整方法一般在工程招标文件中规定。在合同中签订的单价,根据合同约定的条款,如在工程实施过程中物价发生变化或国家政策发生变化等,可作调整。有的工程在招标或签约时,因某些不确定因素而在合同中先暂定某些分部分项工程的单价,在工程结算时,再根据实际情况和合同约定的合同单价进行调整,确定实际结算单价。在这种合同条件下,承包人承担的风险相对较小。

二、总价合同

总价合同是指根据合同规定的工程施工内容和有关条件,发包人应付给承包人的款项是一个规定的金额,即明确的总价。总价合同也称为总价包干合同,即根据施工招标时的要求和条件,当施工内容和有关条件不发生变化时,发包人付给承包人的价款总额就不发生变化。签订总价合同,除非合同对重大工程变更和累计变更幅度量有约定,否则承包人要承担工程量和价格的全部风险。因此,一般是在施工图设计完整,施工任务和范围比较明确,发包人的目标、要求及条件都清楚的情况下才采用总价合同。

总价合同又可分为固定总价合同和变动总价合同两种。

(一)固定总价合同

固定总价合同,所谓"固定"是指这种价款一经约定,除业主增减工程量和设计变更外,一律不调整。所谓"总价"是指完成合同约定范围内的工程量以及为完成该工程量而实施的全部工作的总价款。固定总价合同对业主的投资控制有利。

固定总价合同适用于以下情况:

(1)工期短、工程量小,施工过程中的环境因素变化小,工程条件比较稳定且合理。

(2)工程设计详细,图纸完整、清楚,工程任务和范围明确。

(3)工程结构和技术简单,风险小。

(4)投标期相对宽裕,承包人可以有充足的时间详细考察现场,复核工程量,分析招标文件,拟订施工计划。

(5)合同条件完备,合同条件中双方的权利和义务十分明确。

目前,建筑市场上普遍采用的是固定总价合同。因为这类合同与固定单价合同、成本加酬金合同相比具有明显的优势,更能保护业主的利益。

(二)变动总价合同

变动总价合同又称为可调总价合同,这种合同的价格虽然也是总价,但在合同的执行过程中,如果由于通货膨胀等原因而使所使用的人工、材料成本增加,可以根据双方在合同中的约定对合同总价进行调整。变动总价合同适用于工程内容和技术经济指标规定均较明确,工期在1年以上的工程项目。因此,在这种合同条件下,通货膨胀等不可预见因素的风险由业主承担,对承包商而言,其风险相对较小,但对业主而言,不利于其进行投资控制。

三、成本加酬金合同

成本加酬金合同也称为成本补偿合同,是指工程施工的最终合同价格将按照工程的实际成本再加上一定的酬金进行计算的合同计价方式。

成本加酬金合同有许多形式,如成本加固定费用合同、成本加固定比例费用合同、成本加奖金合同、最大成本加费用合同等。在施工承包合同中采用成本加酬金计价方式时,业主与承包商对成本和酬金要有明确的约定。

采用这种合同方式,业主需承担项目实际发生的一切费用,因此也就承担了项目的全部风险,对业主的投资控制很不利。而承包单位由于不承担任何价格变化或工程量变化的风险,因而也缺乏控制成本的积极性,其报酬往往也较低。所以,应该尽量避免采用这种合同。

成本加酬金合同主要适用于以下项目:

(1)时间特别紧迫,需要立即开展工作的项目,如抢险、救灾工程等。

(2)工程特别复杂,工程技术、结构方案不能预先确定的项目,或者研究开发性质的工程项目。

(3)风险很大的项目。在工程实践中,选用总价合同、单价合同还是成本加酬金合同,采用固定价方式还是可调价方式,应根据建设工程的特点,业主对筹建工作的设想,对工程费用、工期和质量的要求等,综合考虑后进行确定。

【单元探索】

结合工程实际，进一步加深对各种合同计价方式应用的理解。

【单元练习】

请扫描二维码，做"合同计价方式"练习题。

码7-6 "合同计价方式"练习题

单元四　建设工程担保

【单元导航】

问题1：担保方式有哪些？何谓保证？

问题2：何谓投标担保、履约担保、预付款担保和支付担保？其担保方式、额度和有效期分别是什么？

码7-7　微课–建设工程担保

【单元解析】

担保方式有保证、抵押、质押、留置、定金5种，而在建设工程中应用最多的担保方式是保证。保证是指保证人和债权人约定，当债务人不履行债务时，由保证人按照约定履行主合同的义务或者承担责任的行为。

工程保证担保是控制工程建设履约风险的一种国际惯例，是维护建设市场秩序、保证参与工程的各方守信履约、优化资源配置的风险控制管理手段。该项担保主要是由银行、金融机构或经营保证担保业务的企业，在事先评估承包商（业主）业绩和信用的基础上，向业主（承包商）保证承包商（业主）履行合同约定、完成工程（支付有关工程款项）的信用行为。

保证担保在建设工程中主要有投标担保、履约担保、预付款担保和支付担保。

一、投标担保

投标担保是指由担保人为投标人向招标人提供的，保证投标人按照招标文件的规定参加招标活动的担保。投标人在投标有效期内撤回投标文件，或中标后不签订工程建设合同的，由担保人按照约定履行担保责任。

（一）投标担保的方式

投标担保可采用银行保函、专业担保公司的保证，或定金（保证金）担保方式，具体方式由招标人在招标文件中规定。任何单位和个人不得干涉投标人按照招标文件的要求自主选择投标担保方式。

（二）投标担保的额度

投标担保的担保金额一般不超过投标总价的2%。投标人应当按照招标文件要求的方式和金额，在规定的时间内向招标人提交投标担保。投标人未提交投标担保或提交的投标担保不符合招标文件要求的，其投标文件无效。

（三）投标担保的有效期

投标担保的有效期应当在合同中约定。合同约定的有效期截止时间为投标有效期后的 30 天至 180 天。

二、履约担保

履约担保是指由保证人为承包商向业主提供的，保证承包商履行工程建设合同约定义务的担保。这是工程担保中最重要的也是担保金额最大的一种工程担保。

（一）担保方式

承包商履约担保可以采用银行保函、担保公司担保书和履约保证金的方式。具体方式由招标人在招标文件中做出规定或者在工程建设合同中约定。

（二）担保额度

承包商履约担保的担保金额不得低于工程建设合同价格（中标价格）的 10%。采用经评审的最低投标价法中标的招标工程，担保金额不得低于工程合同价格的 15%。

（三）履约担保的有效期

承包商履约担保的有效期应当在合同中约定。合同约定的有效期截止时间为工程建设合同约定的工程竣工验收合格之日后 30 天至 180 天。业主应当按照承包合同约定，在承包商履约担保有效期截止日后若干天之内退还承包商的履约担保。

三、预付款担保

预付款担保是指承包人与发包人签订合同后，承包人正确、合理使用发包人支付的预付款的担保，以防止承包商在收到业主的预付款后将款项挪作他用或宣布破产等。建设工程合同签订以后，发包人支付给承包人一定比例的预付款，一般为合同金额的 10%，但需由承包人的开户银行向发包人出具预付款担保。

（一）担保方式

1. 银行保函

预付款担保的最主要形式就是银行保函。预付款担保的担保金额通常与发包人的预付款是等值的。预付款一般逐月从工程预付款中扣除，预付款担保的担保金额也相应逐月减少。承包人在施工期间，应当定期从发包人处取得同意此保函减值的文件，并送交银行确认。承包人还清全部预付款后，发包人应退还预付款担保，承包人将其退回银行注销，解除担保责任。

2 发包人与承包人约定的其他形式

预付款担保也可由保证担保公司担保，或采取抵押等担保形式。

（二）担保额度

预付款担保额度通常与预付款数额相同。

（三）预付款担保的有效期

预付款担保的有效期是从预付款支付之日起至发包人向承包人全部收回预付款之日止。

（四）预付款担保的作用

预付款担保的主要作用在于保证承包人能够按合同规定进行施工，偿还发包人已支付的全部预付金额。如果承包人中途毁约,中止工程,使发包人不能在规定期限内从应付工程款中扣除全部预付款,则发包人作为保函的受益人有权凭预付款担保向银行索赔该保函的担保金额作为补偿。

四、支付担保

支付担保是指为保证业主履行工程合同约定的工程款支付义务,由担保人为业主向承包商提供的,保证业主履行工程合同约定支付工程款的担保。业主在签订工程建设合同的同时,应当向承包商提交业主工程款支付担保。

(一)支付担保的方式

支付担保可采用银行保函、履约保证金、担保公司担保、抵押或者质押等方式。

(二)担保额度

业主支付担保的担保金额应当与承包商履约担保的担保金额相等,一般为承包合同价格的10%或15%。

(三)支付担保的有效期

业主工程款支付担保的有效期应当在合同中约定。合同约定的有效期截止时间为业主根据合同的约定完成了除工程质量保修金外的全部工程,结算款项支付之日起30天至180天。

(四)支付担保的作用

业主支付担保可以约束开发商严格履行支付工程款的义务,确保工程费用及时支付到位,保障承包商的合法权益,促使工程建设项目顺利进行。在我国目前工程款拖欠比较严重的背景下,实行业主支付担保具有特别重要的意义。

【单元探索】

掌握投标担保、履约担保、预付款担保和支付担保在工程实际中的具体应用。

码7-8 "建设工程担保"练习题

【单元练习】

请扫描二维码,做"建设工程担保"练习题。

单元五   建设工程施工合同实施

【单元导航】

建设工程施工合同实施的内容有哪些?

码7-9 微课-建设工程施工合同实施

【单元解析】

一、建设工程施工合同分析

根据《中华人民共和国民法典》第 795 条,施工合同的内容一般包括工程范围、建设工期、中间交工工程的开工和竣工时间、工程质量、工程造价、技术资料交付时间、材料和设备供应责任、拨款和结算、竣工验收、质量保修范围和质量保质期、相互协作条款等 11 项内容。

(一)合同分析的必要性

基于以下几个方面的原因,在合同实施前必须进行合同分析。

(1)合同条文繁杂,内容往往不直观明了,一些法律语言不容易理解。

(2)在一个工程中,合同是一个复杂的体系,往往几份、十几份甚至几十份合同交织在一起,有十分复杂的关系。

(3)合同事件和工程活动的具体要求(如工期、质量、费用等),合同各方的责任关系,事件和活动之间的逻辑关系极为复杂。

(4)许多工程小组,项目管理职能人员所涉及的活动和问题仅为合同的部分内容。

(5)在合同中存在一定的问题和风险,包括合同审查时已经发现的风险和可能隐藏着的尚未发现的风险。

(6)在合同分析的过程中可以具体落实合同的执行战略。

(7)在合同实施过程中,合同双方会产生很多争议。

(二)合同分析的任务

(1)明确订立合同所依据的法律法规等。

(2)明确总承包人的总任务,在整个施工过程中的主要责任等。

(3)明确合同中的图纸、工程说明及技术规范的定义。

(4)明确工程变更的补偿范围和工程变更的索赔有效期。

二、建设工程施工合同交底

(一)建设工程施工合同交底的目的

在合同实施前,必须对相关合同进行分析和交底。

合同交底,即将合同和合同分析文件下达落实到具体的责任人,例如各职能人员、相关的工程负责人和分包人等,使参加的各个实施者都了解相关合同的内容,并能熟练地掌握它。

建设工程施工合同交底的目的是将合同目标和责任具体地落实到各责任人和合同实施的具体工程活动中,并指导管理及技术人员以合同作为行为准则。

(二)建设工程施工合同交底的内容

建设工程施工合同交底一般包括以下主要内容:

(1)工程概况及合同规定的工作范围。

(2)合同关系及合同涉及各方之间的权利、义务与责任。

(3)合同工期控制总目标及阶段控制目标,目标控制的网络表示及关键线路说明。

(4)合同质量控制目标及合同规定执行的规范、标准和验收程序。

(5)合同对本工程的材料、设备采购、验收的规定。

(6)投资及成本控制目标,特别是合同价款的支付及调整的条件、方式和程序。

(7)合同双方争议问题的处理方式、程序和要求。

(8)合同双方的违约责任。

(9)索赔的机会和处理策略。

(10)合同风险的内容及防范措施。

(11)合同进展文档管理的要求。

三、建设工程施工合同实施的控制

(一)合同控制的概念

合同控制是指通过合同实施情况的分析,比较合同计划与合同执行之间存在的差异,采取相应的措施,从旁纠偏的合同管理行为。

(二)合同控制的作用

(1)通过对合同实施情况的分析,找出偏离,以便及时采取措施,调整合同的实施过程,保证合同目标的实现。

(2)了解合同的执行情况,及时解决合同执行过程中的问题。

(3)在整个工程的实施过程中,可以使项目管理人员清楚地了解合同实施情况,对合同实施的现状、趋势和结果做到心中有数。

(三)合同控制的依据

(1)标准合同书,相关技术规范、定额标准及合同分析的结果,如各种计划、方案及变更文件等。

(2)工程管理人员对施工现场情况的书面记录。

(3)各种工程实际文件,如原始记录、各种工程报表、计量结果、验收结果等。

【单元探索】

结合工程实际,掌握建设工程施工合同实施的具体方法。

【单元练习】

请扫描二维码,做"建设工程施工合同实施"练习题。

码7-10 "建设工程施工合同实施"练习题

单元六　建设工程索赔

【单元导航】

问题 1：何谓索赔？如何分类？

问题 2：索赔的依据和方法有哪些？

问题 3：索赔的费用和工期如何计算？

码 7-11　微课-建

设工程索赔

【单元解析】

一、概述

建设工程索赔是指当事人在工程承包合同的履行过程中,根据法律、合同规定及惯例,对并非由于自己的过错,而是应由对方承担责任或风险的情况,造成己方的损失,向对方提出补偿要求的过程。

广义地讲,索赔应当是双向的,是指合同双方向对方提出的索赔,既可以是承包人向发包人提出的索赔,也可以是发包人向承包人提出的索赔,一般称后者为反索赔。

索赔是工程承包中经常发生的正常现象,属于正确履行合同的正当权利要求。在工程建设的各个阶段,都有可能发生索赔,但在施工阶段的索赔发生较多。在实际工程中,对承包人来讲,索赔的范围更为广泛。一般来讲,只要不是由于承包人自身的原因造成的工期延长和成本增加,都可以通过合法的程序提出索赔要求,主要有以下几种情况:

(1)发包人违约,未能切实履行合同责任。

如未按合同约定及时交付设计图纸造成工程拖延,未按时提交施工现场或提交的施工现场未能达到合同约定的施工条件,未能在合同约定的时间内支付工程款等。

(2)业主行使合同规定的权利。

最常见的有业主指令变更工程、暂停工程施工等。

(3)发生由业主承担的特殊风险事件。

常见的有与勘察报告不同的地质情况,事先未能预料的特殊反常恶劣天气,国家政策法令的修改等。

(一)索赔的分类

索赔可以从不同的角度、按不同的标准进行以下分类。

1. 按索赔的目的分类

按目的索赔可分为工期索赔和费用索赔。

工期索赔就是要求业主延长施工时间,使合同约定的工程竣工日期顺延,从而避免违约罚金的发生;费用索赔就是要求业主或承包商双方补偿费用损失,进而调整合同价款。

2. 按索赔的依据分类

按依据索赔可分为合同约定的索赔、非合同约定的索赔。

合同约定的索赔是指索赔涉及的内容在合同文件中能够找到依据,业主或承包商可以据此提出索赔要求,这种索赔不太容易发生争议;非合同约定的索赔是指索赔涉及的内容在合同文件中没有专门的文字叙述,但可以根据该合同某些条款的含义,推论出一定的索赔权。

3. 按索赔的业务性质分类

按业务性质索赔可分为工程索赔和商务索赔。

工程索赔是指涉及工程项目建设中施工条件或施工技术、施工范围等变化引起的索赔,一般发生频率高,索赔费用大;商务索赔是指实施工程项目过程中的物资采购、运输、保管等活动引起的索赔事项。

4. 按索赔的处理方式分类

按处理方式索赔可分为单项索赔和总索赔。

单项索赔就是采取一事一索赔的方式,即按每一件索赔事项发生后,报送索赔通知书,编报索赔报告,要求单项解决支付,不与其他的索赔事项混在一起;总索赔,又称综合索赔或一揽子索赔,即对整个工程(或某项工程)中所发生的数起索赔事项,综合在一起进行索赔。

(二) 建设工程索赔的依据

要想获得索赔的成功,就必须有正当而全面的索赔依据。总体而言,建设工程索赔的依据主要是合同文件、法律法规和工程建设惯例,其中合同文件是索赔的最主要依据。由于不同的工程采用了不同的合同文件,所以针对具体的索赔要求,索赔的具体依据也不相同。例如,有关工期的索赔就要依据有关的进度计划、变更指令等。

索赔事件确立的前提条件是必须有正当的索赔理由,正当的索赔理由说明须有有效证据。因为索赔的进行主要是靠证据说话。索赔证据在很大程度上关系到索赔的成功与否。证据不全、不足或没有证据,索赔是很难获得成功的。

1. 索赔证据的要求

(1)真实性。索赔证据必须是在合同实施过程中确实存在和发生的,必须完全反映实际情况。

(2)全面性。所提供的证据应能说明事件的全过程,不能凌乱和支离破碎。

(3)关联性。索赔证据应当能够互相说明,相互之间应具有关联性,不能互相矛盾。

(4)及时性。索赔证据的及时性主要体现在证据的取得应当及时和证据的提出应当及时。

(5)具有法律效力。一般要求证据必须是书面文件,有关记录、协议、纪要须是双方签署的;工程中的重大事件、特殊情况的记录及统计必须由监理工程师签证认可。

2. 索赔证据的种类

(1)招标文件、工程合同文件及附件、中标通知书和投标书。

(2)工程量清单、工程预算书和图纸、标准、规范及其他有关技术资料、技术要求。

(3)各种纪要、协议及双方的往来信件。

(4)施工进度计划和具体的施工进度安排。

(5)施工现场的有关文件和工程照片。

(6)工程现场气候记录资料。

（7）工程检查验收报告及各项技术鉴定报告等。

（8）施工中送停电、气、水和道路开通、封闭的日期及数量记录。

（9）官方的物价指数、工资指数。

（10）各种会计、核算资料。

（11）建筑材料、机械设备的采购、订货、运输、进场、验收、使用等方面的凭据。

（12）国家的法律法规和部门规章等。

二、建设工程索赔的方法

索赔工作实质上是承包人和业主之间在工程风险方面进行重新分配的过程，涉及双方的很多经济利益，因而也是一项烦琐、要耗费很多时间和精力的过程。因此，合同双方必须严格按照合同规定的索赔程序进行工作，才能圆满地解决索赔问题。

事件发生后的索赔处理方法一般应按以下步骤进行，从承包商提出索赔意向通知开始，到索赔事件的最终处理，大致可分为以下几个过程。

（一）索赔意向通知

在工程的实施过程中，承包人发现索赔或意识到存在索赔机会后，要做的第一件事就是要将自己的索赔意向以书面形式及时通知业主和工程师。索赔意向的提出是索赔工作的第一步，其关键是抓住索赔机会，及时提出索赔意向。按 FIDIC 条款规定，承包人应在索赔事件发生后 28 天内将其索赔意向以正式函件通知业主和工程师。否则，业主和工程师将有权拒绝承包商的索赔要求，这是索赔成立的有效的、必备的条件之一。因此，在实际工作中，承包人要抓住索赔机会，在规定的时间内向业主和工程师提出索赔意向。

索赔意向通知，一般仅仅是向业主或工程师表明索赔意向，所以应当简明扼要，涉及索赔内容，但不涉及索赔金额。通常只需要说明以下几个方面的内容：

（1）索赔事件发生的时间、地点及简要事实情况。

（2）索赔所依据的合同条款和主要理由。

（3）索赔事件对工程成本和工期产生的不利影响程度。

（4）有关后续资料的提供。

（二）索赔资料的准备

从提出索赔意向到提交索赔报告，这段时间属于承包人收集整理索赔资料的阶段。此阶段的主要工作有如下：

（1）跟踪和调查索赔事件，掌握事件的发展过程。

（2）分析索赔事件产生的原因，划清各方责任。

（3）进行索赔计算，并收集索赔证据。

（4）起草索赔报告。按照索赔报告的格式和要求，将收集到的各种资料系统地反映在索赔报告中。

索赔能否成功，在很大程度上取决于承包人对索赔做出的解释和提供的证明资料。所以，承包人在正式提出索赔报告前的资料准备工作非常重要，这就要求承包人在施工过程中应始终做好资料累积工作，建立完善的资料记录制度，认真系统地累积施工进度、质量以及财务收支资料。对将发生索赔的一些工程项目，从开始施工时正式发函给业主提出索赔意向通知起,就要有目的地收集证据资料、系统地对现场进行拍照、妥善保管开支收据,有意识地为索赔累积所必需的证据。

(三)索赔报告的提交

索赔报告的内容应包括索赔的合同依据、索赔的详细理由、索赔事件发生的经过、索赔要求(金额或工期延长的天数)及计算依据等。

承包人必须在合同规定的时限内(一般为提出索赔意向的28天内)向业主或工程师提交正式的索赔报告,否则承包商将失去要求索赔的权利。

(四)工程师对索赔报告的审核

工程师根据业主的委托或授权,对承包人的索赔报告进行审核。工程师必须对合同条件、协议条款等有详细的了解,在接到承包人的索赔报告后,应该马上仔细阅读报告,并且必须以完全独立的身份,站在客观公正的立场上审查索赔报告。

工程师的审核工作主要是判定索赔事件是否成立和核查承包人的索赔计算是否正确、合理。工程师应在业主授权的范围内做出自己独立的判断,对索赔报告做出评估,在评审过程中,承包人应对工程师提出的各种质疑做出圆满的答复。

(五)索赔谈判

工程师经过对索赔报告的认真评审,并与承包人进行较充分的讨论后,应提出自己的索赔处理决定的初步意见,然后参加发包人和承包人进行的索赔谈判,通过谈判做出索赔的最后决定。

三、费用索赔的计算

费用索赔是施工索赔的主要内容。

(一)费用索赔的费用构成

承包商可索赔的费用一般包括人工费、设备费、材料费、保函手续费、贷款利息、保险费、利润和管理费等。

(二)费用索赔的计算方法

费用索赔的计算方法有很多,主要有以下三种。

1. 实际费用法

实际费用法又称分项法,即根据索赔事件所造成的损失或成本增加,按费用项目逐项进行分析、计算索赔金额的方法。这种计算方法比较复杂,但能客观地反映施工单位的实际损失,比较科学合理,也易于被当事人接受,在国际工程中被广泛采用。

实际费用法计算通常分为三步:第一步,分析每个或每类索赔事件所影响的费用项目,不得有遗漏。这些费用项目通常与合同报价中的费用项目一致。第二步,计算每个费用项目受索赔事件影响后的实际费用数值,通过与合同价中的费用价值进行比较,即可得到该项费用的索赔值。第三步,将各费用项目的索赔值进行汇总,即得到总费用索赔值。

【例7-1】 某大型商业中心,按FIDIC合同条件进行招标和施工管理。中标合同价18 329 500元,工期18个月。由于施工中地基条件较设计时差,施工条件受交通干扰大,以及多次修改设计,导致工期拖延、施工费用增加,根据业主要求,承包商采取了加快施工的措施。现承包商提出索赔要求,试用实际费用法计算延长工期天数和索赔值。

解　(1)加速施工期间的生产效率降低费。包括夜班工效降低和因改变施工顺序造成的工效降低,统计增加技工9 417个工日,普工16 863个工日,相应日平均工资为31.5元/工日和21.5元/工日,共计增加工资659 190元。

(2)延期施工管理费增支。在中标合同价18 329 500元中,包括施工现场管理费和总部管理费1 270 134元。原定18个月,547个日历日,日平均管理费2 322元。延长176天,承包商应获得管理费为2 322×176=408 672(元),但承包商已经完成的变更工程费中包含管理费287 322元,故实际应增加管理费121 350元。

(3)人工费调价增支:23 485元。

(4)材料费调价增支:59 850元。

(5)增加设备租赁费:65 780元。

(6)分包人装修延期开支:187 550元。

(7)履约保函延期开支:按银行利率计算,为52 830元。

(8)利润:上述7项之和乘原合同利润率8.5%计算,为1 170 035×8.5%＝99 453(元)。

以上8项总计索赔1 269 488元。

2.总费用法

总费用法又称总成本法,就是当发生多次索赔事件以后,重新计算该工程的实际总费用,实际总费用减去投标报价时的估算总费用,即为索赔金额。这种计算方法简单但不尽合理,因为实际发生的总费用中可能包括由于施工单位的原因(如管理不善、材料浪费、效率太低等)所增加的费用,同时投标报价估算的总费用又因为想中标而过低。所以,这种方法只有在难以采用实际费用法时才应用。

一般认为在具备以下条件时采用总费用法是合理的。

(1)合同实施过程中的总费用计算是准确合理的。

(2)承包商的索赔报价是合理的,反映实际情况。

(3)费用的增加是由于对方原因造成的,其中没有承包人管理不善的责任。

(4)由于索赔事件的性质和现场资料的不足,难以采用更精确的计算方法。

3.修正的总费用法

修正的总费用法是对总费用法的改进,修正的内容主要有:计算索赔金额的时期仅限于受事件影响的时段,而不是整个施工期;只计算在该时期内受影响项目的费用,而不是全部工作项目的费用;对投标报价费用重新进行核算。

根据上述修正,可比较合理地计算出因索赔事件的影响而实际增加的费用。

四、工期索赔的计算

在工程的实际施工过程中,由于一些未能预料的干扰事件的发生,使工程施工不能按照原施工计划顺利进行,从而造成工期延长,这在实际工程中是经常遇到的。对此,首先应该确定干扰事件对施工活动的影响及引起的变化,然后分析干扰事件对总工期的影响,计算工期索赔值。在实际工程中,工期索赔的计算主要有网络图分析法和比例计算法两种。

(一)网络图分析法

网络图分析法是利用施工进度计划的网络图,通过分析干扰事件发生前后的网络计划,对比两种情况下的工期计算结果,计算出工期索赔值。

在进行网络图分析时,主要是分析其关键线路。如果延误的工作为关键工作,则延误的时间为索赔的工期;如果延误的工作为非关键工作,当该工作由于延误超过时差限制而成为关键工作时,则延误时间与时差的差值为索赔的工期;若该工作延误后仍为非关键工作,则不存在工期索赔问题。

这是一种科学合理的计算方法,也是进行工期索赔分析的首选方法,适用于各种干扰事件的工期索赔,并且还可以利用计算机软件进行网络图的分析和计算。

(二)比例计算法

前述的网络分析方法是最科学的,也是最合理的,也容易得到认可。但它的前提条件是承包人切实使用网络技术进行进度控制,而且必须有计算机的网络分析软件,因为稍微复杂的工程,网络活动可能就有几百个,甚至几千个,人工分析和计算极为困难,甚至是不可能的。

在实际工程中,干扰事件常常仅影响某些单项工程、单位工程或分部分项工程的工期,要分析它们对总工期的影响,可以采用更为简单的比例计算方法。

1. 以占合同价的比例计算

计算公式为:

工期索赔 = 受干扰部分的工程合同价 × 该部分工程受干扰工期拖延量 ÷ 原合同总价

$$(7-1)$$

或   工期索赔 = 额外增加的工程量的价格 × 原合同总工期 ÷ 原合同总价 $(7-2)$

【例7-2】 某工程施工中,业主延迟提供教学楼的基础设计图纸,使该单项工程延期10周。该单项工程的合同价为60万元,而整个工程合同总价为300万元。试计算承包商提出的工期索赔值。

解   工期索赔值 = 60×10÷300 = 2(周)

2. 按单项工程拖延的平均值计算

【例7-3】 某工程有A、B、C、D四个单项工程。合同约定由业主提供水泥。在实际施工中,业主没能按合同约定的日期供应水泥,造成工程停工待料。根据现场工程资料和合同双方的信函等证据证明,由于业主水泥提供不及时对工程施工造成如下影响:A单项工程850 m^3 混凝土基础推迟7天;B单项工程500 m^3 混凝土基础推迟21天;C单项工程120 m^3 混凝土基础推迟27天;D单项工程225 m^3 混凝土基础推迟13天。试计算承包人在一揽子索赔中,对业主材料供应不及时造成工期延长的索赔值。

解   总延长天数 = 7+21+27+13 = 68(天)

平均延长天数 = 68÷4 = 17(天)

工期索赔值 = 17+4 = 21(天)(加4天为考虑单项工程的不均匀性对总工期的影响)

比例计算法简单方便,不需作复杂的网络图分析,但有时不尽符合实际情况,比如业主变更施工顺序、业主指令采取加速措施、删减工程量等均不能采取这种方法,否则会得到错误答案,这一点在实际工期索赔中应予以注意。

在实际工程中,工期补偿天数的确定方法可以是多样的。例如,在干扰事件发生前由双方商讨,在变更协议或其他附加协议中直接确定补偿天数,或按实际工期延长记录确定补偿天数等。

【单元探索】

结合工程实际,进一步加深对索赔工作方法的理解。

【单元练习】

请扫描二维码,做"建设工程索赔"练习题。

码 7-12　"建设工程索赔"练习题

单元七　风险管理

【单元导航】

问题 1:何谓风险? 何谓风险量? 有哪些特点?

问题 2:建设工程施工风险的类型、管理任务和流程分别是什么?

码 7-13　微课－风险管理

【单元解析】

一、风险和风险量

(一) 风险和风险量的基本概念

1. 风险的概念

风险是指某一活动或事件的不确定性,其结果可能是损失、获利或既无损失也无获利。对于建设工程项目而言,风险是指可能出现的影响项目目标实现的不确定因素,一般为损失的不确定性。

2. 风险量的概念

风险量是指不确定的损失程度和损失发生的概率。

$$风险量=风险概率×风险损失量 \qquad (7\text{-}3)$$

(二) 风险的特点

风险具有以下几个方面的特点:

(1)风险存在的客观性。风险是不以人的意志为转移并超越人们主观意识的客观存在。

(2)单一具体风险发生的偶然性和大量风险发生的必然性。正是由于风险的这种偶然性和必然性,人们才要去研究风险,才有可能去计算风险发生的概率和损失程度。

(3)风险的多样性和多层次性。

(4)风险的损害性和可变性。

二、建设工程施工风险的类型

建设工程施工风险有多种分类方法,按构成风险的因素可以分为以下几类:

(1)组织风险。如承包商管理人员、施工机械操作人员和技术工人的知识、经验和能力等。

(2)经济与管理风险。如工程资金供应条件、合同风险及信息安全控制计划等。

(3)工程环境风险。如岩土地质条件和水文地质条件、自然灾害和气象条件等。

(4)技术风险。如工程的设计文件、施工方案、工程物资及工程施工机械等。

三、建设工程施工风险管理的任务

(一)风险管理的概念

项目风险管理是指人们对潜在的项目风险进行辨识、分析、预防和控制的过程,是用最低的费用把项目中可能发生的各种风险控制在最低限度的一种管理体系。包括对风险的评估、量度和应变策略。

(二)风险管理的任务

风险管理的任务包括以下内容:

(1)识别与评估风险。

(2)制定风险应对策略和风险管理预算。

(3)制定落实风险管理措施。

(4)风险发生和损失后的处理与索赔管理。

四、建设工程项目风险管理的工作流程

风险管理就是通过风险的识别、预测和衡量,选择有效的手段,以尽可能低的成本有计划地处理风险,以保证项目目标的实现。这就要求在项目风险管理的过程中,应首先对可能发生的风险进行识别,预测各种风险发生后对资源及生产活动造成的消极影响,然后采取经济有效的应对措施,以使工程施工活动能够继续顺利进行。可见,风险的识别、预测和处理是企业风险管理的主要步骤。

(1)风险辨识,分析哪些风险可能对项目产生影响。

(2)风险分析,分析可能存在的各种风险的风险量,即分析每种风险不确定的程度和每种风险可能造成损失的程度。

(3)风险控制,制订风险管理方案,采取积极的措施来控制风险,降低风险量。通过降低其损失发生的概率,缩小其损失程度来达到控制目的。

(4)风险转移,在危险发生前,通过采取出售、转让、保险等方法将风险转移出去。如对难以控制的风险进行投保等。

【单元探索】

掌握建设工程施工风险量的确定方法。

【单元练习】

请扫描二维码,做"风险管理"练习题。

码 7-14　"风险管理"练习题

单元八　国际建设工程承包合同

【单元导航】

问题 1:何谓国际建设工程承包合同? 有哪些特征?

问题 2:国际建设工程承包合同争议的解决方式有哪些?

问题 3:国际建设工程承包合同如何订立和履行?

问题 4:国际常用的几种建设工程承包合同条件的特点有哪些?

码 7-15　微课-国际建设工程承包合同

【单元解析】

一、概述

(一) 国际建设工程承包合同的概念

国际建设工程承包合同一般是指不同国家的有关法人之间,为了实现在某个工程项目中的特定目的,签订的确定相互权利和义务关系的协议。

(二) 国际建设工程承包合同的特征

(1)国际性。即合同的双方当事人是分别属于两个国家的法人组织,且承包方必须在发包方的国家内完成建设工程项目。

(2)综合性。即国际工程承包合同的内容极其复杂,不仅涉及勘察、设计、施工,而且涉及机械工程设备交易、建筑材料交易、技术使用许可、人员培训等方面,是一项综合性的输出。

(3)风险大。即国际工程承包合同的履行期限长,交易额大,国际市场行情变化迅速、难以把握,建设工程项目又在异国履行,容易遇到较大的经济风险、自然风险和政治风险。

二、国际建设工程承包合同争议的解决方式

国际建设工程承包合同争议的解决方式有:协商,调解,仲裁和诉讼等。

国际建设工程承包合同争议解决常用的 ADR(非诉讼纠纷解决程序)方式有仲裁、FIDIC 合同条件下的工程师仲裁、DRB(纠纷审议委员会)方式、NEC(新工程合同)裁决程序等。

（1）FIDIC 合同条件规定的纠纷解决的程序：记录纠纷→工程师准仲裁→友好协商→正式仲裁。

（2）DRB 的工作程序：现场访问→纠纷提交→听证会→解决纠纷建议书。

DRB 的优点包括：①了解项目管理情况及其存在的问题；②DRB 委员不带有任何主观倾向或偏见，且有较高的业务素质和实践经验；③可以及时解决纠纷；④DRB 费用较低；⑤容易被双方所接受；⑥不具有终局性和约束力。

（3）NEC 裁决程序：早期预警→补偿事件→裁决人。

三、国际建设工程承包合同的订立和履行

(一)国际建设工程承包合同的订立

国际工程承包合同的订立，主要采取招标方式成交。国际招标成交过程包括招标、投标、开标与中标、签订合同四个阶段。

中标人在中标通知书规定的期限内与招标单位签订工程承包合同。双方在签订合同之前，中标人须提供项目所在国的有关登记、公证文件，中标人的注册国驻项目所在国使馆的认证，中标单位对其代表人的授权委托书、公证机关的公证、履约保证金、保函、保险单等有关法律文件。

(二)国际建设工程承包合同的履行

国际建设工程承包合同的履行即完成整个合同中规定的任务的过程，也就是一个工程从准备、施工、竣工、试运行直到维修期结束的全过程。这个过程往往很长，因此为了很好地履行合同，应做好以下几个方面的工作：

（1）人员和组织准备工作。

（2）施工准备工作。

（3）办理保险、保函。

（4）筹措好资金。

（5）学习、研究合同文件。

（6）国际建设工程项目的注意事项：国际建设工程项目和工作的完整性；技术措施的一致性；合同价格的总控制；总工期的控制。

四、国际常用的几种建设工程承包合同条件的特点

(一)FIDIC 系列合同条件的特点

FIDIC 系列合同条件具有国际性、通用性和权威性。其合同条款公正合理，职责分明，程序严谨，易于操作。考虑到工程项目的一次性、唯一性等特点，FIDIC 合同条件分为通用条件（General Conditions）和专用条件（Conditions of Particular Application）两部分。

FIDIC 通用条件适于某一类工程，如红皮书适于整个土木工程（包括工业厂房、公路、桥梁、水利、港口、铁路、房屋建筑等）。专用条件则针对一个具体的工程项目，是在考虑项目所在国法律法规不同、项目特点和发包人要求不同的基础上，对通用条件进行的具体化修改和补充。

(二) NEC 合同条件的特点

(1)适用范围广。NEC 合同立足于工程实践,主要条款都用非技术语言编写,避免特殊的专业术语和法律术语;设计责任不是固定地由发包人或者承包人承担,可根据项目的具体情况由发包人或承包人按一定的比例承担;6 种工程款支付方式和 15 种次要条款可以根据需要自行选择。从这个意义上讲,NEC 的灵活性体现了自助餐式的合同条件,适用范围广泛,并且可以减少争端。

(2)为项目管理提供动力。随着新的项目采购方式的应用和项目管理模式的发展及变化,现有的合同条件不能为项目的各参与方提供令人满意的内容。NEC 强调沟通、合作与协调,通过对合同条款和各种信息清晰的定义,旨在促进对项目目标进行有效的控制。

(3)简明清晰。NEC 的合同语言简明清晰,避免使用法律的和专业的技术语言,合同语句言简意赅。

(三) AIA 系列合同的特点

(1)AIA 合同条件主要用于私营的房屋建筑工程,专门编制用于小型项目的合同条件。

(2)美国建筑师协会作为建筑师的专业社团已经有近 170 年的历史,有超过 83 500 名会员,成员遍布全世界。AIA 出版的系列合同文件在美国建筑业界及国际工程承包界,特别在美洲地区具有较高的权威性,应用广泛。

(3)AIA 系列合同条件的核心是通用条件。当采用不同的工程项目管理,不同的计价方式时,只需选用不同的协议书格式与通用条件结合。AIA 合同文件的计价方式主要有总价、成本补偿合同及最高限定价格法。

【单元探索】

了解国际常用的几种建设工程承包合同的应用。

【单元练习】

请扫描二维码,做"国际建设工程承包合同"练习题。

【项目测试】

请扫描二维码,做"建设工程合同与合同管理"测试卷。

码 7-16　"国际建设工程承包合同"练习题

码 7-17　"建设工程合同与合同管理"测试卷

项目八　建设工程项目目标管理

【学习目标】

学习单元	能力目标	知识点
单元一	掌握施工成本管理、变更、结算、控制和分析的方法	施工成本的概念和组成; 施工成本管理的概念、任务和措施; 施工成本计划的概念、类型、编制依据和方法; 工程价款变更的程序与方法; 建筑安装工程费用的结算方式、动态结算、FIDIC合同条件下建筑安装工程费用结算; 施工成本的控制和分析方法
单元二	掌握建设工程项目进度计划系统建立、总进度目标论证、进度计划的控制和调整等方法	进度、建设工程项目进度控制的概念; 进度动态控制,建设工程项目进度控制的内容、任务和进度计划系统建立; 建设工程项目总进度目标论证的内容和步骤; 建设工程项目进度计划的控制和调整
单元三	掌握建设工程项目质量管理、质量控制、质量控制系统建立与运行、质量验收、工程质量统计方法	质量管理、质量控制的概念和关系; 质量管理的方法和全面质量管理; 建设工程项目质量的基本特征、形成过程和影响因素,质量控制系统的构成、建立与运行,政府监督的职能和内容; 建设工程项目过程质量验收、竣工质量验收条件和程序,工程竣工验收备案; 质量管理体系的八项原则、文件构成、建立运行、认证监督,工程质量统计方法

【思政导引】

火神山、雷神山医院建设——建筑人的责任担当与高品质服务

火神山、雷神山医院以令人惊叹的速度拔地而起,其背后是中国建筑集团有限公司

(简称中建)闻令而动,迎难而上,充分发挥主力军、国家队作用的责任担当与高科技的有力支撑。

一、模块化设计,将医院建成"三头六臂"

中国建筑第三工程局有限公司(简称中建三局)主承建的火神山医院是先进的全功能呼吸系统传染病大型专科医院,医院功能齐全,仪器先进,设有接诊室、负压病房楼、重症监护室、CT 室、手术室、检验室、网络机房,以及救护车洗消间、垃圾焚烧炉等附属用房。

"无论是规模质量还是防护隔离标准,都高于国家建设标准。"中建三局总工程师、副总经理介绍,医院采用更加先进的技术和高于现有传染病医院的防护隔离标准,"可以说拥有'三头六臂'"。

更严苛的标准,需要更先进的设计理念确保其功能实现。医院采用模块化设计,呈现独特的"鱼骨状"布局,每根"鱼刺"都是独立的医疗单元。中建三局总承包公司火神山项目技术组组长介绍,这种构型能够严格划分隔离区和洁净区,实现"双分离"设计:患者从"鱼刺"外围进入病区,医护人员则从中轴"鱼骨"通道层层防护后进入病房,进行检查诊疗看护,实现"医患隔离、通道分离"。

紧随火神山医院开工的雷神山医院,施工面积翻番,工期却相差无几。与火神山医院一样,雷神山医院同样有着十足的科学统筹与科技含量。

秘诀就在全过程 BIM 技术辅助施工。以中建三局一公司负责的医疗隔离区为例,项目对基础图纸柱距、宽度、净空、设备吊挂、门窗位置等进行深化设计,为后续施工留出宝贵时间。针对医技楼机电安装涉及给排水、照明、通风空调、通信弱电、医用气体等近 10 项系统内容,项目采用 BIM 技术建立洁净区、隔离区管线走向模型,提前模拟管线碰撞等问题,既实现工序合理穿插,最大化利用空间和时间,又保证管线排布后的美观度。

在中建三局基建投公司医护区施工中,技术团队则运用 BIM 模拟施工技术优化 6 项施工方案,如钢基础代替传统混凝土基础、回填土代替部分场地硬化……中建三局基础设施建设投资有限公司雷神山项目设计负责人说:"仅这 6 项施工优化,就比常规施工节约18 天建设周期,同时增强医护宿舍的舒适性。"

二、装配式施工,让医院挺起"钢筋铁骨"

火神山、雷神山项目施工内容覆盖场地平整、基础工程、管道预埋、防渗膜施工、混凝土浇筑、机电安装等十几道工序,涉及基础工程、土建及装饰工程、给排水及消防系统、照明与监控、污水处理设施等十几个专业。现场千余台大型机械设备,万余名工人,忙而不乱。

"方案先行、策划先行,提前排兵布阵。"中建三局一公司党委书记、董事长说,十余家单位项目管理团队密切配合,几十道工序齐头并进,每一步施工计划都精确到小时乃至分钟,是一次对中国建造管理水平的集中检验。

让世人惊呼"基建狂魔"的奇迹背后,最大的秘密武器是工业化装配式建筑建造技术。

"所有的病房都使用具备防火性能的环保材料的集装箱式构造,通过专业集成和交叉深化设计,工厂加工预制,在现场按型号拼装到位,可以大大加快施工进度,像搭积木一样盖房子。"中建三局三公司安装组负责人表示。据测算,装配式建筑的施工工期比传统模式缩短40%,建筑垃圾比传统建筑项目减少80%以上。

为确保供电可靠性,项目还为医院供电系统加上"三道保险"。两座医院均采用两路10 kV电源,互为备用,同时配置柴油发电机作为第三备用电源,其中备用电源可满足全部负荷供电需求。针对手术室、ICU等重点区域,项目还配备应急供电时间30 min的UPS电源,确保万无一失。

三、智能系统,为医院植入"智慧大脑"

看得见的标准化装配式板房打造了医院的"钢筋铁骨",看不见的智能化、信息化系统则组成了医院的"智慧大脑"。两者相辅相成,让医院高效运转。中建三局二公司智能公司总经理说:"两座医院信息系统各有5大类17个系统之多,包括医护对讲系统、视频监控系统、综合布线系统、网络与WIFI系统等,为快速运营提供坚实的软硬件基础。"

机房工程又称信息中心,是整个医院的"大脑中枢"。两座医院的机房工程均采用双线路、双核心、双机热备,就像手机的"双卡双待",始终保障"智慧大脑"安全运转。此外,信息中心集成医院内所有信息,与医疗专网互联,外部获授权人员可实时调阅系统内信息,实现信息互通。

目之所及,医院的角角落落都安上了"智慧芯"。每个病区都有A、B两道缓冲门,出入口控制系统采用互锁机制,医护人员授权进入A门,完全关闭后B门自动打开,配合负压系统阻止污染空气外流;所有病房床头、洗手间、护士站、医生办公室都设置便捷按钮,实现一键呼叫、紧急报警功能,保障病人及医护人员安全;公共区域监控摄像系统全覆盖,实时监控,为医院安全可追溯运行保驾护航。

值得一提的是,在5G和云计算等先进技术的支持下,智慧医疗得以实现。先进的"远程会诊平台"拥有高清视频会议终端,支持1 080 P的高清画质,在远程医疗会诊的场景下,两地医疗专家可以通过辅助码流分享病患的CT片等医疗档案进行诊断。大大提高了医院的救治能力。

四、安全环保,给医院穿上"防护铠甲"

两座医院分别毗邻知音湖、黄家湖大型水体,医疗污水是否会影响到周边环境,建成后能否达到环保标准,是医院建设以来大众关心的焦点。

项目按照《传染病医院建设标准》实施,采用污水、雨水、医疗垃圾单独收集处理工艺设计,一方面"两布一膜"的设计工艺全封闭收集废水,另一方面对污水进行严格的消毒处理后排放。

"两座医院的水处理工艺标准远高于普通传染病。"中建三局绿色产业投资有限公司水务事业部技术总监介绍,"经过反复研究,项目地基基底采用新型的HDPE防渗膜。"最终,通过混凝土基层、防渗膜和钢筋混凝土地面层等3层隔离防护,确保将地上构筑物与地下水和土壤物理隔离,做到滴水不漏。

在运营设计上,医院污水处理站按医疗机构废水排放量两倍进行设计,采用双回路、双保险系统,即使一组设备发生故障,另外一组也能满足整个医院的废水处理。在消毒处理上,医院消毒剂的投加量高于普通传染病医院的消毒剂量,消毒时间近5 h,远高于国家标准1.5 h。医疗废水先经过全封闭收集和预消毒处理,再提升到污水处理站,进行生化处理和再消毒处理,前后7道严格工序,经系统检测达标后,最终排入市政管网。

此外,项目还"妥善安置"了固体废弃物。医院单独设置两个衣物消毒间和两个焚烧炉,对非污染的衣服进行杀毒处理后再使用,对污染的废弃物直接无害化焚烧处理,防止污染环境。

单元一 建设工程项目施工成本控制

【单元导航】

问题 1:何谓施工成本? 其由哪些费用组成?

问题 2:何谓施工成本管理? 其主要任务和措施是什么?

问题 3:何谓施工成本计划? 其类型有哪些? 编制依据和方法有哪些?

问题 4:工程价款变更的程序与方法是什么?

问题 5:建筑安装工程费用的结算方式有哪些? 工程预付款及其扣回、工程进度款支付、竣工结算、质量保修金的支付及返还的具体操作程序和方法是什么?

问题 6:建筑安装工程费用的动态结算、FIDIC 合同条件下建筑安装工程费用的结算方法有哪些?

问题 7:施工成本的控制和分析方法有哪些?

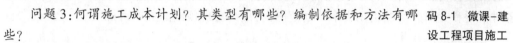

码 8-1 微课-建设工程项目施工成本控制

【单元解析】

一、施工成本管理的任务与措施

(一)施工成本管理的任务

施工成本是指施工企业以施工项目作为成本核算对象,在建设工程项目的施工过程中所发生的全部生产费用的总和。建设工程项目施工成本由直接成本和间接成本组成。

施工成本管理就是在满足质量要求和保证工期的前提下,通过计划、组织、控制和协调等活动,进行预测、计划、控制、核算和分析等一系列工作,从而实现预定成本目标的一种科学管理活动。施工成本管理的主要任务包括施工成本预测、施工成本计划、施工成本控制、施工成本核算、施工成本分析和施工成本考核。

1. 施工成本预测

施工成本预测是施工成本管理的第一个环节,是由施工企业和项目经理部有关人员根据施工项目的具体情况和成本信息,按照程序,运用一定的方法,对未来的成本水平及其可能的发展趋势做出科学的估算。它是在工程施工前对成本进行的估算。目的是使项目业主和施工企业可以选择成本低、效益好的最佳成本方案,并能够在施工项目成本形成过程中,针对薄弱环节,加强成本控制,提高预见性。由此可见,施工成本预测是施工项目成本决策与计划的依据。

2. 施工成本计划

施工成本计划是以实行施工项目成本管理责任制、开展成本控制和核算为基础,由相关部门以货币形式编制施工项目在计划期内的生产费用、成本水平、成本降低率以及为降低成本所采取的主要措施和规划的书面方案。它是项目降低成本的指导性文件,是设立目标成本的依据。

成本计划的编制是施工成本预控的重要手段。它应在项目实施方案确定和不断优化的前提下进行编制,而且要在工程开工前编制完成。

3. 施工成本控制

施工成本控制是企业全面成本管理的关键环节,它贯穿于项目从投标阶段开始至竣工验收的全过程,可分为事先控制、事中控制(过程控制)和事后控制。施工成本控制是指工程项目在施工过程中,项目经理部对影响施工成本的各种因素加强管理,随时揭示,及时反馈,严格审查各项费用是否符合标准,并采取各种有效措施,将施工中实际发生的各种消耗和支出严格控制在成本计划范围内,最终实现预期的成本目标。

4. 施工成本核算

施工成本核算是对工程项目施工过程中直接发生的各种费用进行的核算,它为施工成本管理提供盈亏方面的数据。其基本内容包括人工费核算、材料费核算、周转材料费核算、结构件费核算、机械使用费核算、措施费核算、分包工程成本核算、间接费核算和项目月度施工成本报告编制。

施工成本核算包括两个基本环节:一是按照规定的成本开支范围对施工费用进行归集和分配,计算出施工费用的实际发生额;二是根据成本核算对象,采用适当的方法,计算出该施工项目的单位成本和总成本。施工成本管理所提供的各种成本信息是成本预测、成本计划、成本控制、成本分析和成本考核等各个环节的依据。

5. 施工成本分析

施工成本分析是施工成本管理中的一个动态环节,它贯穿于施工成本管理的全过程。在施工成本核算的基础上,对成本形成过程和影响成本升降的因素进行分析,将目标成本(计划成本)与施工项目的实际成本进行比较,了解成本的变动情况,确定成本管理成效,并找出成本盈亏的主要原因,通过对比评价和剖析总结,寻求进一步降低成本的途径,达到加强工程项目施工成本管理的目的。施工成本分析包括有利偏差的挖掘和不利偏差的纠正。成本偏差的控制,分析是关键,纠偏是核心。

6. 施工成本考核

施工成本考核是项目成本管理的最后环节,是对项目成本的过程控制和事后确认的有效手段,也是项目实行成本控制的一个重要方面,它包括施工过程的中间考核和竣工后的成本考核,尤以中间考核最为重要。施工成本考核是指在施工项目完成后,由公司有关部门对施工项目成本形成中的各责任者,按施工项目成本目标责任制的有关规定,将成本的实际指标与计划、定额、预算进行对比和考核,评定施工项目成本计划的完成情况和各责任者的业绩,并以此给予相应的奖励和处罚。考核的目的在于贯彻落实责、权、利相结合的原则,促进成本管理工作的健康发展,更好地完成施工项目成本目标。

施工成本管理的各个环节都是相互作用和相互联系的。成本预测是成本决策的前提,成本计划是成本决策所确定目标的具体化;成本控制则是对成本计划的实施进行控制和监督,保证决策的成本目标实现;而成本核算又是对成本计划是否实现的最后检验,它所提供的成本信息又对下一个施工项目的成本预测和决策提供基础资料;成本考核是实现成本目标责任制的保证和实现决策目标的重要手段。

(二)施工成本管理的措施

为了使施工成本管理达到理想的效果,首先要制订计划目标,制定购置材料和各项支出的目标价格,使成本耗费处于有效控制中。成本管理的措施通常可归纳为组织措施、技术措施、经济措施和合同措施。

1. 组织措施

组织措施是从施工成本管理的组织方面所采取的措施,成本控制工作只有建立在科学管理的基础之上,具备合理的管理体制、完善的规章制度、稳定的作业秩序、完整准确的信息传递,才能取得成效。一方面,施工企业所有相关人员都负有成本控制的责任,需要全员都行动起来;另一方面,编制施工成本控制工作计划,确定合理详细的工作流程。组织措施是其他各类措施的前提和保障,只要运用得当就可以达到良好的效果。

2. 技术措施

采用先进合理的技术措施制订的方案,对降低施工成本的效果是显而易见的。一方面,技术的提高或先进技术的采用,可以提高劳动效率和节省材料,从而节约成本;另一方面,通过优化施工方案来提高工效、缩短工期,从而节省各施工过程所发生的费用。

施工过程中降低成本的技术措施包括:进行技术经济分析,确定最佳的施工方案;结合施工方法,进行材料使用的比选,在满足功能要求的前提下,通过代用、改变配合比、使用添加剂等方法降低材料消耗的费用;确定最合适的施工机械、设备使用方案。

技术措施不仅对解决施工成本管理过程中的技术问题是不可缺少的,而且对纠正施工成本管理目标偏差也有相当重要的作用。因此,运用技术纠偏措施的关键,一是要能提出多个不同的技术方案,二是要对不同的技术方案进行技术经济分析。

3. 经济措施

经济措施是为人们所接受和采取的最直接的措施。切实可行的经济措施应在保证工程质量和有效工期的情况下实施,同时经济措施的运用绝不仅仅是财务人员的事情,也需要施工项目管理人员的精诚合作,才能达到预期的效果。

4. 合同措施

合同是成本管理的依据,并贯穿整个合同周期,因此合同措施尤为重要。采取合同措施,首先是施工企业应争取选用适合于工程规模、性质和特点的合同结构模式;其次是在制定的合同条款中应仔细考虑一切影响成本和效益的因素。

施工成本管理是贯穿于整个项目施工全过程的流程性管理活动。在这个过程中,人人都负有成本责任,因此企业必须要建立切实可行的成本管理体系,并制订详细的成本计划与指标,做到连续不断地进行成本计划、实施、检查、处置的循环管理,才会把施工成本控制在计划成本之内。

二、施工成本计划

施工成本计划按作用分为竞争性成本计划(是工程项目投标及签订合同阶段的估算成本计划)、指导性成本计划(是选派项目经理阶段的预算成本计划,以合同标书为依据)、实施性成本计划(是项目施工准备阶段的施工预算成本计划)三类。

(一)施工成本计划的编制依据

施工成本计划是实现降低施工成本任务的指导性文件。它的编制依据包括:投标报价文件,企业定额、施工预算,施工组织设计或施工方案,人工、材料、机械台班的市场价,企业颁布的材料指导价、企业内部机械台班价格,劳动力内部挂牌价格,周转设备内部租赁价格、摊销损耗标准,已签订的工程合同、分包合同(或估价书),结构件外加工计划和合同,有关财务成本核算制度和财务历史资料,施工成本预测资料,拟采取的降低施工成本的措施,其他相关资料。

(二)按施工成本组成编制施工成本计划的方法

施工成本计划的编制以成本预测为基础,关键是确定目标成本。施工总成本目标确定之后,还需通过编制详细的实施性施工成本计划,把目标成本层层分解,落实到施工过程的每个环节,有效地进行成本控制。

目前,我国的建筑安装工程费由直接费、间接费、利润和税金组成(见图 8-1)。施工成本由人工费、材料费、施工机械使用费、措施费和间接费(见图 8-2)等部分组成。根据成本目标具体分配各部分成本,编制按施工成本组成分解的施工成本计划。

(三)按项目组成编制施工成本计划的方法

按项目组成编制施工成本计划的方法较适合于大中型工程项目。首先把项目总施工成本分解到单项工程和单位工程中,再进一步分解到分部工程和分项工程中,如图 8-3 所示。

在完成施工项目成本目标分解之后,接下来就要编制分项工程的成本支出计划,从而得到详细的成本计划表(见表 8-1)。

表 8-1　分项工程成本计划表

分项工程编码	工程内容	计量单位	工程数量	计划成本	本分项总计
(1)	(2)	(3)	(4)	(5)	(6)

在编制成本支出计划时,要在项目总的方面考虑总的预备费,也要在主要的分项工程中安排适当的不可预见费。

(四)按工程进度编制施工成本计划的方法

按工程进度编制施工成本计划的方法是通过对施工成本目标按时间进行分解,在网络计划的基础上,获得项目进度计划的横道图,并在此基础上编制成本计划。网络计划在编制时,既要考虑进度控制对项目划分的要求,又要考虑施工成本支出计划对项目划分的

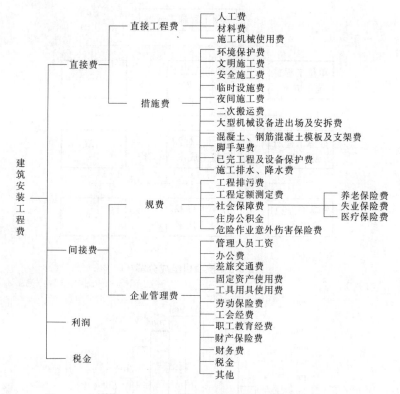

图 8-1　建筑安装工程费用项目组成

图 8-2　按施工成本组成分解

要求,做到两者兼顾。

　　其表示方式有两种:一种是在时标网络图上按月编制的成本计划,如图 8-4 所示;另一种是利用时间—成本累计曲线(S 形曲线)表示,如图 8-5 所示。

　　时间—成本累积曲线的绘制步骤如下:

　　(1)确定工程项目进度计划,编制进度计划的横道图。

　　(2)根据每单位时间内完成的实物工程量或投入的人力、物力和财力,计算单位时间(月或旬)的成本,在时标网络图上按时间编制成本支出计划,如图 8-4 所示。

　　(3)计算规定时间 t 计划累计支出的成本额,其计算方法为:各单位时间计划完成的成本额累加求和,可按式(8-1)计算

$$Q_t = \sum_{n=1}^{t} q_n \tag{8-1}$$

式中　Q_t——某时间 t 内计划累计支出成本额;

　　　　q_n——单位时间 n 内的计划支出成本额;

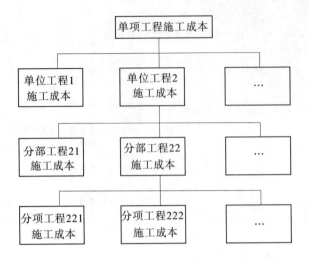

图 8-3　按项目组成分解

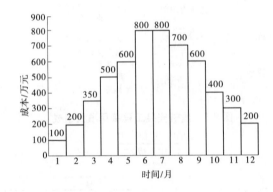

图 8-4　时标网络图上按月编制的成本计划图

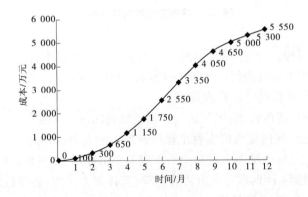

图 8-5　时间—成本累计曲线(S形曲线)

t——某规定计划时刻。

(4)按各规定时间 t 所相应的 Q_t 值,绘制 S 形曲线,如图 8-5 所示。

每一条S形曲线都对应某一特定的工程进度计划,因为在成本计划的非关键线路中存在许多有时差的工序或工作,因而S形曲线(成本计划值曲线)必然包络在由全部工作都按最早开始时间开始和全部工作都按最迟必须开始时间开始的曲线所组成的"香蕉图"内。项目经理可根据编制的成本支出计划来合理安排资金,也可以根据筹措的资金来调整S形曲线,力争将实际的成本支出控制在计划范围内。

工作中常常编制月度项目施工成本计划,根据施工进度计划所编制的项目施工成本收入、支出计划,及时与月度项目施工进度计划相对比,及时发现问题并进行纠偏。有时采用现场控制性计划,它是根据施工进度计划而做出的各种资源消耗量计划、各项现场管理费收入及支出计划,是项目经理部继续进行各项成本控制工作的依据。

编制施工成本计划的方式并不是相互独立的。在应用时,往往是将这几种方式结合起来,取得扬长避短的效果。例如:可将按子项目分解总施工成本计划与按时间分解总施工成本计划结合起来,一般纵向按项目分解,横向按时间分解。

三、工程变更价款的确定

(一)工程变更价款确定的程序

在实际施工中,工程变更事项往往不可避免。在工程项目的实施过程中,由于建设单位要求、设计质量、施工技术、现场环境、合同执行等各种情况的变化,导致工程设计文件、工程数量与构造、工程尺寸及技术指标、施工顺序、施工方法等发生变化,这些变化统称为工程变更。变更工程结算应采取正确的计价方法合理地确定。

1.《建设工程施工合同(示范文本)》(GF—2017—0201)条件下的工程变更

1)工程变更的程序

(1)工程设计变更的程序。

①发包人对原设计进行变更。施工中发包人如需对原工程设计进行变更,应提前14天以书面形式向承包人发出变更通知。承包人对发包人的变更通知没有拒绝的权利。

②承包人对原设计进行变更。若施工中承包人提出的合理化建议涉及对设计图纸或者施工组织设计的更改及对原材料、设备的更换,须经工程师同意,并经原规划管理部门和其他有关部门审查批准,由原设计单位提供变更的相应图纸和说明。

(2)其他变更的程序。

除设计变更外,其他如双方对工程质量要求的变化、对工期要求的变化、施工条件和环境的变化导致施工机械和材料的变化,引起合同内容变更的都属于其他变更。这些变更的程序,首先应当由一方提出,与对方协商一致后,方可进行变更。

2)工程变更价款确定的程序

(1)承包人在工程变更确定后14天内,可提出变更涉及的追加合同价款要求的报告,经工程师确认后,对相应合同价款进行调整。若未向工程师提出变更工程价款的报告,则视为该项变更不涉及合同价款的调整。

(2)工程师应在收到承包人的变更合同价款报告后14天内,对承包人的要求予以确认或做出其他答复。

(3)工程师确认增加的工程变更价款作为追加合同价款,与工程进度款同期支付。

2. FIDIC 施工合同条件下的工程变更

1) 工程变更权

根据 FIDIC 施工合同条件的约定,在颁发工程接收证书前,工程师可通过发布指示或要求承包人提交建议书的方式,提出变更,承包人应执行每项变更。变更的内容有:合同中包括的任何工作内容的数量改变;任何工作内容的质量或其他特性的改变;任何部分工程的标高、位置和尺寸的改变;任何工作的删减,但要交他人实施的工作除外;永久工程所需的任何附加工作、生产设备、材料或服务,包括任何有关的竣工试验、钻孔和其他试验和勘探工作;实施工程的顺序或时间安排的改变。

除非工程师指示或批准了变更,承包人不得对永久工程作任何改变和修改。

2) 工程变更程序

如果工程师在发出变更指示前要求承包人提出一份建议书,承包人应尽快做出书面回应,或提出他不能照办的理由。建议书的内容有:对建议要完成的工作的说明,以及实施的进度计划;根据进度计划和竣工时间的要求,承包人对进度计划做出必要修改的建议;承包人对变更估价的建议。

工程师收到建议书后,应尽快给予回复。由工程师向承包人发出执行每项变更并附做好各项费用记录的指示,承包人应进行确认。在等待答复期间,承包人不应延误任何工作。

3. 建设工程监理规范规定的工程变更程序

建设工程监理规范规定,项目监理机构应按下列程序处理工程变更:

(1)设计单位对原设计存在的缺陷提出的工程变更,应编制设计变更文件;建设单位或承包单位提出的变更,应提交总监理工程师,由总监理工程师组织专业监理工程师审查。审查同意后,应由建设单位转交原设计单位编制设计变更文件。当工程变更涉及安全、环保等内容时,应按规定经有关部门审定。

(2)项目监理机构应了解实际情况和收集与工程变更有关的资料。

(3)总监理工程师必须根据实际情况、设计变更文件和其他有关资料,按照施工合同的有关款项,在指定专业监理工程师完成下列工作后,对工程变更的费用和工期做出评估:①确定工程变更项目与原工程项目之间的类似程度和难易程度;②确定工程变更项目的工程量;③确定工程变更的单价或总价。

(4)总监理工程师应就工程变更费用及工期的评估情况与承包人和发包人进行协调。

(5)总监理工程师签发工程变更单。工程变更单应包括工程变更要求、说明、费用和工期、必要的附件等内容,有设计变更文件的工程变更应附设计变更文件。

(6)项目监理机构根据项目变更单监督承包人实施。

在发包人和承包人未能就工程变更的费用等方面达成协议时,项目监理机构应提出一个暂定的价格,作为临时支付工程款的依据。该工程款最终结算时,以发包人和承包人达成的协议为依据。在总监理工程师签发工程变更单之前,承包人不得实施工程变更。

(二)工程变更价款确定的方法

合同中已有适用于变更工程价款的条款,按合同规定执行;如果合同中只有类似于变更工程价款的条款,可以参照执行;合同中没有适用或类似变更工程价款的条款,由承包人或发包人提出适当的变更价格,经双方确认后执行。采用合同中由承包商投标时提供的工程量清单单价和价格用于变更工程价款,容易被业主、承包商及监理工程师所接受,从合同意义上讲也是比较公平的。

四、建筑安装工程费用的结算

(一)建筑安装工程费用的结算方法

施工企业对于已竣工工程,应与发包单位结算工程价款。

1. 结算方式

(1)按月结算。先预付部分工程款,在施工过程中按月结算工程进度款,并按规定扣回预付款,竣工后进行竣工结算,这是我国应用较广的一种结算方式。

(2)竣工结算。建设工程项目或单项工程全部建筑安装工程建设期在 12 个月以内,或者工程承包合同价值在 100 万元以下的,可以实行工程价款每月月中预支,竣工后一次结算。

(3)分段结算。一般情况下,当年开工但当年不能竣工的单项工程或单位工程,可以按照工程形象进度,划分不同阶段来进行结算。分段结算可以按月预支工程款。

(4)结算双方约定的其他结算方式。实行竣工后一次结算和分段结算的工程,当年结算的工程款应与分年度的工作量一致,年终不另行清算。

2. 有关工程价款结算的规定

(1)建筑安装工程价款结算的一般程序。其包括:①工程预付款及其扣回;②工程进度款支付;③竣工结算;④质量保修金的支付及返还。

(2)工程预付款及其扣回。工程预付款又称预付备料款,是建设工程施工合同订立后由发包人按照合同约定,在正式开工前预先支付给承包人的工程款,作为承包工程项目施工开始时储备主要材料、构配件所需的流动资金和与本工程有关的动员费用。工程预付款的性质是预支,是保证施工所需材料和构件的正常储备。工程预付款的具体数额是根据施工工期、建筑安装工程量、主要材料和构配件费用占建筑安装工程量的比例以及材料储备期等因素来确定的,一般为合同金额的 10%~30%。实行工程预付款的,预付时间应不迟于约定的开工日期前 7 天。

《建设工程施工合同(示范文本)》(GF—2017—0261)规定:实行工程预付款的,双方应在专用条款内约定发包人向承包人预付工程款的时间和数额,开工后按约定的时间和比例逐次扣回。工程预付款扣回的一般规定是:随着工程进度的推进,拨付的工程进度款数额不断增加,工程所需主要材料、构件的用量逐渐减少,原已支付的预付款应以抵扣的方式予以陆续扣回。

国际土木建筑施工承包合同的扣回规定比较简单,一般当工程进度款累计金额超过合同价格的 10%~20% 时开始起扣,每月从支付给承包人的工程进度款内按工程预付款占合同总价的同一百分比扣回。也可采用计算起扣点的方法,计算公式为

$$T = P - M/N \tag{8-2}$$

式中　T——起扣点;

　　　P——承包工程合同总额;

　　　　M——工程预付款数额;

　　　　N——主要材料、构件所占比重。

　　(3)工程进度款的支付。工程进度款的计算方法可以分为可调工料单价和全费用综合单价两种。

　　①可调工料单价法。在确定已完工程量后,可按下列步骤计算工程进度款:根据已完工程量的项目名称、分项编号、数量、单价,得出合价;将本月所完成全部项目合价相加,得出直接工程费小计;按规定计算措施费、间接费、利润;按规定计算主材差价或差价系数;按规定计算税金;累计本月应收工程进度款。

　　②全费用综合单价法。采用全费用综合单价法计算工程进度款比采用可调工料单价法更方便、简单。在工程量得到确认后,只要将工程量与综合单价相乘得出合价,再累加即是本月工程进度款。这种方法适用于工程量不大且能够较准确计算、工期较短、技术不太复杂、风险不大的项目。

　　(4)竣工结算。竣工结算是指承包单位按照合同规定的内容全部完成所承包的工程,并经质量验收合格,达到合同要求后,向发包单位进行的最终工程价款结算。

　　《建设工程施工合同(示范文本)》(GF—2017—0201)规定:工程竣工验收报告经发包人认可后28天内,承包人向发包人递交竣工结算报告及完整的结算资料,双方按照协议书约定的合同价款及专用条款约定的合同价款调整内容,进行工程竣工结算。发包人收到承包人递交的竣工结算报告及结算资料后28天内进行核实,给予确认或者提出修改意见。发包人确认竣工结算报告后,通知经办银行向承包人支付工程竣工结算价款。承包人收到竣工结算价款后,14天内将竣工工程交付发包人。发包人收到竣工结算报告及结算资料后28天内无正当理由不支付工程竣工结算价款,从第29天起按承包人同期向银行贷款利率支付拖欠工程价款的利息,并承担违约责任。工程竣工验收报告经发包人认可后28天内,承包人未能向发包人递交竣工结算报告及完整的结算资料,造成工程竣工结算不能正常进行或工程竣工结算价款不能及时支付,发包人要求交付工程的,承包人应当交付;发包人不要求交付工程的,承包人承担保管责任。

　　(5)质量保修金的支付及返还。

　　①质量保修金的支付。质量保修金由承包人向发包人支付,也可由发包人从应付承包人工程款内预留。质量保修金的比例及金额由双方约定,但不应超过施工合同价款的3%。

　　②质量保修金的结算与返还。工程的质量保证期满后,发包人应当及时结算和返还质量保修金(如有剩余)。发包人应当在质量保证期满后14天内,将剩余保修金和按约定利率计算的利息返还给承包人。

　　(二)建筑安装工程费用的动态结算

　　工程价款的动态结算是指在进行工程价款结算的过程中,将影响工程造价的动态因素纳入结算过程中进行计算,从而能够如实反映工程项目的实际消耗费用,其主要内容是工程价款价差调整。常用的动态结算办法如下。

　　1. 按实际价格结算法

　　这种方法虽然方便,但不利于督促施工人员主动降低工程成本,因此造价管理部门要定期公布最高结算限价,同时合同文件中应规定建设单位或监理工程师有权要求承包商选择更廉价的供应来源。

2. 按主要材料计算价差

发包人在招标文件中列出需要调整价差的主要材料表及其基期价格,工程竣工结算时按竣工当时当地工程造价管理机构公布的材料信息价或结算价,与招标文件中列出的基价比较,计算材料差价。

3. 竣工调价系数法

按工程价格管理机构公布的竣工调价系数及调价计算方法计算差价。

4. 调值公式法(又称动态结算公式法)

在发包人和承包人签订的合同中明确规定了调值公式,按此公式进行动态结算。

5. 标准施工招标文件对物价波动引起的价格调整规定

(1)采用价格指数调整价格差额。适用于使用材料品种少,但用量大的土木工程。

①首先将总费用分为固定部分、人工部分和材料部分。

②确定计算物价指数的品种,一般确定的是那些对项目成本影响较大、有代表性且便于计算的品种,如水泥、钢材和工资等。

③指定考核工程所在的地点和时点。这里要确定两个时点的价格指数,即基准日期各可调成本要素的价格指数和与约定的付款证书相关周期最后一天前42天的价格指数,这两个时点就是计算调值的依据。

④确定各成本要素的系数和固定系数,各成本要素的系数要根据各成本要素对总造价的影响程度而定。各成本要素系数之和加上固定系数应该等于1。

⑤用调值公式进行价差调整。当建筑安装工程的规模和复杂性增大时,公式会很复杂,但一般常用的建筑安装工程费用的价格调值公式为

$$P = P_0 \left(a_0 + a_1 \frac{A}{A_0} + a_2 \frac{B}{B_0} + a_3 \frac{C}{C_0} + a_4 \frac{D}{D_0} \right) \qquad (8\text{-}3)$$

式中　P——调值后合同价款或工程实际结算款;

　　　P_0——合同价款中工程预算进度款;

　　　a_0——固定要素,代表合同支付中不能调整的部分,一般取 0.15~0.35;

　　　a_1、a_2、a_3、a_4——代表有关可调成本要素(如人工费用、钢材费用、水泥费用、运输
　　　　　　　　　　　费等)在合同总价中所占的比重,$a_0+a_1+a_2+a_3+a_4=1$;

　　　A_0、B_0、C_0、D_0——基准日期与 a_1、a_2、a_3、a_4 对应的各项费用的基期价格指数;

　　　A、B、C、D——约定的付款证书相关周期最后一天前42天,与 a_1、a_2、a_3、a_4 对应的
　　　　　　　　　　各成本要素的现行价格指数。

各部分成本的比重系数在许多标书中要求承包人在投标时就提前提出,并在价格分析中予以论证,但也有的是由发包人在标书中规定一个允许范围,由投标人在此范围内选定。

【例8-1】 某承包商承建一外资工程项目,与业主签订的承包合同要求:工程合同价2 000 万元,工程价款采用调值公式动态结算;该工程的人工费(A)占工程价款的35%,材料费占50%(其中又分 B、C、D、E 四类,各占比重为 0.23、0.12、0.08、0.07),固定要素 a_0 占15%;开工前业主向承包商支付合同价20%的工程预付款,当工程进度款达到合同价的60%时,开始从超过部分的工程结算款中按60%抵扣工程预付款,竣工前全部扣清。

工程进度款逐月结算,若某月完成产值为 220 万元,预算基准期与约定付款证书时的价格指数见表 8-2,试进行调差。

表 8-2　价格指数表

代号	A_0	B_0	C_0	D_0	E_0
指数	100	110	105	134	126
代号	A	B	C	D	E
指数	105	120	115	150	140

解　$P = P_0 \times (0.15 + 0.35 \times A/A_0 + 0.23 \times B/B_0 + 0.12 \times C/C_0 + 0.08 \times D/D_0 + 0.07 \times E/E_0)$

$= 220 \times (0.15 + 0.35 \times 105/100 + 0.23 \times 120/110 + 0.12 \times 115/105 + 0.08 \times 150/134 + 0.07 \times 140/126)$

$= 220 \times (0.15 + 0.3675 + 0.2509 + 0.1314 + 0.0896 + 0.0778)$

$= 220 \times 1.0672$

$= 234.78(\text{万元})$

(2)采用造价信息调整价格差额。采用由工程造价管理部门发布的人工、材料、机械台班单价或机械使用费系数的造价信息和使用数量进行调整。该方法适用于使用材料品种多,但每种材料使用量较少的建筑工程。

(三)FIDIC 合同条件下建筑安装工程费用的结算

FIDIC 合同条件的特点是以工程量清单为结算依据,经过多年实践检验与发展,工程量清单形式目前已经成为世界上普遍采用的计价方式。

1. 工程量清单计价

工程量清单计价是承包人依据发包人按统一项目设置、统一计量规则和计量单位、规定格式提供的项目实物工程量清单,并结合工程实际、市场实际和企业实际,充分考虑各种风险后,提出的包括清单项目所需的材料、人工、施工机械、管理等成本、利润和税金及风险因素在内的综合单价,由此形成工程价格。

2. 工程结算的条件

FIDIC 合同条件下工程费用的支付不仅明确规定了支付程序由承包商负责启动,而且明确规定了进行支付时必须同时满足以下五个条件:①工程质量必须合格是工程支付的首要条件;②必须符合合同条件;③变更项目必须有工程师的变更通知;④支付金额必须大于支付证书规定的最小限额;⑤承包人的工作必须使工程师满意。

3. FIDIC 合同条件下工程费用的支付

FIDIC 合同条件所规定的工程结算的范围主要包括两大部分,一部分费用是工程量清单中的费用,另一部分费用是工程量清单以外的费用。

1)工程量清单项目

工程量清单项目分为一般项目、暂列金额和计日工三种。

(1)一般项目。这类项目的支付是以经过监理工程师计量的工程数量为依据,乘以工程量清单中的单价而得出,其单价一般是不变的。一般这类费用支付的金额较大,程序较为简单。

(2)暂列金额。暂列金额是指包括在合同价款中的一笔款项,用于施工合同签订时尚未确定或者不可预见的所需货物、材料、设备的采购或服务,施工中可能发生的工程变更、合同约定调整因素出现时的工程价款调整以及发生索赔、现场签证确认等的费用。承包人仅有权使用按合同规定由工程师决定的与上述暂列金额有关的工作、供应或不可预料事件的费用数额。没有工程师的指示,承包人不能进行暂列金额项目的任何工作。

(3)计日工。计日工是指承包人在工程量清单的附件中,按工种或设备填报单价的日工劳务费和机械台班费计算。一般用于工程量清单中没有合适项目,且不能安排大批量流水施工的零星附加工作。

2)工程量清单以外项目

这部分费用虽然在工程量清单中没有规定,但是在合同条件中却有明确的规定。

(1)动员预付款。动员预付款是发包人预支给承包人的施工准备款。合同条件规定:当承包人按照合同约定提交一份保函,业主应支付一笔预付款,作为用于动员的无息贷款。动员预付款的付款条件是:业主与承包人签订了合同协议书,承包人提供了履约押金和动员预付款的保函之后,在规定的时间里,监理工程师向业主提交支付动员预付款证书,业主在收到证书之后规定的时间里,按规定的比例进行支付。预付款总额、分期预付的次数和时间安排及比例,应按投标书附录中的规定。

(2)材料及设备预付款。材料及设备预付款一般是指运至工地尚未用于工程的材料设备预付款。对承包人买进并运至工地的材料、设备,业主应支付无息预付款,预付款按材料设备价格的某一比例(通常为发票价的70%～80%)支付。

(3)索赔费用。索赔费用的支付依据是工程师批准的索赔审批书及其计算而得的款额;支付时间则是随工程月进度款一并支付。

(4)价格调整费用。价格调整费用是按照合同规定的计算方法计算调整的款额。包括施工过程中劳务和材料费用出现的成本改变和因后续的法规及其他政策变化导致的调整。

(5)迟付款利息。如果承包人没有在合同规定的时间收到付款,承包人有权就未付款额按月计算复利,收取延误期的融资费用。

(6)业主索赔。业主索赔主要包括拖延工期的误期损害赔偿费和缺陷工程损失等。这类费用可从承包人的保留金中扣除,也可从支付给承包人的款项中扣除。

4.工程费用支付的程序

FIDIC施工合同条件下工程费用支付的程序为:①承包人提出付款申请;②工程师审核,编制期中付款证书;③业主收到工程师签发的付款证书后,在合同规定的时间里向承包人支付。

5.有关工程支付的报表与证书

工程支付的报表与证书通常包括:月报表、竣工报表、最终报表和结清单、最终付款证书、履约证书。

1)月报表

月报表是指对每月完成的工程量的核算、结算和支付的报表。承包人应在每个月末,按工程师批准的格式编制,并向其递交一式6份的月报表,详细说明承包人自己认为有权得到的款额,以及包括按照进度报告的规定编制的证明文件。其内容包括:已实施的永久工程的价值;工程量表中的任何其他项目,包括承包人的设备、临时工程、计日工及类似项目;材料及承包人为永久工程配套而尚未装到该工程之中的工程设备的发票价值;按合同规定承包人有权得到的任何其他金额。

该报表须经工程师校核并证明。工程师校核之后,如果确认正确,则应开具支付证书,根据承包人提交的报表每月给予支付。

2)竣工报表

由承包人编制的按合同要求完成所有工作的价值以及应支付的任何其他款项的报表,内容包括:截至工程接收证书载明的日期,按合同要求完成的所有工作的价值和承包人认为根据合同规定应支付给他的任何其他款项的估计款额(包括索赔款)。估计款额在竣工报表中应单独列出。

3)最终报表和结清单

承包人在收到履约证书后56天内,应向工程师提交按照工程师批准的格式编制的最终报表草案并附证明文件,一式6份,详细列出根据合同应完成的所有工作的价值;承包人认为根据合同或其他规定应支付给他的任何款额。在提交最终报表时,承包人应给业主一份书面结清单,进一步证实最终报表中的总额,相当于由合同引起的或与合同有关的全部和最后确定应支付给承包人的所有金额,并将一份副本呈交工程师。

4)最终付款证书

工程师在收到正式最终报表及结清单之后28天内应向业主递交一份最终付款证书,说明工程师认为按照合同最终应支付给承包人的款额以及业主以前所有支付和应得到的款额的收支差额。

5)履约证书

履约证书应由工程师在整个工程的最后一个区段缺陷通知期限满之后28天内颁发,这说明承包人已尽义务完成施工和竣工并修补了其中的缺陷,达到了使工程师满意的程度。至此,承包人与合同有关的实际的业务业已完成。履约证书发出后14天内业主应将履约保证金退还给承包人。

五、施工成本控制和施工成本分析

承包企业项目成本控制的重心应包括计划预控、过程控制和纠偏控制三个重要环节。

(一)施工成本控制的依据

(1)工程承包合同。施工成本控制要以工程承包合同为依据。

(2)施工成本计划。施工成本计划是根据项目具体情况制订的施工成本控制方案。

(3)进度报告。进度报告提供了每一时刻工程实际完成量、工程施工成本实际支付情况等重要信息。

(4)工程变更。工程变更一般包括设计变更、进度计划变更、施工条件变更、技术规范与标准变更、施工次序变更、工程数量变更等。

除上述几种施工成本控制的主要依据外,有关施工组织设计、分包合同文本等也都是施工成本控制的依据。

（二）施工成本控制的步骤

施工成本控制分为比较、分析、预测、纠偏和检查五个步骤。

（1）比较。就是按照某种确定的方式将施工成本计划值与实际值逐项进行比较，以发现施工成本是否已超支。

（2）分析。对比较的结果进行分析，以确定偏差的严重性及偏差产生的原因，从而采取有针对性的措施，减少或避免相同原因的再次发生和造成的损失。

（3）预测。根据项目实施情况估算整个项目完成时的施工成本。

（4）纠偏。纠偏是施工成本控制中最具实质性的一步。只有通过纠偏，才能最终达到有效控制施工成本的目的。

（5）检查。它是指对工程的进展进行跟踪和检查，及时了解工程进展状况以及纠偏措施的执行情况和效果，为今后的工作积累经验。

（三）施工成本控制的方法

1. 施工成本的过程控制法

施工成本的过程控制法是在成本发生和形成的过程中，对成本进行监督检查。成本过程控制的主控对象与内容如下。

1）人工费的控制

人工费的控制实行"量价分离"的方法，将作业用工及零星用工按照定额工日的一定比例综合确定用工数量与单价，通过劳务合同进行控制。

2）施工材料费的控制

施工材料费的控制是降低工程成本的重要环节。做好材料管理、降低材料费用是提高劳动生产率、降低工程成本的最重要的途径。施工材料费的控制从材料的用量和材料价格两方面进行控制。具体控制措施如下：

（1）材料的采购供应控制。因为施工周期较长、需求数量较大、品种复杂，这个环节是实现工程进度计划的保证，采购时一般集中选择信誉良好、资金雄厚的供应商或厂家，供货的时间、质量、数量可以得到有力的保证。

（2）材料的计划与保管控制。不管材料采购是集中采购还是分批采购，消耗都是连续不断进行的，所以做好计划与保管工作是一个持续而又重要的环节。

（3）领料的限额控制。施工班组严格实行限额领料，控制用料。

（4）严格规章制度控制。对施工班组进行技术以及奖罚制度培训，从而提高施工人员节约材料的意识。

（5）材料的包干使用控制。对于辅助材料的管理，建立材料包干经济责任制。

降低材料单价和减少消耗量是在保质、保量、按期、配套地供应施工生产所需材料的基础上，监督和促进材料的合理使用，进一步达到降低材料成本的目标。

3）机械使用费的控制

机械一般通过租赁方式使用，因此必须合理配备施工机械，提高机械设备的利用率和完好率。施工机械使用费的控制主要从台班数量和台班单价两方面进行控制。控制的内容有:①合理安排施工生产,加强设备租赁计划管理,减少因安排不当引起的设备闲置;②加强机械设备的调度工作,尽量避免窝工,提高现场设备利用率;③加强现场设备的维护保养,保障机械的正常工作,避免因不正确使用造成机械设备的停置;④做好机上人员与辅助生产人员的协调与配合,提高施工机械台班产量。

4)施工分包费用的控制

对于有分包的项目,施工分包费用的控制是施工项目成本控制的重要工作之一,项目经理部在确定施工方案的初期就要确定需要分包的工程范围。对分包费用的控制,主要是要做好分包工程的询价、订立平等互利的分包合同、建立稳定的分包关系网络、加强施工验收和分包结算等工作。

2. 赢得值法

为了研究进度与成本综合指标,从而真正有效地控制成本,美国国防部于1967年首次确立了赢得值法。赢得值法的价值在于将项目的进度和费用综合度量,从而能准确描述项目的进展状态,全面衡量工程进度、成本状况。赢得值法的另一个重要优点是可以预测项目可能发生的工期滞后量和费用超支量,从而及时采取纠正措施。它是对项目进度和费用进行综合控制的一种有效方法。

1)赢得值法的三个基本参数

赢得值法用三个基本参数来表示项目的实施状态,并以此预测项目可能的完工时间和完工时的可能费用,三个基本参数如下。

(1)已完工作预算费用(BCWP),是指项目实施过程中某阶段按实际完成工作量及按预算定额计算出来的费用,计算公式为

$$已完工作预算费用(BCWP) = 已完成工作量 \times 预算单价 \tag{8-4}$$

(2)计划工作预算费用(BCWS),是指项目实施过程中某阶段计划要求完成的工作量所需的预算费用,主要是反映进度计划应当完成的工作量(用费用表示),计算公式为

$$计划工作预算费用(BCWS) = 计划工作量 \times 预算单价 \tag{8-5}$$

(3)已完工作实际费用(ACWP),是指项目实施过程中某阶段实际完成工作量所消耗的费用,主要是反映项目执行的实际消耗指标,计算公式为

$$已完工作实际费用(ACWP) = 已完成工作量 \times 实际单价 \tag{8-6}$$

2)赢得值法的四个评价指标(均是时间的函数)

(1)费用偏差(C_V),是指已完工作预算费用与实际费用之间的差值,计算公式为

$$费用偏差(C_V) = 已完工作预算费用(BCWP) - 已完工作实际费用(ACWP) \tag{8-7}$$

当 C_V 为负值时,表示实际消费费用超过预算值,即超支或执行效果不佳;反之,当 C_V 为正值时,表示实际消耗费用低于预算值,即有节余或效率高。

(2)进度偏差(S_V),是指已完工作与计划工作预算费用之间的差值,计算公式为

$$进度偏差(S_V) = 已完工作预算费用(BCWP) - 计划工作预算费用(BCWS) \tag{8-8}$$

当 S_V 为正值时,表示进度提前;当 S_V 为负值时,表示进度延误。

（3）费用绩效指数（CPI），是指已完工作预算费用与已完工作实际费用之比，计算公式为

费用绩效指数（CPI）＝已完工作预算费用（BCWP）/已完工作实际费用（ACWP）

$$(8\text{-}9)$$

当 CPI>1 时，表示低于预算；当 CPI<1 时，表示超出预算。

（4）进度绩效指数（SPI），是指已完工作预算费用与计划工作预算费用之比，计算公式为

进度绩效指数（SPI）＝已完工作预算费用（BCWP）/计划工作预算费用（BCWS）

$$(8\text{-}10)$$

当 SPI>1 时，表示进度提前；当 SPI<1 时，表示进度延误。

3）偏差分析的表达方法

偏差分析常用的表达方法有横道图法、表格法和曲线法。

（1）横道图法。用横道图法进行费用偏差分析，是用不同的横道标识已完工作预算费用（BCWP）、计划工作预算费用（BCWS）和已完工作实际费用（ACWP），横道的长度与其金额成正比。横道图法具有形象、直观、一目了然等优点，它能够准确表达出费用的绝对偏差，而且能直观地感受到偏差的严重性。但反映的信息量较少，一般在管理层中应用。

（2）表格法。表格法是进行偏差分析最常用的一种方法，它将项目编号、名称、各费用参数以及费用偏差数综合纳入一张表格中，并且直接在表格中进行比较。由于各偏差参数都在表中列出，费用管理者能够综合地了解并处理这些数据。用表格法进行偏差分析具有灵活、适用性强的优点，可以反映偏差分析所需的资料，有利于费用控制人员及时采取针对性措施，加强控制。就目前发展来说，表格处理还可借助于计算机，从而节约大量数据处理所需的人力，并大大提高速度。费用偏差分析见表 8-3。从表格中反映的各个参数值与指标值可以看出，铝合金卷闸门安装的 $S_V = 0$，$C_V < 0$，说明实际进度与计划进度同步，但费用已经超支，控制不够得力；而塑钢窗的安装工程 $S_V > 0$，$C_V < 0$，说明虽然实际进度比计划进度要快，但费用出现超支，也应当采取措施来纠偏。

（3）曲线法。在项目实施过程中，赢得值法的三个基本参数可以形成三条曲线，如图 8-6 所示，横坐标表示时间，纵坐标表示费用。BCWS 曲线为计划工作量的预算费用曲线，表示项目投入的费用随时间的推移在不断积累，直至项目结束达到它的最大值，所以曲线呈 S 形。ACWP 曲线为已完成工作量的实际费用曲线，同样是进度的时间参数，费用随项目的推进而不断增加，曲线也呈 S 形。图 8-6 中的 $C_V = \text{BCWP} - \text{ACWP}$，由于两项参数均以已完工作为计算基准，所以两项参数之差反映项目进展的费用偏差。$S_V = \text{BCWP} - \text{BCWS}$，由于两项参数均以预算值（计划值）作为计算基准，所以两者之差反映项目的进度偏差。利用赢得值法评价曲线进行费用进度评价，可以直观地看出项目进展状态，若发现问题能及时采取措施，修正错误，以达到有效配置资源、按时完成任务、控制成本的目的。

表 8-3　费用偏差分析

项目编码	(1)	01	02	03
项目名称	(2)	木门安装	塑钢窗安装	铝合金卷闸门安装
单位	(3)			
预算(计划)单价	(4)			
计划工作量	(5)			
计划工作预算费用(BCWS)	(6)=(5)×(4)	30	30	40
已完成工作量	(7)			
已完工作预算费用(BCWP)	(8)=(7)×(4)	30	40	40
实际单价	(9)			
其他款项	(10)			
已完工作实际费用(ACWP)	(11)=(7)×(9)+(10)	30	50	50
费用偏差(C_V)	(12)=(8)-(11)	0	-10	-10
费用绩效指数(CPI)	(13)=(8)÷(11)	1	0.8	0.8
费用累计偏差	(14)=$\sum$(12)			
进度偏差(S_V)	(15)=(8)-(6)	0	10	0
进度绩效指数(SPI)	(16)=(8)÷(6)	1	1.33	1
进度累计偏差	(17)=$\sum$(15)			

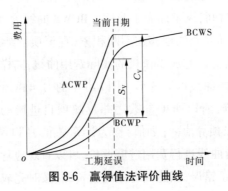

图 8-6　赢得值法评价曲线

4）费用偏差原因分析与纠偏措施

（1）一般来说，产生费用偏差的原因有以下几种，具体见表8-4。

表8-4　产生费用偏差的原因

费用偏差分析	物价上涨	人工涨价 材料涨价 设备涨价 利率、汇率变化	费用偏差分析	施工原因	施工方案不当 材料代用 施工质量有问题 赶进度 工期拖延 其他
	设计原因	设计错误 设计漏项 设计标准变化 图纸提供不及时 其他			
	业主原因	业主增加内容 投资规划不当 组织不落实 建设手续不全 协调不佳 未及时提供合同中的施工所需 其他		客观原因	自然因素 基础处理 法规变化 社会原因 其他

（2）赢得值法参数分析与对应措施见表8-5。

表8-5　赢得值法参数分析与对应措施

序号	图形	三参数关系	分析	措施
1	ACWP BCWS BCWP	$ACWP>BCWS>BCWP$ $S_V<0$　$C_V<0$	效率低，进度较慢，投入超前	用工作效率高的人员更换工作效率低的人员
2	BCWP BCWS ACWP	$BCWP>BCWS>ACWP$ $S_V>0$　$C_V>0$	效率高，进度较快，投入延后	若偏离不大，维持现状
3	BCWP ACWP BCWS	$BCWP>ACWP>BCWS$ $S_V>0$　$C_V>0$	效率较高，进度快，投入超前	抽出部分人员，放慢进度

续表 8-5

序号	图形	三参数关系	分析	措施
4		ACWP>BCWP>BCWS $S_V>0$　$C_V<0$	效率较低,进度较快,投入超前	抽出部分人员,增加少量骨干人员
5		BCWS>ACWP>BCWP $S_V<0$　$C_V<0$	效率较低,进度慢,投入延后	增加高效人员投入
6		BCWS>BCWP>ACWP $S_V<0$　$C_V>0$	效率较高,进度较慢,投入延后	迅速增加人员投入

　　通过三个基本值的对比,可以对工程的实际进展情况做出明确的测定和衡量,有利于对工程进行监控,也可以清楚地反映出工程管理和工程技术水平的高低。

　　(3)赢得值法分析应用。赢得值法实际上是两个比较与两个评价:一个是通过 BCWP 和 BCWS 的定量比较,得出施工工作对于计划进度是提前完成还是落后进度的评价,估计出该任务是否能按时完成;另一个是通过 BCWP 和 ACWP 的定量比较,得出施工支出对于计划是节约还是超支的评价。

　　(四)施工成本分析的方法

　　1. 成本分析的基本方法

　　1)比较法

　　比较法又称指标对比分析法,是成本分析的主要方法。它是通过技术、经济指标数量的对比,检查计划的完成情况,分析产生差异的原因和影响程度,并挖掘内部潜力的方法。这种方法具有通俗易懂、简单易行、便于掌握的特点,因而得到了广泛的应用,但在应用时必须注意各技术经济指标的可比性,而且在比较中,既要看降低成本额,又要看降低成本率。比较法的应用,通常有下列形式:

　　(1)将实际指标与计划指标对比。通过这种对比,可以检查计划的完成情况,分析完成计划的积极因素和影响计划完成的原因,以便及时采取措施,保证成本目标的实现。

　　(2)将本期实际指标与上期实际指标对比。通过对比,可以看出各项技术经济指标的动态情况,反映施工项目管理水平的提高程度。

　　(3)将本企业与本行业平均水平、先进水平对比。通过对比,可以反映本项目的技术管理和经济管理与其他项目的平均水平和先进水平的差距,进而采取措施赶超标杆企业。

　　【例 8-2】　某项目本年计划节约"三材"100 000 元,实际节约 120 000 元,上年节约

95 000 元,本行业先进水平节约 130 000 元。试采用比较法分析该项目成本执行情况(见表 8-6)。

表 8-6 实际指标与上期指标、先进水平对比

指标	本年计划数	上年实际数	企业先进水平	本年实际数	差异数		
					与计划比	与上年比	与先进比
"三材"节约额	100 000	95 000	130 000	120 000	20 000	25 000	-10 000

2)因素分析法

因素分析法又称连环置换法,这种方法可用来分析各种因素对成本的影响程度。在进行分析时,首先要假定构成成本的众多因素中的一个因素发生了变化,而其他因素不变,然后逐个替换,分别比较其计算结果,以确定各个因素的变化对成本的影响程度。

3)差额计算法

差额计算法是因素分析法的一种简化形式,它利用各个因素的目标值与实际值的差额来计算其对成本的影响程度。

4)比率法

比率法是指用两个以上指标的比例进行分析的方法。它的基本特点是:先把对比分析的数值变成相对数,再观察其相互之间的关系。常用的比率法有以下几种:

(1)相关比率法。将两个性质不同而又相关的指标加以对比,求出比率,以此来考察经营成果的好坏。

(2)构成比率法。又称比重分析法或结构对比分析法。通过构成比率,考察成本总量的构成情况及各成本项目占成本总量的比重,同时也可看出量、本、利的比例关系(即预算成本、实际成本和降低成本的比例关系),从而为寻求降低成本的途径指明方向。

(3)动态比率法。就是将同类指标不同时期的数值进行对比,求出比率,以分析该项指标的发展方向和发展速度。动态比率的计算,通常采用基期指数和环比指数两种方法。

2.综合成本的分析方法

所谓综合成本,是指涉及多种生产要素,并受多种因素影响的成本费用。

1)分部分项工程成本分析

分部分项工程成本分析是施工项目成本分析的基础,其分析对象为已完成的分部分项工程。分析方法是:进行预算成本、目标成本和实际成本的"三算"对比,分别计算实际偏差和目标偏差,分析偏差产生的原因,为今后的分部分项工程成本寻求节约途径。

2)月(季)度成本分析

月(季)度成本分析是施工项目定期的、经常性的中间成本分析,其分析的依据是当月(季)度的成本报表。通过月(季)度成本分析,可以及时发现问题,以便按照成本目标指定的方向进行监督和控制,保证项目成本目标的实现。分析的方法通常有以下几种:

(1)通过实际成本与预算成本的对比,分析当月的成本降低水平;通过累计实际成本与累计预算成本的对比,分析累计的成本降低水平,预测实现项目成本目标的前景。

(2)通过实际成本与目标成本的对比,分析目标成本的落实情况,以及目标管理中的问题和不足,进而采取措施,加强成本管理,保证成本目标的落实。

(3)通过对各项目的成本分析,了解成本总量的构成比例和成本管理的薄弱环节。

(4)通过主要技术经济指标的实际与目标对比,分析产量、工期、质量、"三材"节约率、机械利用率等对成本的影响。

(5)通过对技术组织措施执行效果的分析,寻求更加有效的节约途径。

(6)分析其他有利条件和不利条件对成本的影响。

3)年度成本分析

年度成本分析的依据是年度成本报表,其分析内容除月(季)度成本分析的六个方面外,重点是针对下一年度的施工进展情况规划切实可行的成本管理措施,以保证施工项目成本目标的实现。而项目成本则以项目的寿命周期为结算期,要求从开工到竣工到保修期结束连续计算,最后结算出成本总量及其盈亏。由于项目的施工周期一般都比较长,除进行月(季)度成本的核算和分析外,还要进行年度成本的核算和分析。这不仅是为了满足企业汇编年度成本报表的需要,同时也是项目成本管理的需要。通过年度成本的综合分析,可以总结一年来成本管理的成绩和不足。

4)竣工成本的综合分析

一般有几个单位工程而且是单独进行成本核算(即成本核算对象)的施工项目,其竣工成本分析应以各单位工程竣工成本分析资料为基础,再加上项目经理部的经营效益进行综合分析。如果施工项目只有一个成本核算对象(单位工程),就以该成本核算对象的竣工成本资料作为成本分析的依据。单位工程竣工成本分析应包括竣工成本分析、主要资源节超对比分析、主要技术节约措施及经济效果分析。

通过以上分析,可以全面了解单位工程的成本构成和降低成本的来源,对公司今后在同类工程的成本管理中有很好的参考价值。

【单元探索】

结合工程实际,加深对施工成本组成、管理、变更、结算、控制和分析等内容的理解。

【单元练习】

请扫描二维码,做"建设工程项目施工成本控制"练习题。

码8-2　"建设工程项目施工成本控制"练习题

单元二　建设工程项目进度控制

【单元导航】

码8-3　微课-建设工程项目进度控制

问题1:何谓进度? 何谓建设工程项目进度控制?

问题2:何谓进度动态控制? 建设工程项目进度控制的内容有哪些? 业主、设计方、施工方的工程项目进度控制的任务是什么? 进度计划系统如何建立?

问题3:建设工程项目总进度目标论证的内容和步骤是什么?

问题4:建设工程项目进度计划的控制和调整方法有哪些? 如何进行控制和调整?

【单元解析】

进度就是指建设工程项目在某个时间点内已完成建设部分相对于项目建设任务的进展程度。

建设工程项目进度控制是指根据进度总目标及资源优化配置的原则对工程项目建设各阶段的工作内容、工作程序、持续时间和衔接关系编制计划并按计划付诸实施,然后在进度计划的实施过程中经常检查实际进度是否按计划要求进行,对出现的偏差情况进行分析,采取补救措施或调整、修改原计划后再付诸实施,如此循环直到建设工程竣工验收交付使用,确保施工项目按期完成。

一、建设工程项目进度控制与进度计划系统

建设工程项目是在动态条件下实施的,进度控制是一个动态的管理过程。管理工作有以下三个方面:①进度目标的分析和论证;②在收集资料和调查研究的基础上编制进度计划;③进度计划的跟踪检查与调整。

建设工程项目管理有多种类型,代表不同利益方的项目管理(业主方和项目各参与方)都有进度控制的任务,但是其控制的目标和时间范畴并不相同。

(一)建设工程项目进度控制的任务

业主方进度控制的任务是控制整个项目实施阶段的进度,包括设计准备阶段、设计阶段、施工阶段、物资采购阶段,以及项目动用前准备阶段的工作进度。

设计方进度控制的任务是依据设计任务委托合同对设计工作进度进行控制,具体内容有:①编制设计阶段工作计划,并控制其执行;②编制详细的出图计划,并控制其执行。这就要求设计单位保质保量、按时间要求提供各个阶段的设计文件。

施工方进度控制的任务是依据施工任务委托合同按施工进度的要求控制施工进度。在进度计划编制方面,施工方应视项目的特点和施工进度控制的需要,编制深度不同的控制性、指导性和实施性施工的进度计划,以及按不同计划周期的施工计划等。

施工方是工程实施的一个重要参与方,为了有效地控制施工进度,尽可能摆脱因进度压力而造成工程组织的被动,施工方有关管理人员应深入理解以下内容:整个建设工程项目的进度目标如何确定;如何正确处理工程进度和工程质量的关系;施工方在整个建设工程项目进度目标实现中的地位和作用;影响施工进度目标实现的主要因素;施工进度控制的基本理论、方法、措施和手段等。

供货方进度控制的任务是依据供货合同对供货的要求控制供货进度,供货进度计划应包括供货的所有环节。

(二)建设工程项目进度计划系统的建立

1.建设工程项目进度计划系统的内涵

建设工程项目进度计划系统是由多个相互关联的进度计划组成的系统,它是项目进度控制的依据。由于各种进度计划编制所需要的必要资料是在项目进展过程中逐步形成的,因此项目进度计划系统的建立和完善也有一个过程,它是逐步形成的。

图8-7是一个建设工程项目进度计划系统的示例,这个计划系统有4个计划层次。

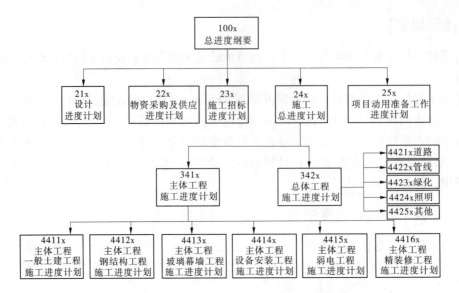

图 8-7　建设工程项目进度计划系统

2. 不同类型的建设工程项目进度计划系统

根据项目进度控制的需要和用途的不同,业主方和项目各参与方可以构建多个不同的建设工程项目进度计划系统,如图 8-7 所示的建设工程项目进度计划系统示例的第二层次是多个相互关联的、不同项目参与方的进度计划组成的计划系统;其第三和第四层次是多个相互关联的、不同计划深度的进度计划组成的计划系统。

3. 建设工程项目进度计划系统中的内部关系

在建设工程项目进度计划系统中,各个进度计划或者各个子系统进度计划编制和调整时必须注意其相互间的联系和协调,如总进度计划、项目子系统进度计划与项目子系统中的单项工程进度计划之间的联系和协调;控制性进度计划、指导性进度计划与实施性进度计划之间的联系和协调;业主方编制的整个项目实施的进度计划、设计方编制的进度计划、施工和设备安装方编制的进度计划与采购和供货方编制的进度计划之间的联系和协调等。

建设工程项目进度控制计划体系包括建设单位的计划系统、监理单位的计划系统、设计单位的计划系统、施工单位的计划系统。

二、建设工程项目总进度目标的论证

(一)建设工程项目总进度目标论证的工作内容

建设工程项目总进度目标指的是整个工程项目的进度目标,它是在项目决策阶段确定的。工程规划大致可以分为四大阶段:第一阶段是建设项目的投资决策阶段,包括编制项目建议书、编制可行性研究报告两个环节;第二阶段是项目勘察设计阶段;第三阶段是项目建设施工阶段;第四阶段是项目竣工验收交付使用和后评价阶段。项目管理的主要任务是在项目的实施阶段对项目的目标进行控制。建设工程项目总进度目标的控制是业主方项目管理的任务。在进行建设工程项目总进度目标控制前,首先应分析和论证进度目标实现的可能性。若项目总进度目标不可能实现,则项目管理者应提出调整项目总进度目标的建议,并提请项目决策者审议。

建设工程项目总进度目标论证应分析和论证上述各项工作的进度,以及上述各项工作进展的相互关系。在建设工程项目总进度目标论证时,往往还没有掌握比较详细的设计资料,也缺乏比较全面的有关工程发包的组织、施工组织和施工技术等方面的资料,以及其他有关项目实施条件的资料,因此总进度目标论证并不是单纯的总进度规划的编制工作,它涉及许多工程实施的条件分析和工程实施策划方面的问题。

大型建设工程项目总进度目标论证的核心工作是:通过编制总进度纲要,论证总进度目标实现的可能性。总进度纲要的主要内容包括:项目实施的总体部署,总进度规划,各子系统进度规划,确定里程碑事件的计划进度目标,总进度目标实现的条件和应采取的措施等。

(二)建设工程项目总进度目标论证的工作步骤

建设工程项目总进度目标论证的工作步骤:调查研究和收集资料;项目结构分析;进度计划系统的结构分析;编制项目的工作编码;编制各层进度计划;协调各层进度计划的关系,编制总进度计划;若所编制的总进度计划不符合项目的进度目标,则设法调整;若经过多次调整,进度目标仍无法实现,则应报告项目决策者。

其中调查研究和收集资料包括:了解和收集项目决策阶段有关项目进度目标确定的情况和资料;收集与进度有关的该项目组织、管理、经济和技术资料;收集类似项目的进度资料;了解和调查该项目的总体部署;了解和调查该项目实施的主客观条件等。

整个项目划分成多少结构层,应根据项目的规模和特点而定。大型建设工程项目的结构分析是根据编制总进度纲要的需要,将整个项目进行逐层分解,并确立相应的工作目录,如一级工作任务目录,将整个项目划分成若干个子系统;二级工作任务目录,将每一个子系统分解为若干个子项目;三级工作任务目录,将每一个子项目分解为若干个工作项。

项目的工作编码指的是每一个工作项的编码,编码时应考虑以下因素:对不同计划层的标识,对不同计划对象的标识(如不同子项目),对不同工作的标识。

三、建设工程项目进度计划的控制和调整方法

(一)横道图进度计划

1. 使用横道图控制法的步骤

(1)编制横道图进度计划(计划进度用双横道线表示)。

(2)在进度计划上标出检查日期。

(3)把在施工项目进度检查中收集的实际进度数据,按比例用黑粗线标于计划的双横道线下方。

(4)比较实际进度与计划进度,分析产生偏差的原因,制定各种补救措施。

2. 横道图进度计划的检查

横道图进度计划的检查可采用日常检查或定期检查等方法,检查的内容是在进度计划执行记录的基础上,将实际执行结果与原计划的规定进行比较。比较的内容有:开始时间、结束时间、持续时间、实物量或工作量、总工期。同时,也还应对施工顺序及资源消耗均衡性进行检查。

横道图控制法是一种反映进度实施进展状况的方法。如图8-8所示,图中双横道线

表示原计划进度,黑粗线表示实际进度(实际工作中也可用彩色线表示)。

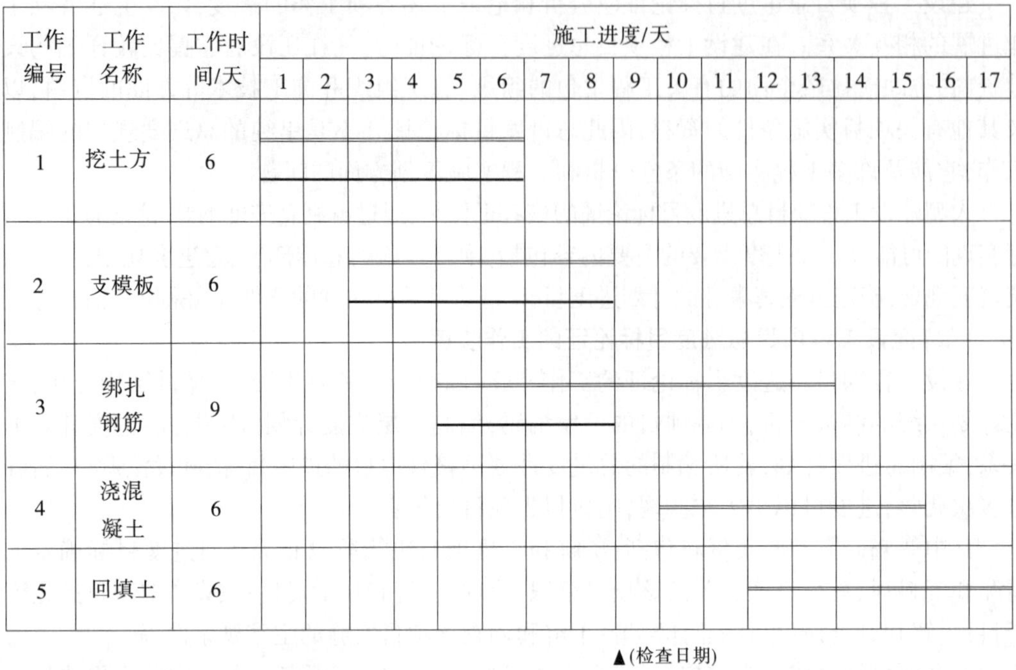

工作编号	工作名称	工作时间/天	施工进度/天															
			1	2	3	4	5	6	7	8	9	10	11	12	13	14	15	16	17
1	挖土方	6																	
2	支模板	6																	
3	绑扎钢筋	9																	
4	浇混凝土	6																	
5	回填土	6																	

▲(检查日期)

图 8-8 某基础工程施工的进度安排图

【例 8-3】某混凝土基础工程施工实际进度与计划进度比较,如图 8-8 所示。通过比较可以看出,在第 8 天末进行检查时,挖土方工作已经完成;支模板工作按计划进度应当完成,而实际进度拖后了 1 天,只完成了计划进度的 5/6;绑扎钢筋工作正在按计划进度进行。

3. 横道图进度计划的调整

当采用横道图控制法检查出问题后,应及时进行调整。如检查时,某项工作有可能拖延完成,但对其后续工作无影响,可不做调整;若对其后续工作有直接影响,则应在后续工作中对工期起控制作用的施工项目进行缩短工作时间的调整,并注意施工人数、机械台数的重新确定。如检查时,某项工作有可能提前完成,但对其整个总工期影响不大,也可不作调整;若有利于整个总工期的提前,这时应分别考虑:如整个总工期提前对项目效益有利,则后续各施工项目顺延提前;如整个总工期提前对项目效益影响不大,则应从资源均衡角度出发,对后续某施工过程延长工作时间,以避免资源需用的过分集中。

在资源均衡性检查中,如发现出现短期需用量高峰,这时应进行调整。一种方法是延长某些施工项目的持续时间,把资源需用的强度降低;另一种方法是在施工顺序允许的情况下,将施工项目向前或向后移动,消除短期资源需用量高峰。

横道图控制法与其他进度控制方法相比较,具有形象直观、记录方法比较简单、容易掌握、便于应用等优点。但仍带有一定的局限性,诸如各工作间的逻辑关系不明显,关键工作和关键线路确定困难,若某项工作时间发生偏差后,难以预测其影响程度,也不便于调整等。

(二)网络图控制法

网络计划的控制主要包括网络计划的检查和网络计划的调整两方面。

1.网络计划的检查

网络计划的检查内容主要有:关键工作进度,非关键工作进度及时差利用,工作之间的逻辑关系。对网络计划的检查应定期进行,检查周期的长短应视计划工期的长短和管理的需要而定,一般可以天、周、旬、月、季等为周期。在计划执行过程中突然出现意外情况时,可进行"应急检查",以便采取应急调整措施。上级认为有必要时,还可进行"特别检查"。

检查网络计划时,首先必须收集网络计划的实际执行情况,并进行记录。

当采用时标网络计划时,可采用实际进度前锋线(简称前锋线)记录计划执行情况。前锋线应自上而下地从计划检查时的时间刻度线出发,用彩色点画线依次连接各项工作的实际进度,直至到达计划检查时的时间刻度线。当采用无时标网络计划时,可采用直接在图上用文字或适当符号记录、列表记录等方式。

通常,按前锋线与工作箭线交点的位置判定施工实际进度与计划进度的偏差。前锋线与工作箭线的交点在检查日期的右方,表示提前完成计划进度,交点在检查日期的左方,表示进度拖后。

对网络计划检查的结果及情况判断可用表 8-7 表示。

表 8-7　网络计划检查结果分析

工作代号	工作名称	检查计划时尚需作业天数/天	至计划最迟完成时尚有天数/天	原有总时差/天	尚有总时差/天	情况判断
①	②	③	④	⑤	⑥	⑦

表 8-7 中各值的计算步骤如下:

(1)表中第③栏工作 i—j 在检查计划时尚需作业天数(T_{i-j}^3)可用式(8-11)计算

$$T_{i-j}^3 = D_{i-j} - T_{i-j}^1 \tag{8-11}$$

式中　D_{i-j}——工作 i—j 的计划持续时间;

　　　T_{i-j}^1——工作 i—j 检查时已进行的时间。

(2)表中第④栏工作 i—j 检查时至计划最迟完成时尚有天数(T_{i-j}^4)可用式(8-12)计算

$$T_{i-j}^4 = LF_{i-j} - T_2 \tag{8-12}$$

式中　LF_{i-j}——工作 i—j 的最迟完成时间;

　　　T_2——检查时间。

(3)表中第⑥栏工作 i—j 尚有总时差(TF_{i-j})可用式(8-13)计算

$$TF_{i-j} = T_{i-j}^4 - T_{i-j}^3 \tag{8-13}$$

情况判断,可有以下几种情况:

(1)若工作尚有总时差与原有总时差相等,则说明该工作的实际进度与计划进度一致。

(2)若工作尚有总时差小于原有总时差,但仍为正值,则说明该工作的实际进度比计划进度拖后,偏差值为二者之差,但不影响总工期。

(3)若尚有总时差为负值,则说明对总工期有影响,应当调整。

【例8-4】 已知某施工项目网络计划如图8-9所示,在第5天检查计划执行情况时,发现A已完成,B已工作1天,C已工作2天,D尚未开始。试用前锋线记录并列表分析进度情况,如果不满足进度要求,该如何调整。

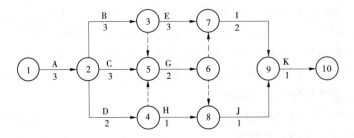

图8-9 某施工项目网络计划

解 (1)根据第5天检查的情况,在图8-10所示的带有时间坐标的网络计划上绘制前锋线(即图中的点画线)。

(2)根据网络计划检查结果分析表的计算公式,计算表中各参数,列于表8-8中。

(3)依据计算结果,判断工作实际进度情况和分析对后续工作及总工期的影响程度,判断结论见表8-8。

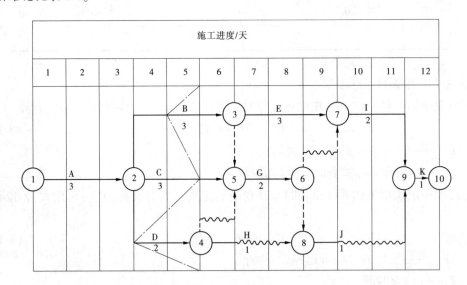

图8-10 带有时间坐标的网络计划

表 8-8　网络计划检查结果分析

工作代号①	工作名称②	检查计划时尚需作业天数/天③	至计划最迟完成时尚有天数/天④	原有总时差/天⑤	尚有总时差/天⑥	情况判断⑦
2—3	B	2	1	0	-1	影响工期 1 天
2—5	C	1	2	1	1	正常
2—4	D	2	2	2	0	正常

2. 网络计划的调整

网络计划的调整时间一般应与网络计划的检查时间一致,根据计划检查结果可进行定期调整或在必要时进行应急调整、特别调整等,一般以定期调整为主。

网络计划的调整内容主要有:关键线路长度的调整,非关键工作时差的调整,增、减工作项目,调整逻辑关系,重新估计某些工作的持续时间,对资源的投入做局部调整。

1)关键线路长度的调整

(1)当关键线路的实际进度比计划进度提前时,若拟不缩短工期,则应选择资源占用量大或直接费用高的后续关键工作,适当延长其持续时间,以降低资源强度或费用;若拟提前完成计划,则应将计划的未完成部分作为一个新计划,并按新计划执行。

(2)当关键线路的实际进度比计划进度落后时,应在未完成关键线路中选择资源强度小或费用率低的关键工作,缩短其持续时间,并把计划的未完成部分作为一个新计划,按工期优化的方法对它进行调整。

2)非关键工作时差的调整

非关键工作时差的调整应在时差的范围内进行,以便更充分地利用资源、降低成本或满足施工的需要。每次调整均必须重新计算时间参数,观察调整对计划全局的影响。非关键工作时差的调整方法一般有三种:将工作在其最早开始时间和最迟完成时间范围内移动,延长工作持续时间,缩短工作持续时间。

3)其他方面的调整

(1)增、减工作项目。增、减工作项目不能打乱原网络计划总的逻辑关系,只能对局部逻辑关系进行调整;应重新计算时间参数,分析对原网络计划的影响,必要时采取措施,以保证计划工期不变。

(2)调整逻辑关系。只有当实际情况要求改变施工方法或组织方法时,逻辑关系的调整才能进行,应避免影响原定计划工期和其他工作的顺利进行。

(3)重新估计某些工作的持续时间。当发现某些工作的原计划持续时间有误或实现条件不充分时,应重新估算其持续时间,并重新计算时间参数。

(4)对资源的投入做局部调整。当资源供应发生异常情况时,应采用资源优化方法对计划进行调整或采取应急措施,使其对工期的影响最小。

【单元探索】

结合工程实际,加深对建设工程项目进度控制概念、内容、进度计划系统建立、总进度目标论证、进度计划的控制和调整等内容的理解。

【单元练习】

请扫描二维码，做"建设工程项目进度控制"练习题。

码8-4　"建设
工程项目进度控
制"练习题

单元三　建设工程项目质量控制

【单元导航】

问题1：何谓质量管理？何谓质量控制？二者有什么关系？

问题2：质量管理的方法有哪些？何谓全面质量管理？质量动态控制内容有哪些？

码8-5　微课－建
设工程项目
质量控制

问题3：建设工程项目质量的基本特征、形成过程和影响因素是什么？

问题4：建设工程项目质量控制系统的构成、建立与运行有哪些？

问题5：建设工程项目质量控制目标确定、计划编制、生产要素质量控制、作业质量控制的内容和主要控制途径分别是什么？

问题6：建设工程项目过程质量验收、竣工质量验收条件和程序是什么？工程竣工验收备案方法有哪些？

问题7：建设工程项目质量政府监督的职能和内容是什么？

问题8：质量管理体系的八项原则、文件构成、建立运行、认证监督内容是什么？

问题9：工程质量统计方法有哪些？如何进行统计分析？

【单元解析】

"百年大计，质量第一"，这说明了工程质量的重要性。建设工程质量控制是确保工程质量的一种有效的方法，是建设工程项目管理的核心，是决定工程建设成败的关键。众多的工程实践证明，没有质量，就没有投资效益，没有工程进度，就没有社会信誉，即没有质量就没有一切。因此，确保工程质量是工程建设管理永恒的主题，质量控制是工程项目三大目标控制的重点。

一、质量管理与质量控制

（一）质量管理与质量控制的关系

建设工程项目质量是指工程产品满足规定要求和需要的能力。建设工程项目质量目标的确定和实现过程，需要系统有效地应用质量管理和质量控制的基本原理和方法，通过建设工程项目各参与方的质量责任和职能活动的实施来达到。

1. 质量管理概述

质量管理是指确定质量方针及实施质量方针的全部职能与工作内容，并对其工作效果进行评价和改进的一系列工作。

作为组织,应当建立质量管理体系,实施质量管理。具体来说,组织首先制定能够反映组织最高管理者的质量宗旨、经营理念和价值观的质量方针,然后通过组织的质量手册、程序性管理文件和质量记录的制定、组织制度的落实、管理人员与资源的配置、质量活动的责任分工与权限界定等,最终形成质量管理体系的运行机制。

2. 质量控制概述

质量控制是质量管理的一部分,体现为致力于满足质量要求的一系列相关活动。在明确的质量目标和具体的条件下,通过行动方案和资源配置的计划、实施、检查和监督,进行质量目标的事前预控、事中控制和事后纠偏控制,实现预期质量目标的系统过程。

建设工程项目的质量要求是由业主提出来的,是业主的建设意图通过项目策划来确定的。它主要表现为工程合同、设计文件、技术规范规定和质量标准等。因此,在建设项目实施的各个阶段的活动和各阶段质量控制均是围绕着致力于业主要求的质量总目标展开的。

质量控制所致力的活动,是为达到质量要求所采取的作业技术活动和管理活动。这些活动包括:确定控制对象;规定控制标准;制定具体的控制方法;明确所采用的检验方法,包括检验手段;实际进行检验;说明实际与标准之间有差异的原因;为了解决差异而采取的行动。质量控制贯穿于质量形成的全过程、各环节,要排除这些环节的技术、活动偏离有关规范的现象,使其恢复正常,达到控制的目的。

(二)质量管理

1. 质量管理的 PDCA 循环

PDCA 循环又称戴明环,它反映了质量管理活动的规律。质量管理活动的全部过程,是质量计划的制订和组织实现的过程,这个过程就是按照 PDCA 循环,不停顿地、周而复始地运转。每一循环都围绕着实现预期的目标,进行计划、实施、检查和处置活动,随着对存在问题的克服、解决和改进,不断增强质量能力,提高质量水平。

PDCA 循环主要包括四个阶段:计划(Plan)、实施(Do)、检查(Check)和处理(Action)。

(1)计划(Plan)。指质量管理的计划职能,包括确定或明确质量目标和制订实现质量目标的行动方案两个方面。实践表明,质量计划的严谨周密、经济合理和切实可行,是保证工作质量、产品质量和服务质量的前提条件。

(2)实施(Do)。实施职能在于将质量的目标值,通过生产要素的投入、作业技术活动和产出过程,转换为质量的实际值。在各项质量活动实施前,根据质量计划进行行动方案的部署和交底;在实施过程中,严格执行计划的行动方案,将质量计划的各项规定和安排落实到具体的资源配置和作业技术活动中去。

(3)检查(Check)。指对计划实施过程进行各种检查,包括作业者的自检、互检和专职管理者专检。

(4)处理(Action)。对于质量检查所发现的质量问题或质量不合格,及时进行原因分析,采取必要的措施予以纠正,保持工程质量形成过程的受控状态。

PDCA 循环如图 8-11 所示。

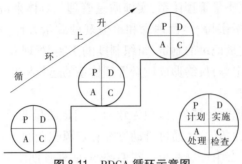

图 8-11　PDCA 循环示意图

2. 全面质量管理的思想

全面质量管理TQC(Total Quality Control)是以组织全员参与为基础的质量管理形式,代表了质量管理发展的最新阶段,在欧美和日本等工业化国家广泛应用。20世纪80年代后期以来,全面质量管理得到了进一步的扩展和深化,逐渐演化成为TQM(Total Quality Management),其含义远远超出了一般意义上的质量管理的领域,而成为一种综合的、全面的经营管理方式和理念。我国从20世纪80年代开始引进和推行全面质量管理以来,在理论和实践上都有一定的发展,并取得了成效,这也为在我国贯彻实施ISO 9000族国际标准奠定了基础。

全面质量管理的定义为:一个组织以质量为中心,以全员参与为基础,目的在于通过让顾客满意和本组织所有成员及社会受益而达到长期成功的管理途径。因此,建设项目的质量管理应当贯彻如下"三全"管理的思想和方法。

(1)全方位质量管理。是指建设工程项目各方干系人所进行的工程(产品)质量和工作质量的全面管理。工作质量是产品质量的保证,工作质量直接影响产品质量的形成。

(2)全过程质量管理。质量产生、形成和实现的整个过程是由多个相互联系、相互影响的环节所组成的,每一个环节都或轻或重地影响着最终的质量状况。为了保证和提高质量,就必须把影响质量的所有环节和因素都控制起来,根据工程质量的形成规律,从源头抓起,全过程推进。主要过程有:项目策划与决策过程、勘察设计过程、施工采购过程、施工组织与准备过程、检测设备控制与计量过程、施工生产的检验试验过程、工程质量的评定过程、工程竣工验收与交付过程以及工程回访维修服务过程等。

(3)全员参与质量管理。企业中任何一个环节、任何一个人的工作质量都会不同程度直接或间接地影响着产品质量或服务质量。因此,产品质量人人有责,人人关心产品质量和服务质量,人人做好本职工作,全体参加质量管理,才能生产出让顾客满意的产品。

要实现全员的质量管理,组织的最高管理者应当确定企业的质量方针和目标,制定组织内部的每个部门和工作岗位应当承担的质量职能,组织和动员全体员工参与到实施质量方针的系统活动中去,发挥自己的角色作用。开展全员参与质量管理的重要手段就是应用目标管理方法,将组织的质量总目标逐级进行分解,使质量总目标分解落实到每个部门和岗位,从而形成自上而下的质量目标分解体系和自下而上的质量保证体系,充分发挥组织系统内部每个工作岗位、部门或团队在实现质量总目标过程中的作用。

(三)质量控制

在质量控制的过程中,运用全过程质量管理的思想和动态控制的原理,主要可以将其分为三个阶段,即质量的事前控制、事中控制和事后纠偏控制。三个系统控制的环节,其实质就是 PDCA 循环原理的具体运用。

二、建设工程项目质量的形成过程和影响因素

(一)建设工程项目质量的基本特征和形成过程

1. 建设工程项目质量的基本特征

建设工程项目和一般产品具有同样的质量内涵,即一组固有特性满足明确或隐含需要的程度。这些特性是指产品的安全性、适用性、耐久性、可靠性、维修性、经济性、美观性、与环境协调性和可持续性等。

2. 建设工程项目质量的形成过程

建设工程项目质量的形成过程贯穿于整个建设项目的决策过程和各个工程项目设计与施工过程,体现了建设工程项目质量从目标决策、目标细化到目标实现的系统过程。因此,必须分析工程建设各个阶段的质量要求,以便采取有效的措施控制工程质量。

(1)建设项目决策阶段。这一阶段包括建设项目发展规划、可行性研究、建设方案论证和投资决策等工作。这一阶段的质量在于识别业主的建设意图和需求,对建设项目的性质、建设规模、使用功能、系统构成和建设标准要求等进行策划、分析、论证,对整个建设项目的质量目标以及建设项目内各个建设工程子项目的质量目标提出明确要求。

(2)建设工程设计阶段。建设工程设计是通过建筑设计、结构设计、设备设计使质量目标具体化,并指出达到工程质量目标的途径和具体方法。这一阶段是建设工程项目质量目标的具体定义过程。通过建设工程的方案设计、扩大初步设计、技术设计和施工图设计等环节,明确定义建设工程项目各细部的质量特性指标,为项目的施工安装作业活动及质量控制提供依据。

(3)建筑施工阶段。施工阶段是建设目标的实现过程,是影响工程建设项目质量的关键环节,包括施工准备工作和施工作业活动。通过严格按照施工图纸施工、实施目标管理、过程监控、阶段考核、持续改进等方法,将质量目标和质量计划付诸实施。

(4)竣工验收及保修阶段。竣工验收是对工程项目质量目标完成程度的检验、评定和考核过程,它体现了工程质量水平的最终结果。一个工程项目不只是经过竣工验收就可以完成的,还要经过使用保修阶段,需要在使用过程中对施工遗留问题及发现的新质量问题进行巩固和改进。只有严格把握好这两个环节,才能最终保证工程项目的质量。

(二)建设工程项目质量的影响因素

影响建设工程项目质量的因素很多,通常可以归纳为五个方面,即人(Man)、材料(Material)、机械(Machine)、方法(Method)和环境(Environment)简称(4M1E)。事前对这五方面的因素严加控制,是保证施工项目质量的关键。

(1)人。人是直接参与施工的组织者、指挥者及直接参与施工作业活动的具体操作者。人,作为控制的对象,要避免产生失误;作为控制的动力,要充分调动人的积极性,发挥人的主导作用。因此,建筑行业实行经营资质管理和各类行业从业人员持证上岗制度是保证人员素质的重要措施。

(2)材料。材料包括原材料、成品、半成品、构配件等,它是工程建设的物质基础,也

是确保工程质量的基础。材料质量不符合要求,工程质量也就不可能符合标准。因此,加强材料的质量控制,是提高工程质量的重要保证,是控制工程质量影响因素的有效措施。

(3)机械。机械是指工程施工机械设备和检测施工质量所用的仪器设备。施工阶段必须综合考虑施工现场条件、建筑结构形式、施工工艺和方法、建筑技术经济等,合理选择机械的类型和参数,合理使用机械设备,正确地操作。操作人员必须认真执行各项规章制度,严格遵守操作规程,并加强对施工机械的维修、保养和管理。

(4)方法。包括施工方案、施工工艺、施工组织设计、施工技术措施等。在工程中,方法是否合理,工艺是否先进,操作是否得当,都会对施工质量产生重大影响。应通过分析、研究、对比,在确认可行的基础上,结合工程实际,选择能解决施工难题、技术可行、经济合理,有利于保证质量、加快进度、降低成本的方法。

(5)环境。影响工程质量的环境因素较多,有工程技术环境,如工程地质、水文、气象等;工程管理环境,如质量保证体系、质量管理制度等;劳动环境,如劳动组合、作业场所、工作面等;法律环境,如建设法律法规等;社会环境,如建筑市场规范程度、政府工程质量监督和行业监督成熟度等。环境因素对工程质量的影响具有复杂而多变的特点,如温度、大风、暴雨、酷暑、严寒等气象条件都直接影响工程质量。又如前一工序往往就是后一工序的环境,前一分项分部工程也就是后一分项分部工程的环境。因此,加强环境管理,改进作业条件,把握好环境因素,是控制环境对质量影响的重要保证。

三、建设工程项目质量控制系统

建设工程项目的实施,是业主、设计、施工、监理等多方主体活动的结果。他们各自承担了建设工程项目的不同实施任务和质量责任,并通过建立质量控制系统,实施质量目标的控制。

(一)建设工程项目质量控制系统的构成

1. 建设工程项目质量控制系统的性质

建设工程项目质量控制系统是建设工程项目目标控制的一个子系统,与投资控制、进度控制等依托于同一项目目标控制体系,它是以工程项目为对象,由工程项目实施的总组织者负责建立的一次性的面向对象开展质量控制的工作体系。

2. 建设工程项目质量控制系统的范围

(1)系统涉及的主体范围。建设单位、设计单位、工程总承包企业、施工企业、建设工程监理机构、材料设备供应厂商等构成了项目质量控制的主体,这些主体可以分为两类,即质量责任自控主体和监控主体。承担建设工程项目设计、施工或材料设备供应的单位,负有直接的产品质量责任,属质量控制系统中的自控主体;在建设工程项目实施过程中,对各质量责任主体的质量活动行为和活动结果实施监督控制的组织,称为质量监控主体。如业主、项目监理机构等。

(2)系统涉及的工程范围。系统涉及的工程范围,一般根据项目的定义或工程承包合同来确定。具体说有以下几种情况:建设工程项目范围内的全部工程,建设工程项目范围内的某一单项工程或标段工程,建设工程项目某单项工程范围内的一个单位工程。

(3)系统涉及的任务范围。项目实施的任务范围,由工程项目实施的全过程或若干阶段进行定义。建设工程项目质量控制系统服务于建设工程项目管理的目标控制,其质量控制的系统职能贯穿于项目的勘察、设计、采购、施工和竣工验收等各个实施环节,即建设工程项目全过程质量控制的任务或若干阶段承包的质量控制任务。

3.建设工程项目质量控制系统的结构

建设工程项目质量控制系统,一般情况下形成多层次、多单元的结构形态,这是由其实施任务的委托方式和合同结构所决定的。

(1)多层次结构。多层次结构是相对于建设工程项目的工程系统,纵向垂直分解的单项、单位工程项目质量控制子系统。系统纵向层次结构的合理性是建设工程项目质量目标、控制责任和措施分解落实的重要保证。一般第一层面的质量控制系统应由建设单位的建设工程项目管理机构负责建立,在委托代建、委托项目管理或实行交钥匙式工程总承包的情况下,应由相应的代建方项目管理机构、受托项目管理机构或工程总承包企业项目管理机构负责建立。第二层面的质量控制系统,通常是指由建设工程项目的设计总负责单位、施工总承包单位等建立的相应管理范围内的质量控制系统。第三层面及其以下的质量控制系统是承担工程设计、施工安装、材料设备供应等任务的各承包单位的现场质量自控系统,或称各自的施工质量保证体系。

(2)多单元结构。多单元结构是指在建设工程项目质量控制总体系统下,第二层面的质量控制系统及其以下的质量自控或保证体系可能有多个。这是项目质量目标、责任和措施分解的必然结果。

4.建设工程项目质量控制系统的特点

(1)建立的目的。建设工程项目质量控制系统只用于特定的建设工程项目质量控制,而不是用于建筑企业或组织的质量管理。

(2)服务的范围。建设工程项目质量控制系统涉及建设工程项目实施过程所有的质量责任主体,而不只是某一个承包企业或组织机构。

(3)控制的目标。建设工程项目质量控制系统的控制目标是建设工程项目的质量标准,并非某一具体建筑企业或组织的质量管理目标。

(4)作用的时效。建设工程项目质量控制系统与建设工程项目管理组织系统相融合,是一次性而非永久性的质量工作系统。

(5)评价的方式。建设工程项目质量控制系统的有效性一般由建设工程项目管理的总组织者进行自我评价与诊断,不需进行第三方认证。

(二)建设工程项目质量控制系统的建立

1.建立的原则

(1)目标分解。项目管理者应根据控制系统内工程项目的分解结构,将工程项目的建设标准和质量总体目标分解到各个责任主体,明示于合同条件。

(2)分层规划。建设工程项目管理的总组织者(如建设单位)和承担项目实施任务的各参与单位,应分别进行建设工程项目质量控制系统不同层次和范围的规划。

(3)明确责任。应按照建筑法和建设工程质量管理条例有关建设工程质量责任的规定,界定各方的质量责任范围和控制要求。

(4)系统有效。建设工程项目质量控制系统,应从实际出发,结合项目特点、合同结构和项目管理组织系统的构成情况,建立项目各参与方共同遵循的质量管理制度和控制措施,并形成有效的运行机制。

2. 建立的主体

建设工程项目质量控制系统应由建设单位或建设工程项目总承包企业的工程项目管理机构负责建立。在分阶段依次对勘察、设计、施工、安装等任务进行招标发包的情况下,通常应由建设单位或其委托的建设工程项目管理企业负责建立建设工程项目质量控制系统,各承包企业应根据该系统的要求,建立隶属于该系统的设计项目、施工项目、采购供应项目等质量控制子系统,以具体实施其质量责任范围内的质量管理和目标控制。

3. 建立的程序

(1)确定系统质量控制主体网络架构。明确系统各层面的建设工程质量控制负责人,一般包括承担项目实施任务的项目经理(或工程负责人)、总工程师,项目监理机构的总监理工程师、专业监理工程师等,以形成明确的项目质量控制责任者的关系网络架构。

(2)制定系统质量控制制度。包括质量控制例会制度、协调制度、报告审批制度、质量验收制度和质量信息管理制度等。形成建设工程项目质量控制系统的管理文件或手册作为承担建设工程项目实施任务各方主体共同遵循的管理依据。

(3)分析系统质量控制界面。建设工程项目质量控制系统的质量责任界面,包括静态界面和动态界面。一般情况下,静态界面根据法律法规、合同条件、组织内部职能分工来确定。动态界面是指项目实施过程中设计单位之间、施工单位之间、设计与施工单位之间的衔接配合关系及其责任划分,必须通过分析研究,确定管理原则与协调方式。

(4)编制系统质量控制计划。建设工程项目管理总组织者负责主持编制建设工程项目总质量计划,并根据质量控制系统的要求,部署各质量责任主体编制与其承担任务范围相符的质量计划和完成质量计划的审批,作为其实施自身工程质量控制的依据。

(三)建设工程项目质量控制系统的运行

1. 运行环境

建设工程项目质量控制系统的运行环境,主要是指为系统运行提供支持的管理关系、组织制度和资源配置的条件。

(1)建设工程的合同结构。建设工程合同是联系建设工程项目各参与方的纽带。合同结构合理、质量符合标准、责任条款明确、严格履约等将保证质量控制系统的有效运行。

(2)质量管理的组织制度。建设工程项目质量控制系统内部的各项管理制度和程序性文件的建立,为质量控制系统各个环节的运行提供必要的行动指南、行为准则和评价基准的依据,是系统有序运行的基本保证。

(3)质量管理的资源配置。它包括专职的工程技术人员和质量管理人员的配置,以及实施技术管理和质量管理所必需的设备、设施、器具、软件等物质资源的配置,是质量控制系统得以运行的基础条件。

2. 运行机制

建设工程项目质量控制系统的运行机制,是质量控制系统的生命,是由一系列质量管理制度安排所形成的内在能力。它包括了动力机制、约束机制、反馈机制和持续改进机制等。

(1)动力机制。建设工程项目的实施过程是由多主体参与的价值链,只有保持合理的供方及分供方等各方的关系,才能形成合力,保证项目的成功。动力机制作为建设工程项目质量控制系统运行的核心机制,可以通过公正、公开、公平的竞争机制和利益机制设计或安排来实现。

(2)约束机制。约束机制取决于各主体内部的自我约束能力和外部的监控效力。自我约束能力表现为组织及个人的经营理念、质量意识、职业道德及技术能力的发挥;外部的监控效力取决于建设工程项目实施主体外部对质量工作的推动和检查监督。两者相辅相成,构成了质量控制过程的制衡关系。

(3)反馈机制。反馈机制是对质量控制系统的能力和运行效果进行评价,并为及时做出处置提供决策依据的制度安排。项目管理者应经常深入生产第一线,掌握第一手资料,并通过相关的制度安排来保证质量信息反馈的及时和准确。

(4)持续改进机制。应用 PDCA 循环原理,即计划、实施、检查和处理的方式展开质量控制,注重抓好控制点的设置和控制,不断寻找改进机会,研究改进措施,完善和持续改进建设工程项目质量控制系统,提高质量控制能力和控制水平。

四、建设工程项目施工质量控制

通常,建设工程项目施工质量控制包括了两个方面的含义:一是指建设工程项目施工承包企业的施工质量控制;二是指广义的施工阶段建设工程项目质量控制,即除承包方的施工质量控制外,还包括业主、设计单位、监理单位以及政府质量监督机构,在施工阶段对建设项目施工质量所实施的监督管理和控制职能。

(一) 施工阶段质量控制的目标

1. 施工阶段质量控制的任务目标

施工阶段质量控制的总体目标是贯彻执行我国现行建设工程质量法规和标准,正确配置生产要素和采用科学管理的方法,实现由建设工程项目决策、设计文件和施工合同所确定的工程项目预期的使用功能和质量标准。不同管理主体的施工质量控制目标不同,但都是致力于实现项目质量总目标的。

(1)建设单位的质量控制目标,是通过施工过程的全面质量监督管理、协调和决策,保证竣工项目达到投资决策所确定的质量标准。

(2)设计单位在施工阶段的质量控制目标,是通过设计变更,控制及纠正施工中所发现的设计问题等,保证竣工项目的各项施工结果与设计文件所规定的标准相一致。

(3)施工单位的质量控制目标,是通过施工过程的全面质量自控,保证交付满足施工合同及设计文件所规定的质量标准(含建设工程质量创优要求)的建设工程产品。

(4)监理单位在施工阶段的质量控制目标,是通过审核施工质量文件,采取现场旁站、巡视等形式,应用施工指令和结算支付控制等手段,履行监理职能,监控施工承包单位的质量活动,以保证工程质量达到施工合同和设计文件所规定的质量标准。

(5)供货单位的质量控制目标,是严格按照合同约定的质量标准提供货物及相关单据,对产品质量负责。

2. 施工阶段质量控制的基本方式

施工阶段的质量控制通常采用自主控制与监督控制相结合、事前控制与事中控制相结合、动态跟踪与纠偏控制相结合的方式,以及这些方式的综合应用。

(二)施工质量计划的编制方法

1. 施工质量计划的编制主体

施工质量计划的编制主体是施工承包企业,一般应在开工前由项目经理组织编制,主要是根据合同需要,对质量体系进行补充,但必须结合工程项目的具体情况,对质量手册及程序文件没有详细说明的地方作重点描述。

2. 施工质量计划的编制范围

施工质量计划编制的范围应与建筑安装工程施工任务的实施范围相一致,一般以单位工程编制,但对较大项目的附属工程可以和主体工程同时编制,对结构相同的群体工程可以合并编制。

3. 施工质量计划的编制形式

根据建筑工程生产施工的特点,目前我国工程项目施工质量计划常用施工组织设计或施工项目管理实施规划的形式进行编制。

4. 施工质量计划的基本内容

在已经建立质量管理体系的情况下,施工质量计划的内容必须全面体现和落实企业质量管理体系文件的要求,同时结合本工程的特点,在质量计划中编写专项管理要求。施工质量计划的内容一般应包括:工程特点及施工条件分析;履行施工承包合同所必须达到的工程质量总目标及其分解目标;质量管理组织机构、人员及资源配置计划;为确保工程质量所采取的施工技术方案、施工程序;材料设备质量管理及控制措施;工程检测项目计划及方法等。

5. 施工质量计划的审批与实施

通常,应先经企业技术领导审核批准,审查实现合同质量目标的合理性和可行性。然后,按施工承包合同的约定提交工程监理或建设单位批准确认,施工企业应根据监理工程师审查的意见进行质量计划的调整、修改和优化,并承担相应的责任。

6. 施工质量控制点的设置

质量控制点是施工质量控制的重点,一般是指为了保证工序质量而需要进行控制的重点、关键部位或薄弱环节。它是保证达到工程质量要求的一个必要前提。通过对工程关键质量特性、关键部位和薄弱环节采取管理措施,实施严格控制,保持工序处于一个良好的受控状态,使工程质量特性符合设计要求和施工验收规范。

(1)质量控制点的设置原则。对产品的适用性有严重影响的关键质量特性、关键部位或重要影响因素,应设置质量控制点;对工艺上有严格要求,对下道工序有严重影响的关键质量特性、部位,应设置质量控制点;对施工中的薄弱环节,质量不稳定的工序、部位或对象,应设置质量控制点;采用新工艺、新材料、新技术的部位和环节,应设置质量控制点;施工中无足够把握的,施工条件困难的或技术难度大的工序或环节,应设置质量控制点。

(2)质量控制点的设置方法。承包单位在工程施工前应根据工程项目施工管理的基本程序,结合项目特点,列出各基本施工过程对局部和总体质量水平有影响的项目,作为具体实施的质量控制点,提交监理工程师审查批准后,在此基础上实施质量预控。如在高层建筑施工质量管理中,可列出地基处理、工程测量、设备采购、大体积混凝土施工及有关分部分项工程中必须进行重点控制的专题等,作为质量控制的重点。

(3)质量控制点的重点控制对象。包括:人为因素,物的因素,物的质量与性能,施工技术参数,施工顺序,技术间歇,施工方法,新工艺、新技术、新材料的应用等。

(三)施工生产要素的质量控制

1.劳动主体的控制

首先,施工企业应当成立以项目经理的管理目标和管理职责为中心的管理架构,配备称职管理人员,各司其职。其次,提高施工人员的素质,加强专业技术和操作技能的培训。最后,还应完善奖励和处罚机制,充分发挥全体人员的最大工作潜能。

2.劳动对象的控制

对原材料、半成品及构件进行质量控制应做到:所有的材料都要满足设计和规范的要求,并提供产品合格证明;要建立完善的验收及送检制度,杜绝不合格材料进入现场,更不允许不合格材料用于施工;实行材料供应"四验"(即验规格、验品种、验质量、验数量)、"三把关"(材料人员把关、技术人员把关、施工操作者把关)制度;确保只有检验合格的原材料才能进入下一道工序,为提高工程质量打下一个良好的基础,建立现场监督抽检制度,按有关规定比例进行监督抽检;建立物资验证台账制度等。

3.施工工艺的控制

先进合理的施工工艺是直接影响工程质量、进度、造价以及安全的关键因素。施工工艺的控制主要包括施工技术方案、施工工艺、施工组织设计、施工技术措施等方面的控制,具体应做到:编制详细的施工组织设计与分项施工方案,对工程施工中容易发生质量事故的原因、防治及控制措施等做出详细的说明,选定的施工工艺和施工顺序应能确保工序质量;设立质量控制点,针对隐蔽工程、重要部位、关键工序和难度较大的项目等设置;建立三检制度,通过自检、互检、交接检,尽量减少质量失误;工程开工前编制详细的项目质量计划,明确本标段工程的质量目标,制定创优工程的各项保证措施等。

4.施工设备的控制

一是机械选择与储备,应根据工程项目特点、工程量、施工技术要求等,合理配置技术性能与工作质量良好、工作效率高、适合工程特点和要求的机械设备,并考虑机械的可靠性、维修难易程度、能源消耗,以及安全、灵活等方面对施工质量的影响与保证条件。二是有计划地保养与维护,做到人机固定、定期保养和及时修理,建立强制性技术保养和检查制度,没达到完好度的设备严禁使用。

5.施工环境的控制

施工环境主要包括工程技术环境、工程管理环境和劳动环境等。

(四)施工过程的作业质量控制

施工作业质量直接影响工程建设项目的整体质量。从项目管理的角度讲,施工过程的作业质量控制分为施工作业质量自控和施工作业质量监控两个方面。

1.施工作业质量自控

施工方是工程施工质量的自控主体,通过具体项目质量计划的编制与实施,有效地实现施工质量的自控目标。《中华人民共和国建筑法》和《建设工程质量管理条例》规定:建筑施工企业对工程的施工质量负责;建筑施工企业必须按照工程设计要求、施工技术标准和合同的约定,对建筑材料、建筑构配件和设备进行检验,不合格的不得使用。

工序作业质量是直接形成工程质量的基础,为了有效控制工序质量,工序控制应该坚持:持证上岗,严格施工作业制度;预防为主,主动控制施工工序活动条件的质量;重点控制,合理设置工序质量控制点;坚持标准,及时检查施工工序作业效果质量;制度创新,形成质量自控的有效方法;记录完整,做好有效施工质量管理资料。

2.施工作业质量监控

建设单位、监理单位、设计单位及政府的工程质量监督部门,在施工阶段依照法律法规和工程施工合同,对施工单位的质量行为和质量状况实施监督控制。

建设单位和政府质量监督部门要在工程项目施工全过程中对每个分项工程和每道工序进行质量检查监督,尤其要加强对重点部位的质量监督评定,负责对质量控制点的监督把关,同时检查督促单位工程质量控制的实施情况,检查质量保证资料和有关施工记录、试验记录,建设单位负责组织主体工程验收和单位工程完工验收,指导验收技术资料的整理归档。

在开工前,建设单位要主动向政府质量监督机构办理质量监督手续,在工程建设过程中,政府质量监督机构按照质量监督方案对项目施工情况进行不定期的检查,主要检查工程各个参建单位的质量行为、质量责任制的履行情况、工程实体质量和质量保证资料。

设计单位应当就审查合格的施工图纸设计文件向施工单位做出详细说明,参与质量事故分析,并提出相应的技术处理方案。

作为监控主体之一的项目监理机构,在施工作业过程中,通过旁站监理、测量、试验、指令文件等一系列控制手段,对施工作业进行监督检查,实现其项目监理规划。

(五)施工阶段质量控制的主要途径

为了加强对施工过程的作业质量控制,明确各施工阶段质量控制的重点,可将施工过程按照事前质量控制、事中质量控制和事后质量控制三个阶段进行质量控制。

1.事前质量控制

事前质量控制指在正式施工前进行的质量控制,其控制重点是做好施工准备工作,并且施工准备工作要贯穿于施工全过程中。通常包括技术准备、物资准备、劳动组织准备、施工现场准备和施工场外准备。该部分内容详见项目一单元二。

2.事中质量控制

事中质量控制指在施工过程中进行的质量控制。其策略是:全面控制施工过程,重点控制工序质量。

(1)施工作业技术复核与计量管理。凡涉及施工作业技术活动基准和依据的技术工作,都应由专人负责复核性检查,复核结果应报送监理工程师复验确认后,才能进行后续相关的施工,以避免基准失误给整个工程质量带来难以补救的或全局性的危害。

(2)见证取样、送检工作的监控。见证取样指对工程项目使用的材料、构配件的现场取样、工序活动效果的检查实施见证。承包单位在对进场材料、试块、钢筋接头等实施见证取样前要通知监理工程师,在监理工程师现场监督下完成取样过程,并送往具有相应资质的实验室,实验室出具的报告一式两份,分别由承包单位和项目监理机构保存,并作为归档材料,是工序产品质量评定的重要依据。

（3）工程变更的监控。在施工过程中,由于种种原因会涉及工程变更,无论是哪一方提出工程变更或图纸修改,都应通过监理工程师审查并经有关方面研究,确认其必要性后,由监理工程师发布变更指令方能生效予以实施。

（4）隐蔽工程验收的监控。由于检查对象就要被其他工程覆盖,会给以后的检查整改造成障碍,故其是施工质量控制的重要环节。通常,隐蔽工程施工完毕,承包单位按有关技术规程、规范、施工图纸先进行自检且合格后,填写《报验申请表》,并附上相应的隐蔽工程检查记录及有关材料证明、试验报告、复试报告等,报送项目监理机构。监理工程师收到报验申请后并对质量证明资料进行审查认可后,在约定的时间和承包单位的专职质检员及相关施工人员一起进行现场验收。

（5）其他措施。批量施工先行样板示范、现场施工技术质量例会、QC 小组活动等,也是长期施工管理实践过程中形成的质量控制途径。

3. 事后质量控制

事后质量控制指在完成施工过程中形成产品的质量控制,其具体工作内容是进行已完施工成品保护、质量验收和不合格品的处理等。

（1）成品保护。在施工过程中,有些分部分项工程已经完成,而其他部位尚在施工,如果不对成品进行保护就会造成其损伤、污染而影响质量,因此承包单位必须负责对成品采取妥善措施予以保护。对成品进行保护的最有效手段是合理安排施工顺序,以防止后道工序损坏或污染已完施工的成品。此外,也可以采取一般措施来进行成品保护。

①防护。是对成品提前保护,以防止成品可能发生的污染和损伤。

②包裹。是将被保护物包裹起来,以防损伤或污染。

③覆盖。是对成品进行表面覆盖,防止堵塞或损伤。

④封闭。是对成品进行局部封闭,以防破坏。

（2）不合格品的处理。上道工序不合格,不准进入下道工序施工,不合格的材料、构配件、半成品不准进入施工现场且不允许使用,已经进场的不合格品应及时做出标识、记录,指定专人看管,并限期清除出现场;不合格的工序或工程产品,不予计价。

（3）施工质量验收。按照施工质量验收统一标准规定的质量验收方法,从施工作业工序开始,通过多层次的设防把关,依次做好检验批、分项工程、分部工程及单位工程的施工质量验收。

对于现场所用原材料、半成品、工序过程或工程产品质量进行检验的方法,一般可分为三类,即目测法、量测法以及试验法。

（1）目测法。即凭借感官进行检查,也可以叫作观感检验。这类方法主要是根据质量要求,采用看、摸、敲、照等手法对检查对象进行检查。

"看"就是根据质量标准要求进行外观目测;"摸"就是通过触摸手感进行检查、鉴别,主要用于装饰工程的某些检查项目;"敲"就是运用敲击方法进行观感检查,通过声音的虚实确定有无空鼓,还可根据声音的清脆和沉闷,判定属于面层空鼓还是底层空鼓;"照"就是对于难以看到或光线较暗的部位,通过人工光源或反射光照射进行检查。

（2）量测法。即利用量测工具或计量仪表,通过实际量测结果与规定的质量标准或规范的要求相对照,从而判断质量是否符合要求。量测的手法可归纳为:靠、吊、量、套。

"靠"就是用直尺检查诸如地面、墙面的平整度等;"吊"就是用线锤检查垂直度;"量"就是用测量工具和计量仪表等检查断面尺寸、轴线、标高等的偏差;"套"是以方尺套方,辅以塞尺,检查一些部位和构件。

(3)试验法。即利用理化试验或借助专门仪器判断检验对象质量是否符合要求。

①理化试验。常用的理化试验包括物理力学性能方面的检验和化学成分及含量的测定两个方面。物理性能方面的测定如密度、含水量、凝结时间等。化学试验如钢筋中的磷、硫含量以及抗腐蚀等。

②无损测试或检验。借助专门的仪器、仪表等手段在不损伤被探测物的情况下,了解被探测物的质量情况。

五、建设工程项目质量验收

进行建设工程项目质量的验收是施工项目质量管理的重要内容,根据《建筑工程施工质量验收统一标准》(GB 50300—2013),施工质量验收包括施工过程的质量验收及工程竣工时的质量验收。通过对工程建设中间产出品和最终产品的质量验收,可以从过程控制和终端把关两个方面进行工程项目的质量控制,从而确保达到业主所要求的功能和使用价值。

(一)施工过程质量验收

根据《建筑工程施工质量验收统一标准》(GB 50300—2013),施工质量验收分为检验批、分项工程、分部(子分部)工程、单位(子单位)工程的质量验收。检验批和分项工程是质量验收的基本单元,分部工程是在所含全部分项工程验收的基础上进行的验收,它们是在施工过程中随完工随验收,并留下完整的质量验收记录和资料。单位工程作为具有独立使用功能的完整的建筑产品,进行竣工质量验收。

1.施工过程质量验收合格的条件

(1)检验批质量验收。所谓检验批,是指按同一生产条件或规定的方式汇总起来供检验用的,由一定数量样本组成的检验体。检验批是施工质量验收的最小单位,是分项工程质量验收的基础依据,它可以根据施工及质量控制和专业验收需要,按楼层、施工段、变形缝等划分。检验批合格质量应符合下列规定:主控项目和一般项目的质量经抽样检验合格,具有完整的施工操作依据、质量检查记录。

这里主控项目是指建筑工程中对安全、卫生、环境保护和公共利益起决定性作用的检验项目。除主控项目外的其他项目称为一般项目。

(2)分项工程质量验收。分项工程由一个或若干检验批组成,通常按主要工种、材料、施工工艺、设备类别进行划分。分项工程的验收在检验批的基础上进行,一般情况下,两者具有相同或相近的性质,只是批量的大小不同而已。分项工程合格质量应符合下列规定:分项工程所含检验批均应符合合格质量的规定,分项工程所含检验批的质量验收记录应完整。

(3)分部(子分部)工程质量验收。分部工程的划分按专业性质、建筑部位确定。当分部工程较大或较复杂时,可将分部工程划分为若干子分部工程。分部工程合格质量应符合下列规定:分部(子分部)工程所含分项工程的质量均应验收合格,质量控制资料应完整,地基与基础、主体结构和设备安装等分部工程有关安全及功能的检验和抽样检测结果应符合有关规定。

(4)观感质量验收应符合要求。这里观感质量是指通过观察和必要的量测所反映的工程外在质量。通常观感质量检查难以定量,检查结果并不能给出"合格"或"不合格"的结论,而是以"好""一般""差"三种作为评价的结论。对于"差"的检查点应通过返修处理等进行补救。

2. 施工过程质量验收的组织程序

(1)检验批和分项工程质量验收的组织程序。检验批和分项工程验收通常由监理工程师(或建设单位项目技术负责人)负责组织。施工单位先填好"检验批和分项工程的验收记录",并由项目专业质量(技术)负责人在检验批和分项工程质量检验记录中相关栏目中签字,然后由监理工程师严格按规定程序进行验收。

(2)分部(子分部)工程质量验收的组织程序。分部工程应由总监理工程师(或建设单位项目技术负责人)组织施工单位项目负责人和技术、质量负责人等进行验收。考虑到地基基础、主体结构技术性能要求严格,技术性强,因此涉及地基基础、主体结构分部工程的质量验收,相关的勘察、设计单位工程项目负责人和施工单位技术、质量部门负责人也应参与。

3. 施工过程质量验收不合格的处理

施工过程的质量验收是以检验批的施工质量为基本验收单元。不合格的判定应当以规范标准和设计文件为依据。在具体工程项目中,符合规范标准的检测指标是存在的,具有质量缺陷的检验批也是存在的。实际上,工程施工过程中发现的问题多数可以及时处理,达到规范标准的规定。为此,《建筑工程施工质量验收统一标准》(GB 50300—2013)规定,对建筑工程质量不符合要求的检验批可以以返工、鉴定、复核、加固等办法进行处理。若通过这些措施仍然不能满足安全使用要求,则严禁验收。

(二)建设工程项目竣工质量验收

建设工程项目竣工验收是指施工承包单位将竣工建筑工程以及有关资料移交业主单位或监理单位,并接受业主对产品质量和技术资料的一系列审查验收工作的总称。工程竣工验收是工程项目管理的最后环节,也是建设投资转入生产或使用的标志。单位工程是建设工程项目竣工质量验收的基本对象。

1. 建设工程项目竣工质量验收的依据和标准

(1)建设工程项目竣工质量验收依据。包括工程项目建设和批复文件,工程承包合同、招标投标文件以及协作配合协议,设计文件、工程施工图纸,现行施工及验收规程、规范和质量评定标准,图样会审记录、设计变更签证、中间验收资料等,施工单位提供的质量保证文件和技术资料等,建设法律法规等。

(2)建设工程项目竣工质量验收标准。建设工程项目竣工验收严格遵循《建筑工程施工质量验收统一标准》(GB 50300—2013)。

2. 建设工程项目竣工质量验收的要求

工程质量验收均应在施工单位自行检查评定的基础上进行;参加工程施工质量验收

的各方人员,应该具有规定的资格;建设项目的施工应符合工程勘察、设计文件的要求;隐蔽工程应在隐蔽前由施工单位通知有关单位进行验收,并形成验收文件;单位工程施工质量应该符合相关验收规范的标准;涉及结构安全的材料及施工内容,应有按照规定对材料及施工内容进行见证取样检测的资料;对涉及结构安全和使用功能的重要分部工程应进行功能性抽样检测;工程外观质量应由验收人员通过现场检查后共同确认。

3. 建设工程项目竣工质量验收合格的条件

建设工程项目竣工质量验收合格的条件是:单位(子单位)工程所含分部(子分部)工程的质量均应验收合格,质量控制资料应完整,单位(子单位)工程所含分部工程有关安全和功能的检测资料应完整,主要功能项目的抽查结果应符合相关专业质量验收规范的规定,观感质量验收应符合要求。

4. 建设工程项目竣工质量验收的组织程序

建设工程项目竣工验收应以建设单位为主,由监理工程师负责牵头组织使用单位、施工单位、勘察设计单位、质量监督机构等共同进行,具体的组织程序如下。

(1)施工单位进行竣工预验收。当单位工程达到竣工验收条件后,施工单位应在施工队组、项目经理部、公司内部三级自查及自评工作完成后,向监理单位提交验收申请报告,申请竣工验收。总监理工程师应组织各专业监理工程师,参照建设工程合同要求和验收标准,认真审查竣工资料,并对各专业实体工程的质量情况进行全面检查,对检查出的问题,应督促施工单位及时整改。对需要进行功能试验的项目(包括单机试车和无负荷试车),监理工程师应督促施工单位及时进行试验,并对重要项目进行监督、检查,必要时请建设单位和设计单位参加;监理工程师应认真审查试验报告单,并督促施工单位搞好成品保护和现场清理。

(2)正式验收。经项目监理机构对竣工资料及工程实体全面检查、验收合格后,监理工程师应向建设单位报送施工单位的竣工申请报告,同时负责牵头组织使用单位、施工单位、勘察设计单位以及其他方面的专家组成竣工验收小组,并制订验收方案。建设单位应在工程竣工验收前7个工作日将验收时间、地点、验收组名单通知该工程的工程质量监督机构。在规定的竣工验收日,参与正式竣工验收的人员应到场进行现场检测,并召开现场验收会议。竣工验收签证书必须由业主单位、承建单位和监理单位三方签字方可生效。

当参加验收各方对工程质量验收意见不一致时,可请当地建设行政主管部门或工程质量监督机构协调处理。

(三)建设工程项目竣工验收备案

我国实行建设工程竣工备案制度。单位工程质量验收合格后,建设单位应在规定时间内报建设行政主管部门备案。具体要求如下:

(1)凡在中华人民共和国境内新建、扩建和改建的各类房屋建筑工程和市政基础设施工程的竣工验收,均按《建设工程质量管理条例》规定进行备案。

(2)国务院建设行政主管部门和有关专业部门负责全国工程竣工验收的监督管理工作。县级以上地方人民政府建设行政主管部门负责本行政区域内工程的竣工验收备案管理工作。

(3)建设单位应当自工程竣工验收合格之日起15日内,将建设工程竣工验收报告和规划、公安消防、环保等部门出具的认可或准许使用文件,向备案机关(建设行政主管部门或其他相关部门)办理工程竣工验收备案手续。

(4)备案部门在收到备案文件资料后的15日内,对文件资料进行审查,符合要求的工程在验收备案表上加盖"竣工验收备案专用章",并将一份退建设单位存档。

(5)若延期办理的,备案机关可责令限期改正,并处20万元以上30万元以下的罚款;若工程未实施竣工验收备案而擅自交付使用的,除责令停止使用外,应处工程合同价款2%以上4%以下的罚款;若采用虚假证明文件办理的,将视为无效;若重新组织竣工验收及备案的,凡造成使用人损失的,由建设单位依法承担赔偿责任,构成犯罪的,还应依法追究刑事责任。

六、建设工程项目质量的政府监督

为了保证建设工程质量、使用安全及环境质量,《中华人民共和国建筑法》及《建设工程质量管理条例》明确政府行政主管部门设立专门机构对建设工程质量行使监督职能。

(一)建设工程项目质量政府监督的职能

1.建设工程项目质量政府监督管理体制

建设工程项目质量政府监督管理的主体是各级政府建设行政主管部门,其具体实施是由建设行政主管部门或其他有关部门委托的工程质量监督机构进行的。

我国政府在建设工程质量监督管理中采取统一管理和专业专管相结合的方针,由国务院建设行政主管部门统一对全国建设工程质量实行监督管理,由国务院铁路、交通、水利等有关部门按照规定的职责分工,负责对全国有关专业建设工程质量的监督管理。县级以上地方人民政府建设行政主管部门对本行政区域内的建设工程质量实施监督管理。县级以上地方人民政府交通、水利等有关部门在各自职责范围内,负责本行政区域内的专业建设工程质量的监督管理。

2.建设工程项目质量政府监督的职能

国家、地方和各专业部门为加强对建设工程质量的管理,制定并颁布了法律法规、各类规范和强制性标准,通过法律手段约束各建设主体行为。

政府监督的职能具体体现在以下两个方面:①监督工程建设各方主体的质量行为是否符合国家法律法规及各项制度的规定,查处违法违规行为和质量事故;②监督检查工程实体的施工质量,尤其是直接影响结构安全和使用功能的地基基础、主体结构、专业设备安装等施工质量。

(二)建设工程项目质量政府监督的内容

1.开工前的质量监督

建设工程项目开工前,建设单位应向质量监督机构提交建设工程质量监督的申报资料,质量监督机构受理后,对符合合格标准的签发有关质量监督文件。检查的重点是:工程项目质量控制系统及各施工方的质量保证体系是否已经建立以及完善的程度,同时应该审查施工组织设计、监理规划等文件及审批手续;检查项目各参与方的营业执照、资质证书以及有关人员的资格证书等。

2. 施工期间的质量监督

在项目施工期间,质量监督机构按照监督方案对项目施工情况采取不定期检查和定期检查相结合的方式进行质量监督。检查内容主要为:工程参与各方的质量行为及质量责任制的履行情况,工程实体质量和质量保证资料的状况等。

对于直接影响安全的基础和结构等重要部位,每月除进行例行常规检查外,且在分部工程验收时,还要求建设单位将质量验收证明在验收后 3 日内报监督机构备案。

质量监督机构还应对施工中发生的质量问题、质量事故进行查处,并根据质量检查状况,对查实的问题要求责任单位进行整改。

3. 竣工阶段的质量监督

质量监督机构应对质量监督检查中提出的质量问题的整改情况进行复查,了解整改情况;参与竣工验收会议,对竣工工程的质量验收程序、验收组织与方法、验收过程进行监督;编制单位工程质量监督报告;及时建立建设工程质量监督档案,文件齐全,按规定年限保存。

七、企业质量管理体系标准

建筑业企业质量管理体系是按照我国《质量管理体系标准》(GB/T 19000—2016)进行建立和认证的,《质量管理体系标准》(GB/T 19000—2016)是我国按照等同原则,采用国际标准化组织颁布的 ISO 9000—2015 质量管理体系族标准建立和认证的。

(一)质量管理体系八项原则

2015 版 ISO 9000 标准中提出了质量管理八项原则,这八项原则反映了全面质量管理的基本思想,是组织的领导者有效实施质量管理工作必须遵循的原则。

1. 以顾客为关注焦点

组织依存于顾客,因此组织应当理解顾客当前和未来的需求,满足顾客要求并争取超越顾客期望。

2. 领导作用

领导者确立组织统一的宗旨及方向。他们应当创造并保持员工能充分参与实现组织目标的内部环境。

3. 全员参与

人是管理活动的主体,组织的质量管理是通过组织内各职能、各层次人员参与产品实现及支持过程来实施的。全员参与的核心是调动人的积极性,当每个人的才干得到充分发挥并能实现创新和持续改进时,组织将会获得最大收益。为了激发全体员工参与的积极性,管理者应该对职工进行质量意识、职业道德、以顾客为中心的意识和敬业精神的教育,还要通过制度化的方式激发他们的积极性和责任感。

4. 过程方法

将活动和相关的资源作为过程进行管理,可以更高效地得到期望的结果。通过利用资源和实施管理,将输入转化为输出的一组活动,可以视为一个过程。一个过程的输出可直接形成下一个或几个过程的输入。为了使组织有效运行,必须识别和管理众多相互关联的过程,特别是这些过程之间的相互作用,从而掌握组织内与产品实现有关的全部过程,清楚过程之间的内在关系及相互联结。

5.管理的系统方法

将相互关联的过程作为系统加以识别、理解和管理,有助于组织提高实现其目标的有效性和效率。不同企业应根据自己的特点,建立资源管理、过程实现、测量分析改进等方面的关联关系,并加以控制。

6.持续改进

持续改进总体业绩应当是组织的一个永恒目标。其作用在于增强企业满足质量要求的能力,包括产品质量、过程及体系的有效性和效率的提高。持续改进是增强和满足质量要求能力的循环活动,使企业的质量管理走上良性循环的轨道。

7.基于事实的决策方法

有效决策是建立在数据和信息分析的基础上的。成功的结果取决于活动实施之前的精心策划和正确的决策,决策是一个在行动之前选择最佳行动方案的过程。

8.与供方互利的关系

组织与供方是相互依存的,互利的关系可增强双方创造价值的能力。供方或合作伙伴提供高质量的产品,将使组织为顾客提供高质量的产品得到保证,最终确保顾客满意。组织的市场扩大,则为供方或合作伙伴增加了提供更多产品的机会。所以,组织与供方或合作伙伴是互相依存的,企业与企业已经形成了"共生共荣"的企业生态系统。

(二)企业质量管理体系文件

1.质量管理体系文件的作用

质量管理体系文件是描述一个企业质量体系结构、职责和工作程序的一整套文件。在实施 ISO 9000 的质量管理中,质量管理体系文件是对质量体系的开发和设计的体现,它是企业质量活动的法规,是各级管理人员和全体员工都应遵守的工作规范。

2.质量管理体系文件的构成

质量管理体系文件的构成有:文件的质量方针和质量目标、质量手册、程序文件、作业指导文件、质量记录表格。

3.质量管理体系文件的基本要求

以上各类文件的详略程度无统一规定,以适合于企业使用,使过程受控为准则。

(1)质量方针和质量目标。一般都以简明的文字来表述,是企业质量管理的方向目标,应反映用户及社会对工程质量的要求及企业相应的质量水平和服务承诺,也是企业质量经营理念的反映。

(2)质量手册的要求。质量手册是规定企业组织建立质量管理体系的文件,质量手册对企业质量管理体系作系统、完整和概要的描述。其内容一般包括:企业的质量方针、质量目标;组织机构及质量职责;体系要素或基本控制程序;质量手册的评审、修改和控制的管理办法。质量手册作为企业质量管理系统的纲领性文件,应具备指令性、系统性、协调性、先进性、可行性和可检查性。

(三)企业质量管理体系的建立和运行

1.企业质量管理体系的建立

企业在建立或完善质量管理体系时,应根据国际质量管理体系标准的要求,对照本企业的具体实际,统筹谋划,系统分析、设计。质量管理八项原则构成了2015版质量管理体系标准的基础,也是企业质量管理体系建立的基础。根据国际标准ISO 9000—2015建立、更新和完善一个质量管理体系,一般都经历以下几个步骤:企业领导决策;编制质量管理体系文件;分解质量目标到职责;分层次教育培训;识别并提供相应资源。

2. 企业质量管理体系的运行

质量管理体系运行是执行质量文件、实现质量目标、保持质量管理体系持续有效和不断优化的过程。保证质量管理体系的正常运行和持续实用有效是企业质量管理的一项重要任务,是质量管理体系发挥效能、实现质量目标的主要阶段。

企业质量管理体系运行主要体现在两个方面:一是组织所有质量活动都依据质量管理体系文件的要求实施运行;二是在运行过程中持续收集、记录并分析过程的数据和信息,以证实质量管理体系的运行符合要求,并得到有效实施和保持。

(四)企业质量管理体系认证的意义和程序

1. 企业质量管理体系认证的意义

质量认证制度是由公正的第三方认证机构对企业的产品及质量管理体系做出正确可靠的评价,从而使社会对企业的产品建立信心。第三方质量认证制度自20世纪80年代以来已得到世界各国普遍重视,它对供方、需方、社会和国家的利益都具有以下重要意义:提高供方企业的质量信誉;促进企业完善质量管理体系;增强企业的国际市场竞争能力;减少社会重复检验和检查费用;有利于保护消费者的利益;有利于法规的实施。

2. 企业质量管理体系认证的程序

(1)认证申请。企业按认证机构要求提交申请文件,包括企业质量手册、程序文件等体系文件。

(2)受理申请。认证机构收到申请方的正式申请后,将对申请方的申请文件进行审查,对符合规定的申请将予以接受,并由认证机构向申请方发出"受理申请书"。

(3)体系审核。体系认证机构指派数名国家注册审核员实施审核工作,包括文件审查、现场检查前的准备,到企业现场进行评定,审核结束提交审核报告等。

(4)审批与注册发证。认证机构按程序审核,通过后颁发证书,注册并向社会公告。

八、工程质量统计方法

现代质量管理通常利用质量分析法控制工程质量,即利用数理统计的方法,通过收集、整理、分析、利用质量数据,并以这些数据作为判断、决策和解决质量问题的依据,从而预测和控制产品质量。工程质量分析常用的数理统计方法有分层法、因果分析图法、排列图法、直方图法等。

(一)分层法

分层法又叫分类法,是将调查搜集的原始数据,根据不同的目的和要求,按某一性质进行分组、整理的分析方法。由于工程质量形成的因素多,因此对工程质量状况的调查和质量问题的分析,必须分门别类地进行,以便准确有效地找出问题及其原因。调查分析的层次划分如下:

(1)按时间分:月、日、上午、下午、白天、晚间、季节;

(2)按地点分:地域、城市、乡村、楼层、外墙、内墙;

(3)按材料分:产地、厂商、规格、品种;

(4)按测定分:方法、仪器、测定人、取样方式;

(5)按作业分:工法、班组、工长、工人、分包商;

(6)按工种分:住宅、办公楼、道路、桥梁、隧道;

(7)按合同分:总承包、专业分包、劳务分包。

【例8-5】 一个焊工班组有 A、B、C 三位工人实施焊接作业,共抽查 60 个焊接点,发现 18 点不合格,占 30%,根据表 8-9 提供的统计数据,分析影响焊接总体质量水平的问题是什么。

表 8-9 分层调查统计数据

作业工人	抽检点数	不合格点数	个体不合格率/%	占不合格点总数百分率/%
A	20	2	10	11
B	20	4	20	22
C	20	12	60	67
合计	60	18	—	100

解 根据分层调查表可知,主要是作业工人 C 的焊接质量影响了总体的质量水平。

(二)因果分析图法

因果分析图法是利用因果分析图来系统整理分析某个质量问题(结果)与其产生原因之间关系的有效工具。因果分析图也称特性要因图,因其形状又常被称为树枝图或鱼刺图。因果分析图基本形式如图 8-12 所示。

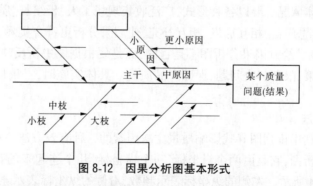

图 8-12 因果分析图基本形式

由图 8-12 可知,因果分析图由质量特性(即质量结果或某个质量问题)、要因(产生质量问题的主要原因)、枝干(指一系列箭线表示不同层次的原因)、主干(指较粗的直接指向质量结果的水平箭线)等组成。

1.因果分析图的绘制

下面结合实例说明因果分析图的绘制。

【例8-6】 绘制混凝土强度不足的因果分析图。

解 因果分析图的绘制步骤是从"结果"开始将原因逐层分解的。

(1)明确质量问题的结果。该例分析的质量问题是"混凝土强度不足",作图时先由左至右画出一条水平主干线,箭头指向一个矩形框,框内注明研究的问题,即结果。

(2)分析确定影响质量特性大的方面原因。一般来说,影响质量因素有人、机械、材料、方法、环境(简称 4M1E)等。另外,还可以按产品的生产过程进行分析。

(3)将大原因进一步分解为中原因、小原因,直至能采取具体措施加以解决。

(4)检查图中所列原因是否齐全,并对初步分析结果做必要的补充和修改。

(5)选择影响大的关键因素,做出标记△,以便重点采取措施。

图 8-13 是混凝土强度不足的因果分析图。

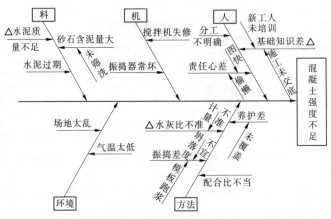

图 8-13　混凝土强度不足的因果分析图

2.绘制和使用因果分析图时应注意的问题

(1)集思广益。绘制时要求绘制者熟悉专业施工方法技术,调查、了解施工现场实际条件和操作的具体情况。要以各种形式,广泛收集现场工人、班组长、质量检查员、工程技术人员的意见,集思广益,相互启发、相互补充,使因果分析更符合实际。

(2)制定对策。绘制因果分析图不是目的,而是要根据图中所反映的主要原因,制定改进的措施和对策,限期解决问题,保证产品质量。具体实施时,一般应编制一个对策计划表。

(三)排列图法

排列图法是利用排列图寻找影响质量主次因素的一种有效方法。排列图又叫巴雷托图或主次因素分析图,它是由两个纵坐标、一个横坐标、几个连起来的直方形和一条曲线所组成,如图 8-14 所示。左侧的纵坐标表示频数,右侧的纵坐标表示累计频率,横坐标表示影响质量的各个因素或项目,按影响程度大小从左至右排列。直方形的高度表示某个因素的影响大小。实际应用中,通常按累计频率划分为 0~80%、80%~90%、90%~100% 三部分,与其对应的影响因素分别为 A、B、C 三类。A 类为主要因素,B 类为次要因素,C 类为一般因素。

1.排列图的作法

【例 8-7】　某工地现浇混凝土,其结构尺寸质量检查结果是:在全部检查的 8 个项目中不合格点(超偏差限位)有 150 个,为改进并保证质量,应对这些不合格点进行分析,以

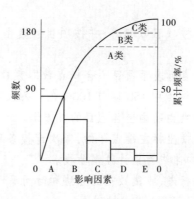

图 8-14 排列图

便找出混凝土结构尺寸的薄弱环节。

解 （1）收集整理数据。首先收集混凝土结构尺寸各项目不合格点的数据资料,如表 8-10 所示。各项目不合格点出现的次数即频数。然后对数据资料进行整理,将不合格点较少的轴线位置、预埋设施中心位置、预留孔洞中心位置三项合并为"其他"项。按不合格点的频数由大到小顺序排列各检查项目,"其他"项排在最后。以全部不合格点数为总数,计算各项的频率和累计频率,结果如表 8-11 所示。

表 8-10 不合格点数统计表

序号	检查项目	不合格点数	序号	检查项目	不合格点数
1	轴线位置	1	5	平面水平度	15
2	垂直度	8	6	表面平整度	75
3	标高	4	7	预埋设施中心位置	1
4	截面尺寸	45	8	预留孔洞中心位置	1

表 8-11 不合格点项目频数、频率统计

序号	项目	频数	频率/%	累计频率/%
1	表面平整度	75	50.0	50.0
2	截面尺寸	45	30.0	80.0
3	平面水平度	15	10.0	90.0
4	垂直度	8	5.3	95.3
5	标高	4	2.7	98.0
6	其他	3	2.0	100.0
合计		150	100	

(2)画排列图。

①画横坐标。将横坐标按项目数等分,并按项目频数由大到小顺序从左至右排列。该例中横坐标分为六等份。

②画纵坐标。左侧的纵坐标表示项目不合格点数即频数,右侧纵坐标表示累计频率总频数对应累计频率100%,该例中150应与100%在一条水平线上。

③画频数直方形。以频数为高画出各项目的直方形。

④画累计频率曲线。从横坐标左端点开始,依次连接各项目直方形右边线及所对应的累计频率值的交点,得到的曲线为累计频率曲线。

⑤记录必要的事项。如标题、收集数据的方法和时间等。

图8-15为混凝土结构尺寸不合格点排列图。

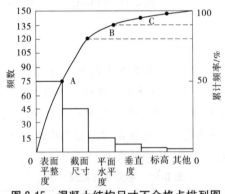

图8-15 混凝土结构尺寸不合格点排列图

2. 排列图的观察与分析

(1)观察直方形,大致可看出各项目的影响程度。排列图中的每个直方形都表示一个质量问题或影响因素,影响程度与各直方形的高度成正比。

(2)利用ABC分类法,确定主次因素。将累计频率曲线按0~80%、80%~90%、90%~100%分为三部分,各条曲线下面所对应的影响因素分别为A、B、C三类因素,该例中A类即主要因素是表面平整度(2 m长度)、截面尺寸(梁、柱、墙板、其他构件),B类即次要因素是平面水平度,C类即一般因素有垂直度、标高和其他项目。综上分析结果,下一步应重点解决A类等质量问题。

(四)直方图法

直方图法即频数分布直方图法,它是将收集到的质量数据进行分组整理,绘制成频数分布直方图,用以描述质量分布状态的一种分析方法,所以又称质量分布图法。

1. 直方图法的用途

(1)整理统计数据,了解统计数据的分布特征,即数据分布的集中或离散状况,从中掌握质量能力状态。

(2)观察分析生产过程质量是否处于正常、稳定和受控状态以及质量水平是否保持在公差允许的范围内。

2. 直方图的绘制方法

(1)收集整理数据。用随机抽样的方法抽取数据,一般要求数据在50个以上。

项目八 建设工程项目目标管理

某建筑施工工地浇筑 C30 混凝土,为对其抗压强度进行质量分析,共收集了 50 份抗压强度试验报告单,经整理如表 8-12 所示。

表 8-12　数据整理表　　　　　　　　　　单位:N/mm²

序号	抗压强度数据					最大值	最小值
1	39.8	37.7	33.8	31.5	36.1	39.8	31.5★
2	37.2	38.0	33.1	39.0	36.0	39.0	33.1
3	35.8	35.2	31.8	37.1	34.0	37.1	31.8
4	39.9	34.3	33.2	40.4	41.2	41.2	33.2
5	39.3	35.4	34.4	38.1	40.3	40.3	34.4
6	42.3	37.5	35.5	39.3	37.3	42.3	35.5
7	35.9	42.4	41.8	36.3	36.2	42.4	35.9
8	46.2	37.6	38.3	39.7	38.0	46.2★	37.6
9	36.4	38.3	43.4	38.2	38.0	43.4	36.4
10	44.4	42.0	37.9	38.4	39.5	44.4	37.9

(2)计算极差 R。极差 R 是数据中最大值和最小值之差,本例中:$X_{max} = 46.2 \text{ N/mm}^2$,$X_{min} = 31.5 \text{ N/mm}^2$,$R = X_{max} - X_{min} = 14.7 \text{ N/mm}^2$。

(3)对数据分组。

①确定组数 k。确定组数的原则是分组的结果能正确地反映数据的分布规律。组数应根据数据多少来确定。组数过少,会掩盖数据的分布规律;组数过多,会使数据过于零乱分散,也不能显示出质量分布状况,一般可参考表 8-13 的经验数值来确定。本例中 $k=8$。

表 8-13　数据分组参考值

数据总数	分组数 k
50~100	6~10
100~250	7~12
250 以上	10~20

②确定组距 h。组距是组与组之间的间隔,也即一个组的范围。各组距应相等,即有

$$极差 \approx 组距 \times 组数$$

即　　　　　　　　　　　　　　　$$R \approx h \cdot k \tag{8-14}$$

因而组数、组距的确定应结合极差综合考虑,适当调整,还要注意数值尽量取整,使分组结果能包括全部变量值,同时也便于以后的计算分析。

本例中　　　　　　　$$h = \frac{R}{k} = \frac{14.7}{8} = 1.8 (\text{N/mm}^2) \approx 2.0 \text{ N/mm}^2$$

③确定组限。每组的最大值为上限,最小值为下限,上、下限统称组限。确定组限时

应注意各组之间连续,即较低组上限应为相邻较高组下限,这样才不致使数据被遗漏。对恰恰处于组限值上的数据,其解决的办法有二:一是规定每组上(或下)组限不计在该组内,而应计入相邻较高(或较低)组内;二是将组限值较原始数据精度提高半个最小测量单位。

本例采取第一种办法划分组限,即每组上限不计入该组内。

首先确定第一组下限

$$X_{min} - \frac{h}{2} = 31.5 - \frac{2.0}{2} = 30.5(N/mm^2)$$

第一组上限

$$30.5 + h = 30.5 + 2 = 32.5(N/mm^2)$$

第二组下限

$$第二组下限 = 第一组上限 = 32.5 \ N/mm^2$$

第二组上限

$$32.5 + h = 32.5 + 2 = 34.5(N/mm^2)$$

以下以此类推,最高组限为 $44.5 \sim 46.5 \ N/mm^2$,分组结果覆盖了全部数。

(4)编制数据频数统计表。统计各组频数,可采用唱票形式进行,频数总和应等于全部数据个数。本例频数统计结果如表 8-14 所示。

表 8-14　频数统计

组号	组限/(N/mm²)	频数	组号	组限/(N/mm²)	频数
1	30.5~32.5	2	5	38.5~40.5	9
2	32.5~34.5	6	6	40.5~42.5	5
3	34.5~36.5	10	7	42.5~44.5	2
4	36.5~38.5	15	8	44.5~46.5	1
合　计					50

从表 8-14 中可以看出,浇筑 C30 混凝土,50 个试块的抗压强度是各不相同的,这说明质量特性值是有波动的。但这些数据分布是有一定规律的,就是数据在一个有限范围内变化,且这种变化有一个集中趋势,即强度值在 $36.5 \sim 38.5 \ N/mm^2$ 范围内的试块最多,可把这个范围即第 4 组视为该样本质量数据的分布中心,随着强度的逐渐增大和逐渐减小,而数据逐渐减少。为了更直观、更形象地表现质量特征值的这种分布规律,应进一步绘制出直方图。

(5)绘制频数分布直方图。在频数分布直方图中,横坐标表示质量特性值,本例中为混凝土强度,并标出各组的组限值。根据表 8-14 画出以组距为底,以频数为高的 k 个直方形,便得到混凝土强度的频数分布直方图,如图 8-16 所示。

3. 直方图的观察与分析

(1)观察直方图的形状、判断质量分布状态。作完直方图后,首先要认真观察直方图的整体形状,看其是否属正常型直方图。正常型直方图就是中间高、两侧低、左右接近对

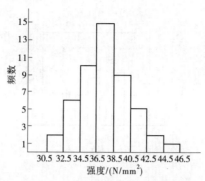

图 8-16　混凝土强度分布直方图

称的图形,如图 8-17(a)所示。当出现非正常型直方图时,表明生产过程或收集数据有问题,这就要求进一步分析判断,找出原因,并采取措施加以纠正。非正常型直方图,归纳起来一般有五种类型,如图 8-17(b)~(f)所示。

①折齿型[见图 8-17(b)],是由于分组不当或者组距确定不当出现的。

②左(或右)缓坡型[见图 8-17(c)],主要是由于操作中对上限(或下限)控制太严造成的。

③孤岛型[见图 8-17(d)],是原材料发生变化,或者临时他人顶班作业造成的。

④双峰型[见图 8-17(e)],是由于用两种不同方法、两台设备或两组工人进行生产,然后把两方面数据混在一起整理产生的。

⑤峭壁型[见图 8-17(f)],是由于数据收集不正常,可能有意识地去掉下限附近的数据,或是在检测过程中存在某种人为因素所造成的。

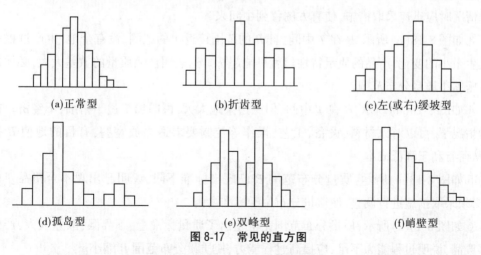

图 8-17　常见的直方图

(2)将直方图与质量标准比较,判断实际生产过程能力。作出直方图后,除观察直方图形状、分析质量分布状态外,再将正常型直方图与质量标准比较,从而判断实际生产过程能力。正常型直方图与质量标准相比较,一般有如图 8-18 所示的六种情况。

①如图 8-18(a)所示,B 在 T 中间,质量分布中心 $\bar{x}$ 与质量标准中心 M 重合,实际数据分布与质量标准相比较两边还有一定余地。这样的生产过程是很理想的,说明生产过

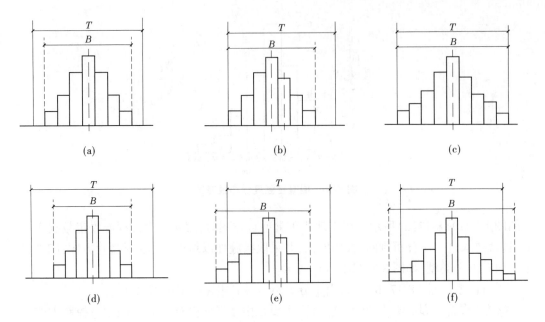

T—质量标准要求界限;B—实际质量特性分布范围。

图 8-18　实际质量分析与标准比较

程处于正常的稳定状态。在这种情况下生产出来的产品可认为全部是合格品。

②如图 8-18(b)所示,B 虽然落在 T 内,但质量分布中心 $\bar{x}$ 与 T 的中心 M 不重合,偏向一边。这样生产状态一旦发生变化,就可能超出质量标准下限而出现不合格品。出现这种情况时应迅速采取措施,使直方图移到中间来。

③如图 8-18(c)所示,B 在 T 中间,且 B 的范围接近 T 的范围,没有余地,生产过程一旦发生微小的变化,产品的质量特性值就可能超标。这表明产品质量的散差太大,必须采取措施缩小质量分布范围。

④如图 8-18(d)所示,B 在 T 中间,但两边余地太大,说明加工过于精细,不经济。在这种情况下,可以对原材料、设备、工艺、操作等控制要求适当放宽些,有目的地使 B 扩大,从而有利于降低成本。

⑤如图 8-18(e)所示,质量分布范围 B 已超出标准下限,说明已出现不合格品。此时,必须采取措施进行调整,使质量分布位于标准之内。

⑥如图 8-18(f)所示,质量分布范围完全超出了质量标准上、下界限,散差太大,产生许多废品,说明过程能力不足,应提高过程能力,使质量分布范围 B 缩小。

【单元探索】

结合工程实际,加深对建设工程项目质量管理、质量控制、质量形成过程、影响因素、质量控制系统建立与运行、质量验收、政府质量监督、工程质量统计方法等内容的理解。

【单元练习】

请扫描二维码,做"建设工程项目质量控制"练习题。

码8-6　"建设工
程项目质量
控制"练习题

【项目测试】

请扫描二维码,做"建设工程项目目标管理"测试卷。

码8-7　"建设工程项目目标管理"测试卷

项目九　建设工程项目信息管理

【学习目标】

学习单元	能力目标	知识点
单元一	掌握建设工程项目信息管理环节和任务设计	数据的概念,信息的概念和特征; 建设工程项目信息管理的概念、工作原则、步骤和任务
单元二	能够进行建设工程项目的信息分类和编码	建设工程项目信息分类的原则和方法; 建设工程项目信息编码的原则和方法
单元三	了解工程管理信息化在工程中的应用	项目管理信息系统的功能; 信息化的概念与信息资源的类型
单元四	能够正确进行建设工程文件档案的管理	建设工程文件档案概念; 施工文件档案管理的内容,施工文件立卷的基本原则、要求和归档方法

【思政导引】

一切以人民为中心——信息技术"掌握"疫情防控

"人民性是马克思主义的本质属性,党的理论是来自人民、为了人民、造福人民的理论,人民的创造性实践是理论创新的不竭源泉"(党的二十大报告)。新冠疫情暴发以来,中国始终树立和践行"以人民为中心"的理念。坚持"外防输入、内防反弹"总策略、"动态清零"总方针,把各项防控措施做得更快、更准、更细,在短时间内把疫情控制在一个较小的范围内,其中信息基础起到了重要的作用。

信息技术助力早发现、早隔离、早治疗。"早发现、早隔离、早治疗"对于控制传染性疾病、阻断病毒传播途径具有重要作用。新冠肺炎防控时期,人工智能、云计算、大数据等一系列新兴技术各显神通。

借助信息技术,以抓早、抓小、抓基础为基点,提升疫情防控和早发现的能力。高效有序的核酸检测、科学精准的流调溯源、分类分级的防控管理……一系列精准防控举措迅速落地,中国以最小成本取得了防疫的最大成效。

单元一　概　述

【单元导航】

问题1:何谓数据? 何谓信息? 有哪些特征?

问题2:何谓建设工程项目信息管理? 其工作原则、步骤和任务是什么?

码 9-1　微课–建设工程项目信息管理概述

【单元解析】

一、建设工程项目信息管理的基本概念

(一) 数据

数据是客观实体属性的反映,是一组表示数量、行为和目标,可以记录下来加以鉴别的符号。

数据,首先是客观实体属性的反映,通过对客观实体各个角度的属性的描述,反映它与其他实体的区别。广义的数据包括数值数据(例如各种统计资料数据)以及非数值数据两种,后者如各种图像、表格、语言、颜色和特殊符号等。例如,在反映某个建筑工程质量时,我们通过对施工单位资质、人员、使用的材料、构配件、设备、施工方法、工程地质、天气、水文等各个角度的数据搜集汇总,得以体现。此时,各个角度的数据就是建筑工程这个实体的各种属性的反映。

(二) 信息

1. 信息的概念

信息是数据的解释,经过加工处理,用以反映事物(事件)的客观规律,并为使用者提供决策和管理所需要的依据。

信息首先是对数据的解释,数据通过某种处理,并经过人的进一步解释后得到信息。信息来源于数据,信息又不同于数据。原因是不同的人对客观规律的认识有差距,数据经过不同人的解释后有不同的结论,进而会得到不同的信息。因此,要得到真实的信息,要掌握事物的客观规律,需要提高对数据进行处理的人的素质。

使用信息的目的是为决策和管理服务。信息是决策和管理的基础,决策和管理依赖信息,正确的信息才能保证决策的正确,不正确的信息则会造成决策的失误,管理则更离不开信息。传统的管理是定性分析,现代的管理则是定量管理,定量管理离不开系统信息的支持。

2．信息的特征

（1）真实性。真实性是信息的基本特点，也是信息的价值所在。信息的来源必须是事实，毫无根据的信息不仅不能给决策者提供正确的决策依据，反而会使决策者做出错误的决定。

（2）可识别性。信息可以通过人的感觉器官直接识别，也可以通过各种辅助仪器间接识别。经过识别后的信息可以用文字、数字、图表、图像、代码等表示出来。信息如果不能被识别，那它就毫无意义。

（3）可处理性。对信息可以进行加工、压缩、精练、概括、综合，以适用于不同的目的。信息可以通过报纸、杂志、书、信件、报告、电视、广播等各种手段进行传递，使信息为更多的人所共有。同时，信息可以通过计算机存储起来，根据需要随时进行加工和处理。信息的可处理特征是人们利用信息的基本条件。

（4）时效性。从时间上考虑，信息有强烈的时效性，而且信息是有寿命的，它可以随事实的变化不断扩大，也会以很快的速度衰减和失效。由于信息在工程实际中是不断变化、不断产生的，因此要求我们要及时处理数据，及时得到信息，才能做好决策和管理工作，避免事故的发生。

（5）系统性。信息本身就需要全面地掌握各方面的数据后才能得到。信息也是系统的组成部分之一，要求我们从系统的观点来对待各种信息，才能避免工作的片面性。管理工作中要求我们全面掌握投资、进度、质量、合同各个角度的信息，才能做好工作。

（6）不完全性。由于使用数据的人对客观事物认识的局限性，信息的不完全性是难免的，我们应该认识到这一点，提高对客观规律的认识，避免不完全性。

（7）层次性。不同的对象、不同的管理需要不同的信息，因此针对不同的信息需求，必须分类提供相应的信息。

（三）建设工程项目信息管理

1．信息管理

信息管理是对信息的收集、整理、处理、存储、传递与运用等一系列工作的总称。信息管理的实质是针对信息的特点，有计划地组织信息沟通，以保证能及时、准确地获得所需要的信息，达到正确决策的目的。为此，就要把握信息管理的各个环节，包括信息的来源、信息的分类，建立信息管理系统，正确应用信息管理手段，掌握信息流程的不同环节。

2．建设工程项目信息管理

建设工程项目信息管理是通过对各个系统、各项工作和各种数据的管理，使建设工程项目的信息能方便和有效地获取、存储、存档、处理和交流。建设工程项目信息管理的目的是通过有效的项目信息传输的组织和控制为项目建设的增值服务。

3．建设工程项目信息管理工作的原则

建设工程产生的信息数量大，种类繁多。为了便于信息的收集、处理、储存、传递和利用，在进行建设工程信息管理实践中逐步形成了以下基本原则：

（1）标准化原则。要求在建设工程项目的实施过程中对有关信息的分类进行统一，对信息流程进行规范，对控制报表则力求做到格式化和标准化，通过建立健全的信息管理制度，从组织上保证信息生产过程的效率。

（2）有效性原则。针对不同层次管理者的要求,对建设工程项目信息进行适当加工,提供相应要求和浓缩程度的信息。例如,对于项目的高层管理者而言,提供的决策信息应力求精练、直观,尽量采用形象的图表来表达,以满足其战略决策的信息需要。这一原则是为了保证信息产品对于决策支持的有效性。

（3）定量化原则。建设工程项目产生的信息不应是数据的简单记录,应该是经过信息处理人员的比较与分析的数据。采用定量工具对有关数据进行分析和比较是十分必要的。

（4）时效性原则。考虑工程项目决策过程的时效性,建设工程项目的成果也应具有相应的时效性。建设工程项目的信息都有一定的生产周期,如月报表、季度报表、年度报表等,都是为了保证信息能够及时服务于决策。

（5）高效处理原则。通过采用高性能的信息处理工具(建设工程信息管理系统),尽量缩短信息在处理过程中的延迟。

（6）可预见原则。建设工程项目产生的信息作为项目实施的历史数据,可以用于预测未来的情况,因此应采用先进的方法和工具为决策者制定未来目标和行动规划提供必要的信息。如通过对以往投资执行情况的分析,对未来可能发生的投资进行预测,作为事前控制的依据,这在工程项目管理中也是十分重要的。

4. 信息管理的环节

信息管理的重要环节是信息获取、信息传递、信息处理和信息存储。

（1）信息获取。应明确信息的收集部门和收集人,信息的收集规格、时间和方式等。在信息收集过程中要及时、准确和全面。

（2）信息传递。要保证信息畅通无阻和快速准确地传递,应建立具有一定流量的信息通道,明确规定合理的信息流程,尽量减少信息传递的层次。

（3）信息处理。信息处理过程就是对原始信息去粗取精、去伪存真的过程,使信息更真实、更有用。

（4）信息存储。信息存储要做到存储量大,便于查阅,因此应建立存储量大的数据库和知识库。

5. 信息管理制度

完善的信息管理制度是发挥信息作用的重要保证,为此应建立合理的信息收集制度,合理的信息传递渠道,提高信息的吸收能力和利用率,建立灵敏的信息反馈系统,使信息充分发挥作用。

6. 信息的收集

收集信息先要识别信息,确定信息需求。信息的需求要从项目管理的目标出发,从客观情况调查入手,加上主观思路规定数据的范围。关于信息的收集,应按信息规划建立信息收集渠道的结构,即明确各类项目信息的收集部门、收集者为何人、从何处收集、采用何种收集方法、所收集信息的规格形式、何时进行收集等。信息的收集最重要的是必须保证所需信息的准确、完整、可靠和及时。

7. 信息的传递

传递信息同样也应建立信息传递渠道的结构,明确各类信息应传输至何地点、传递给何人、何时传递、采用何种传输方法等,按信息规划规定的传递途径,将项目信息在项目管理有关各方、各个部门之间及时传递。信息传递者应保持原始信息的完整、清楚,使信息接收者能准确地接收所需信息。

8. 信息的加工

信息加工的范围很大,从简单的查询、排序、归并到复杂的模型调试及预测。信息加工的强弱,是信息系统能力的一个重要方面。现代信息系统在这方面的能力越来越强,特别是面向高层管理的信息系统,在加工中使用了数学及运筹学的工具,涉及许多专门领域的知识,许多大型的系统不但有数据库,还有方法库和模型库,技术的发展给数据处理能力的提高提供了广阔的前景。

9. 信息的存储

信息存储的目的是将信息保存起来以备将来应用,同时也是为了信息的处理。信息的存储应明确由哪个部门、由谁操作;存储在什么介质上;怎样分类,如何有规律地进行存储;要存什么信息,存多长时间;采用的信息存储方式主要由项目管理的目标确定。

10. 信息的维护与使用

信息的维护是保证项目信息处于准确、及时、安全和保密的状态,能为管理决策提供使用服务。要保持数据是最新的状态,数据是在合理的误差范围以内,能够提供信息,常用的信息放在易取的地方,能够高速度、高质量地把各类信息、各种信息报告提供到使用者手边。

二、建设工程项目信息管理的任务

建设工程项目管理班子中各个部门的管理工作都与信息处理有关,而信息管理部门的主要工作任务包括:

(1)组织项目基本情况信息的收集并系统化,负责编制信息管理手册,在项目实施过程中进行信息管理手册的必要修改和补充,并检查和督促其执行。

(2)负责协调和组织项目管理班子中各个工作部门的信息处理工作。

(3)负责信息处理工作平台的建立和维护。按照项目实施、项目组织、项目管理工作过程建立项目管理信息系统流程,在实际工作中保证这个系统正常运行,并控制信息流。

(4)与其他工作部门协同组织收集信息、处理信息和形成各种反映项目进展及项目目标控制的报表与报告。

(5)文件档案管理工作。在国际上,许多建设工程项目都专门设立信息管理部门,以确保信息管理工作的顺利进行。信息管理影响组织和整个项目管理系统的运行效率,是人们沟通的桥梁。

【单元探索】

了解信息管理在工程实际中的应用情况。

【单元练习】

请扫描二维码,做"建设工程项目信息管理概述"练习题。

码9-2 "建设工程项目信息管理概述"练习题

单元二　建设工程项目信息的分类、编码和处理

【单元导航】

问题1：建设工程项目信息分类的原则和方法是什么？
问题2：建设工程项目信息编码的原则和方法是什么？

码9-3　微课-建设
工程项目信息的分类
编码和处理

【单元解析】

一、建设工程项目信息的分类

在建设工程项目的实施过程中，处理信息的工作量非常大，必须对工程信息进行统一的分类和编码。只有这样，才能使计算机系统和所有的项目参与方之间具有共同的语言，一方面使得计算机系统更有效地处理和存储项目信息，另一方面也有利于项目各参与方更方便地对各种信息进行交换与查询。

（一）工程建设项目信息的构成

由于工程建设项目信息管理工作涉及多部门、多环节、多专业、多渠道，工程信息量大、来源广泛，形式多样。工程建设项目信息形态主要有以下几种形式：

（1）文字图形信息。包括勘察、测绘、设计图纸及说明书、计算书、合同、工作条例及规定、施工组织设计、情况报告、原始记录、统计图表、报表、信函等信息。

（2）语言信息。包括口头分配任务、作指示、汇报、工作检查、介绍情况、谈判交涉、建议、批评、工作讨论研究、会议等信息。

（3）新技术信息。包括通过网络、电话、计算机、电视、录像、录音、广播等现代化手段收集及处理的一部分信息。

（二）建设工程项目信息的分类原则和方法

信息分类是指在一个信息管理系统中，将各种信息按一定的原则和方法进行区分和归类，并建立起一定的分类系统和排列顺序，以便管理和使用信息。

1. 信息分类的原则

对建设工程项目的信息进行分类必须遵循以下基本原则：

（1）稳定性。信息分类应选择分类对象最稳定的本质属性或特征作为信息分类的基础和标准。

（2）兼容性。项目信息分类体系必须考虑到项目各参与方所应用的编码体系的情况，项目信息分类体系应能满足不同项目参与方信息交换的需要。同时，与有关国际、国内标准的一致性也是兼容性应考虑的内容。

（3）可扩展性。项目信息分类体系应具备较强的灵活性，可以在使用过程中进行方便的扩展。在分类中通常应设置收容类目（或称为"其他"），以保证增加新的信息类型时不至于打乱已建立的分类体系，同时一个通用的信息分类体系还应为具体环境中信息分

类体系的拓展和细化创造条件。

(4)逻辑性原则。项目信息分类体系中信息类目的设置应有较强的逻辑性。如要求同一层面上各个子类互相排斥。

(5)综合实用性。信息分类应从系统工程的角度出发,放在具体的应用环境中进行整体考虑。这体现在信息分类的标准与方法的选择上,应综合考虑项目的实施环境和信息技术工具。确定具体应用环境中的项目信息分类体系,避免对通用信息分类体系的生搬硬套。

2.项目信息分类基本方法

根据国际上对信息分类的发展和研究,建设工程项目信息分类有以下两种基本方法:

(1)线分类法。线分类法又称为层级分类法或树状结构分类法。它是将分类对象按所选定的若干属性或特征(作为分类的划分基础)逐次地分成相应的若干个层级目录,并排列成一个有层次的、逐级展开的树状信息分类体系。在这一分类体系中,同一层面的同位类目间存在并列关系,同位类目间不重复、不交叉。线分类法具有良好的逻辑性,是最为常见的信息分类方法。

(2)面分类法。面分类法是将所选定的分类对象的若干个属性或特征视为若干个"面",每个"面"中又可以分成许多彼此独立的若干个类目。在使用时,可根据需要将这些"面"中的类目组合在一起,形成一个复合的类目。面分类法具有良好的适应性,而且有利于计算机处理信息。

在工程实践中,由于建设工程项目信息的复杂性,单独使用一种信息分类方法往往不能满足使用者的需要。在实际应用中往往是根据应用环境组合使用,以某一种分类方法为主,辅以另一种方法,同时进行一些人为的特殊规定以满足信息使用者的要求。

(三)建设工程项目信息的分类

业主方和项目各参与方可根据各自项目管理的需求确定其信息的分类,但为了信息交流的方便和实现部分信息共享,应尽可能对信息交流进行统一分类。常见分类方法如下。

1.按照建设工程项目管理工作的任务划分

(1)质量控制信息。如国家有关工程项目质量的法律法规、规范及质量标准,项目建设标准,质量目标的分解结果,质量控制工作流程,质量控制的工作制度,质量控制的风险分析,质量抽样检查的数据等。

(2)进度控制信息。如工期定额、项目总进度计划、单位工程施工进度计划、进度目标分解、进度控制的工作流程、进度控制的工作制度、进度控制的风险分析、进度记录等。

(3)投资控制信息。如工程造价、物价指数、概算定额、预算定额、工程项目投资估算、设计概预算、合同价、施工阶段的支付账单、原材料价格、机械设备台班费、人工费、运杂费等。

2.按照建设工程项目信息的来源划分

(1)项目内部信息。项目内部信息取自工程项目本身,如工程概况、设计文件、施工方案、合同文件、合同管理制度、信息资料的编码系统、信息目录表、会议制度、项目管理的组织结构、项目的质量目标、项目的进度目标、项目的费用目标等。

（2）项目外部信息。项目外部信息来自项目的外部环境,如国家有关的政策法规、国内及国际市场上原材料及设备价格、物价指数、类似工程造价、类似工程进度、投标单位的实力和信誉、毗邻单位的情况等。

3. 按照建设工程项目信息的稳定程度划分

（1）固定信息。是指在一定时间内相对稳定不变的信息,包括标准信息、计划信息和查询信息。标准信息主要指各种定额和标准,如施工定额、原材料消耗定额、生产作业计划标准、设备和工具的损耗程度等。计划信息反映在计划期内已定任务的各项指标情况。查询信息主要指国家和各部委颁发的技术标准、不变价格、工程项目建设制度等。

（2）流动信息。是指不断变化着的信息,如工程项目实施阶段的质量、进度、费用的统计信息等。

4. 按照建设工程项目信息的层次划分

（1）战略性信息。是指有关工程项目建设过程中的战略决策所需的信息,如项目规模、项目投资总额、建设总工期、承包商的选定、合同价的确定等信息。

（2）策略性信息。是指提供给建设单位中属领导及部门负责人进行中短期决策用的信息,如项目的年度计划、财务计划、材料计划、项目施工总体方案等。

（3）业务性信息。是指各业务部门的日常信息,这类信息较具体、精度较高。如分部分项工程作业计划、分部分项工程施工方案、分部分项工程成本控制措施、分部分项工程质量控制措施等。

5. 按照建设工程项目信息的性质划分

（1）生产信息。是指生产过程中的信息,如施工进度、材料耗用、库存储备等信息。

（2）技术信息。是指技术部门提供的信息,如技术规范、设计变更书、施工方案等信息。

（3）经济信息。如项目投资、资金耗用等信息。

（4）资源信息。如资金来源、材料供应等信息。

6. 按其他标准划分

（1）按照信息范围的不同,可以把建设工程项目信息分为精细的信息和摘要的信息。

（2）按照信息时间的不同,可以把建设工程项目信息分为历史性的信息和预测性的信息。

（3）按照工程项目建设阶段的不同,可以把建设工程项目信息分为计划的信息、作业的信息、核算的信息及报告的信息。

（4）按照对信息的期待性不同,可以把建设工程项目信息分为预知的信息和突发的信息。

二、建设工程项目信息编码的方法

在信息分类的基础上,可以对建设工程项目信息进行编码。信息编码是将事物或概念(编码对象)赋予一定规律性的、易于计算机和人识别与处理的符号,它具有标识、分类、排序等基本功能。

(一)建设工程项目信息编码的基本原则

建设工程项目信息编码是建设工程项目信息分类体系的体现,对建设工程项目信息进行编码的基本原则如下:

(1)唯一性。在一个分类编码标准中,每个编码对象仅有一个代码,每一个代码唯一表示一个编码对象。

(2)合理性。建设工程项目信息编码结构应与项目信息分类体系相适应。

(3)可扩充性。建设工程项目信息编码必须留有适当的后备容量,以便适应不断扩充的需要。

(4)简单性。建设工程项目信息编码结构应尽量简单,长度尽量短,以提高信息处理的效率。

(5)适用性。建设工程项目信息编码应能反映建设工程项目信息对象的特点,便于记忆和使用。

(6)规范性。在同一个项目的信息编码标准中,代码的类型、结构和编排格式必须统一。

(二)建设工程项目信息编码的方法

常用的编码方法主要有以下几种:

(1)顺序编码。即从001(或0001、00001等)开始依次编排下去,直至最后的编码方法。该方法简单,代码较短。但这种代码缺乏逻辑基础且本身不能说明事物任何特征。此外,新数据只能追加到最后,删除数据又会产生空码。所以,此方法一般只用来作为其他分类编码后进行细分类的一种手段。

(2)成批编码。该方法也是从头开始,依次为数据编号,但在每批同类型数据之后留有一定余量,以备添加新的数据。这种方法是在顺序编码的基础上进行的改进,同样存在逻辑意义不清的问题。

(3)多面码。事物可能具有多个属性,如果在编码中能为这些属性各自规定一个位置,就形成多面码。

(4)十进制码。这种编码方法是先把对象分成十大类,编以0~9的号码,每类中再分成十小类,编以第一个0~9的号码,依次下去。这种方法可以无限扩充下去,直观性也较好。

(5)文字数字码。这种方法只用文字表明对象的属性,而文字一般用英文或汉语拼音的字头编写。这种编码的直观性较好、记忆使用方便,但当数据过多时,单靠字头英文或汉语拼音编码很容易使含义模糊,造成错误的理解。

上述五种编码方法各有优缺点,在实际工作中可以针对具体情况选用。在实践中经常采用的编码方式是:根据项目的分解结构,每一项的纵向分解各层次从1(01或001)开始顺序编码,每一层次的项目数在10以内用一位数表示,超过10在100以内用两位数表示,若超过100则用三位数表示,同时可考虑适当的预留位置,即有一些跳号编码。这种编码方法简单实用,通用性较强,适用于任何建设项目,而且编码的工作量较小,只要项目分解结构一经确定,相应的编码体系亦基本确定。

三、建设工程项目信息处理的方法

当今时代信息处理已逐步向电子化和数字化的方向发展，但建设工程项目信息处理却明显落后于其他行业，建设工程项目信息处理基本上还沿用传统的方法和模式。因此，应采取措施使信息处理由传统的方式向基于网络的信息处理平台方向发展，以充分发挥信息资源的价值，以及信息对项目目标控制的作用。

基于网络的信息处理由一系列硬件和软件构成，建设工程项目信息处理基本组成如下：

（1）数据处理设备（包括计算机、打印机、扫描仪、绘图仪等）。

（2）数据通信网络（包括形成网络的有关硬件设备和相应的软件）。

目前，常见的数据通信网络主要有如下三种类型：

①局域网（LAN）——由与各网点连接的网线构成网络，各网点对应于装备有实际网络接口的用户工作站）；

②城域网（MAN）——在大城市范围内两个或多个网络的互联；

③广域网（WAN）——在数据通信中，用来连接分散在广阔地域内的大量终端和计算机的一种多态网络。

互联网是目前最大的全球性网络，它连接了覆盖 100 多个国家的各种网络，并通过网络连接数以千万台的计算机，以实现连接互联网的计算机之间的数据通信。

（3）软件系统（包括操作系统和服务于信息处理的应用软件等）。

建设工程项目的业主方和项目各参与方往往分散在不同的地点，因此其信息处理应考虑充分利用远程数据通信的方式。例如：通过电子邮件收集信息和发布信息；通过基于互联网的项目专用网站（PSWS——Project Specific Web Site）实现业主方内部、业主方和项目各参与方，以及项目参与各方之间的信息交流、协同工作和文档管理；召开网络会议；基于互联网的远程教育与培训等。

【单元探索】

以实际工程为例，对建设工程项目信息进行编码。

【单元练习】

请扫描二维码，做"建设工程项目信息的分类、编码和处理"练习题。

码 9-4 "建设工程项目信息的分类、
编码和处理"练习题

单元三　建设工程项目管理信息化

【单元导航】

问题1:何谓信息化? 信息资源有哪些类型?

问题2:项目管理信息系统的功能有哪些?

码9-5　微课-建
设工程项目管
理信息化

【单元解析】

一、项目管理信息系统(PMIS)

(一)项目管理信息系统的内涵

项目管理信息系统是基于计算机的项目管理的信息系统,主要用于项目的目标控制。项目管理信息系统的应用,主要是采用计算机作为手段,进行项目管理有关数据的收集、记录、存储、过滤,以及把处理的数据结果提供给项目管理班子的成员。它是项目进展的跟踪和控制系统,也是信息流的跟踪系统。

在20世纪70年代末期和80年代初期,国际上已有项目管理信息系统的商品软件,项目管理信息系统现已被广泛地用于业主方和施工方的项目管理中。应用项目管理信息系统具有如下重要的意义:

(1)实现项目管理数据的集中存储。

(2)有利于项目管理数据的检索和查询。

(3)提高项目管理数据处理的效率。

(4)确保项目管理数据处理的准确性。

(5)可方便地形成各种项目管理需要的报表。

(二)项目管理信息系统的功能

项目管理信息系统的主要功能有投资控制(业主方)或成本控制(施工方)、进度控制、合同管理、质量管理和一些办公自动化的功能。

1.投资控制的功能

(1)项目的估算、概算、预算、标底、合同价、投资使用计划及实际投资的数据计算和分析。

(2)进行项目的估算、概算、预算、标底价、合同价、投资使用计划和实际投资的动态比较(如概算和估算的比较、预算和概算的比较、概算和标底价的比较、预算和合同价的比较等),并形成各种比较报表。

(3)对资金投入的计划值和实际值进行比较分析。

(4)根据工程的进展对投资进行预测等。

2.成本控制的功能

(1)投标价的数据计算和分析。

(2)计划施工成本。

(3)计算实际成本。

(4)计划成本与实际成本的比较分析。

(5)根据工程的进展进行施工成本预测等。

3.进度控制的功能

(1)绘制进度计划(网络图或横道图)。

(2)计算工程网络计划的时间参数,并确定关键工作和关键线路。

(3)编制资源需求量计划。

(4)进行工程进度检查分析。

(5)根据工程的进展进行工程进度预测。

4.合同管理的功能

(1)合同基本数据查询。

(2)合同执行情况的查询和统计分析。

(3)标准合同文本查询和合同辅助起草等。

5.质量管理的功能

(1)项目建设的质量要求和标准的数据处理。

(2)原材料、构配件、设备的验收记录和查询。

(3)工程质量验收记录。

(4)质量事故处理记录。

(5)质量统计、分析与评定。

(6)质量报表。

二、工程管理信息化

工程管理信息化指的是工程管理信息资源的开发和利用,以及信息技术在工程管理中的开发和应用。工程管理的信息资源包括以下内容:

(1)组织类工程信息。如建筑业的组织信息、项目参与方的组织信息、与建筑业有关的组织信息和专家信息等。

(2)管理类工程信息。如与投资控制、进度控制、质量控制、合同管理和信息管理有关的信息等。

(3)经济类工程信息。如建设物资的市场信息、项目融资的信息等。

(4)技术类工程信息。如与设计、施工和物资有关的技术信息等。

(5)法规类信息等。

项目管理信息化是在建设工程项目管理涉及的各方主体及各个阶段广泛应用信息技术、开发信息资源,以促进建设工程项目管理水平不断提高的过程。项目管理信息化的目的不仅意味着利用信息设备替代手工方式的信息处理作业,更重要的是提高建设工程项目的经济效益和社会效益,以达到工程项目建设增值的目的。

1.项目管理信息化的特征

(1)信息收集自动化。

(2)信息存储电子化。

(3)信息交换网络化。

(4)信息检索工具化。

(5)信息利用科学化。

2.项目管理信息化的现状及意义

信息技术在工程项目管理中的应用历程如下:

(1)单向程序应用阶段(20世纪70年代),如工程网络计划时间参数计算程序、施工图预算程序。

(2)程序系统应用阶段(20世纪80年代),如项目管理信息系统。

(3)程序系统集成阶段(20世纪90年代),随着工程项目管理的集成化,信息技术的应用进入程序系统的集成阶段。

(4)信息平台应用阶段(从20世纪90年代末期开始),基于网络的项目信息平台得到快速发展。

3.项目管理信息化的发展现状

部分大型企业建立了信息网络,有的企业开发应用了建设工程项目管理信息系统,有少数工程项目管理中应用了监测和自动控制技术,更多的企业则在建设工程项目管理工作中使用了各类专业软件,如建设工程投标报价软件、进度计划管理软件、合同管理软件、材料管理软件等。信息技术在工程项目管理中的应用体现在以下几方面:

(1)基于互联网数据库技术的应用。应用诸如 Oracle.DB2 等数据库,开发建设工程项目管理信息系统,对工程项目进展过程中产生的海量信息,包括文字、图形、文档,以及声音、视频资料实现有效存储和快速查询。

(2)项目信息门户 PIP 的应用。PIP 为工程项目建设各参与方提供项目全寿命期管理中所需要的大部分信息,如项目编码权限管理、费用管理、进度管理、质量管理等。

(3)自动控制技术的应用。对建设工程项目费用、进度、质量影响因素进行量化,将系统行为和形态、数学模型和物理模型及其时空表现模式有机地结合起来,建立系统仿真模型并求解,然后进行纠偏校正实现工程建设目标的有效控制。

(4)先进监测系统的应用。采用摄像监视系统,覆盖整个施工现场,用以监视施工现场安全、消防等工作,既降低了施工现场的管理难度,又提高了项目管理效率。

(5)虚拟现实(VR)技术的应用。应用虚拟现实技术可以建立工程项目的多维信息感知模型,创造特定的工作方式和环境来解决需要花费大量人力、财力和精力才能解决的工程项目管理实际问题。虚拟现实技术的应用,使工程项目管理者获得一个先进的认识世界和改造世界的工具。

4.我国实施国家信息化的总体思路

(1)以信息技术应用为导向。

(2)以信息资源开发和利用为中心。

(3)以制度创新和技术创新为动力。

(4)以信息化带动工业化。

(5)加快经济结构的战略性调整。

(6)全面推动领域信息化、区域信息化、企业信息化和社会信息化进程。

在建设一个新的工程项目时,应重视开发和充分利用国内和国外同类或类似工程项目的有关信息资源。工程管理信息资源的开发和信息资源的充分利用,可吸取类似项目的正反两方面的经验和教训,许多有价值的组织信息、管理信息、经济信息、技术信息和法规信息将有助于项目决策期多种可能方案的选择,有利于项目实施期的项目目标控制,也有利于项目建成后的运行。

【单元探索】

了解工程管理信息化在工程中的应用。

【单元练习】

请扫描二维码,做"建设工程项目管理信息化"练习题。

码9-6　"建设工程项目管理信息化"练习题

单元四　施工文件档案管理

【单元导航】

问题1:何谓建设工程文件档案?
问题2:施工文件档案管理的内容有哪些?
问题3:施工文件立卷的基本原则和要求是什么? 如何归档?

【单元解析】

码9-7　微课–施工文件档案管理

一、施工文件档案管理的内容

(一)建设工程文件档案资料

1.建设工程文件概念

建设工程文件是指在工程建设过程中形成的各种形式的信息记录,包括工程准备阶段文件、监理文件、施工文件、竣工图和竣工验收文件,也可简称为工程文件。

(1)工程准备阶段文件。指工程开工以前,在立项、审批、征地、勘察、设计、招标投标等工程准备阶段形成的文件。

(2)监理文件。指监理单位在工程设计、施工等阶段监理过程中形成的文件。

(3)施工文件。指施工单位在工程施工过程中形成的文件。

(4)竣工图。指工程竣工验收后,真实反映建设工程项目施工结果的图样。

(5)竣工验收文件。指建设工程项目竣工验收活动中形成的文件。

2.建设工程档案

建设工程档案是指在工程建设活动中直接形成的具有归档保存价值的文字、图表、声像等各种形式的历史记录,也可简称工程档案。

建设工程文件档案资料可以以纸质、缩微品、光盘、磁性等为载体进行存储。

(二)施工单位在建设工程档案管理中的职责

(1)实行技术负责人负责制,逐级建立健全的施工文件管理岗位责任制,配备专职档案管理员,负责施工资料的管理工作。工程项目的施工文件应设专门的部门(专人)负责收集和整理。

(2)建设工程实行总承包的,总承包单位负责收集、汇总各分包单位形成的工程档案,各分包单位应将本单位形成的工程文件整理、立卷后及时移交总承包单位。建设工程项目由几个单位承包的,各承包单位负责收集、整理、立卷其承包项目的工程文件,并应及时向建设单位移交,各承包单位应保证归档文件的完整、准确、系统,能够全面反映工程建设活动的全过程。

(3)可以按照施工合同的约定,接受建设单位的委托进行工程档案的组织、编制工作。

(4)按要求在竣工前将施工文件整理汇总完毕,再移交建设单位进行工程竣工验收。

(5)负责编制的施工文件的套数不得少于地方城建档案管理部门的要求,但应有完整施工文件移交建设单位及自行保存,保存期可根据工程性质以及地方城建档案管理部门的有关要求确定。如建设单位对施工文件的编制套数有特殊要求的,可另行约定。

(三)施工文件档案管理的内容

施工文件档案资料作为建设工程文件档案资料的重要组成部分,其内容主要包括工程施工技术管理资料、工程质量控制资料、工程施工质量验收资料和竣工图四大部分。

1. 工程施工技术管理资料

工程施工技术管理资料是建设工程施工全过程的真实记录,是施工各阶段客观产生的施工技术文件,主要内容如下:

(1)图纸会审记录文件。

(2)工程开工报告相关资料(开工报审表、开工报告)。

(3)技术、安全交底记录文件。

(4)施工组织设计(项目管理规划)文件。

(5)施工日志记录文件。

(6)设计变更文件。

(7)工程洽商记录文件。

(8)工程测量记录文件。

(9)施工记录文件。

(10)工程质量事故记录文件。

(11)工程竣工文件。

2. 工程质量控制资料

工程质量控制资料是建设工程施工全过程中全面反映工程质量控制和保证的依据性证明资料。应包括原材料、构配件、器具及设备等的质量证明、合格证明、进场材料试验报告,施工试验记录,隐蔽工程检查记录等。

(1)工程项目原材料、构配件、成品、半成品和设备的出厂合格证及进场检(试)验报告。

(2)施工试验记录和见证检测报告。

（3）隐蔽工程验收记录文件。

（4）交接检查记录。

3. 工程施工质量验收资料

工程施工质量验收资料是建设工程施工全过程中按照国家现行工程质量检验标准，对施工项目进行单位工程、分部工程、分项工程及检验批的划分，再由检验批、分项工程、分部工程、单位工程逐级对工程质量做出综合评定的工程质量验收资料。但是，由于各行业、各部门的专业特点不同，各类工程的检验评定均有相应的技术标准，工程施工质量验收资料的建立均应按相关的技术标准办理。具体内容如下：

（1）施工现场质量管理检查记录。

（2）单位（子单位）工程质量竣工验收记录。

（3）分部（子分部）工程质量验收记录文件。

（4）分项工程质量验收记录文件。

（5）检验批质量验收记录文件。

4. 竣工图

竣工图是指工程竣工验收后，真实反映建设工程项目施工结果的图样。它是真实、准确、完整反映和记录各种地下和地上建筑物、构筑物等详细情况的技术文件，是工程竣工验收、投产或交付使用后进行维修、扩建、改建的依据，是生产（使用）单位必须长期妥善保存和进行备案的重要工程档案资料。

二、施工文件的立卷

（一）施工文件立卷的基本原则

（1）立卷应遵循工程文件的自然形成规律，保持卷内文件的有机联系，便于档案的保管和利用。

（2）一个建设工程由多个单位工程组成时，工程文件应按单位工程立卷。

（3）施工文件可按单位工程、分部工程、专业、阶段等组卷。

（4）卷内资料排列顺序要依据卷内的资料构成而定，一般顺序为封面、目录、文件部分、卷内备考表、封底。

（5）卷内资料若有多种资料时，同类资料按日期顺序排列，不同资料应按资料的编号顺序排列。

（二）施工文件立卷的具体要求

（1）案卷不宜过厚，一般不超过 40 mm。

（2）案卷内不应有重份文件，不同载体的文件一般应分别组卷。

（三）卷内文件的排列

（1）文字材料按事项、专业顺序排列。同一事项的请示与批复、同一文件的印本与定稿、主件与附件不能分开，并按批复在前、请示在后，印本在前、定稿在后，主件在前、附件在后的顺序排列。

（2）图纸按专业排列，同专业图纸按图号顺序排列。

（3）既有文字材料又有图纸的案卷，文字材料排前，图纸排后。

三、施工文件的归档

施工文件的归档应符合下列规定:

(1)归档的工程文件一般应为原件。

(2)工程文件的内容及其深度必须符合国家有关工程的技术规范、标准和规程。

(3)归档文件必须完整准确,能够反映工程建设活动。工程文件的内容必须真实、准确,与工程实际相符合。

(4)工程文件应采用耐久性强的书写材料,如碳素墨水、蓝黑墨水,不得使用易褪色的书写材料,如红色墨水、纯蓝墨水、圆珠笔、复写纸、铅笔等。

(5)工程文件应字迹清楚,图样清晰,图表整洁,签字盖章手续完备。

(6)工程文件中文字材料幅面尺寸规格宜为 A4 幅面(297 mm×210 mm)。图纸宜采用国家标准图幅。

(7)工程文件的纸张应采用能够长期保存的韧力大、耐久性强的纸张。图纸一般采用蓝晒图,竣工图应是新蓝图。计算机出图必须清晰,不得使用计算机所出图纸的复印件。

(8)所有竣工图均应加盖竣工图章。

(9)利用施工图改绘竣工图时,必须标明变更修改依据;凡施工图结构、工艺、平面布置等有重大改变,或变更部分超过图面 1/3 的,应当重新绘制竣工图。

(10)不同幅面的工程图纸应按《技术制图 复制图的折叠方法》(GB/T 10609.3—2009)统一折叠成 A4 幅面,图标栏露在外面。

(11)工程档案资料的缩微制品,必须按国家缩微标准进行制作,主要技术指标(解像力、密度、海波残留量等)要符合国家标准,保证质量,以适应长期安全保管。

(12)工程档案资料的照片(含底片)及声像档案,要求图像清晰,声音清楚,文字说明或内容准确。

(13)工程文件应采用打印的形式并使用档案规定用笔,手工签字,在不能够使用原件时,应在复印件或抄件上加盖公章并注明原件保存处。

(14)归档的文件必须经过分类整理并应组成符合要求的案卷。

【单元探索】

结合工程实际,进一步加深对施工档案管理内容和归档方法的理解。

码 9-8 "施工文件档案管理"练习题

【单元练习】

请扫描二维码,做"施工文件档案管理"练习题。

【项目测试】

请扫描二维码,做"建设工程项目信息管理"测试卷。

码 9-9 "建设工程项目信息管理"测试卷

项目十　建设工程职业健康安全与环境管理

【学习目标】

学习单元	能力目标	知识点
单元一		职业健康安全与环境管理的概念、特点、目的与任务
单元二	掌握危险源的识别与评价方法，风险控制策划方法； 掌握主要工程施工安全技术措施	建设工程安全生产管理的内容、基本原则和制度； 危险源的定义及分类； 安全控制的概念、目标、特点和程序； 安全检查的类型和内容
单元三	掌握职业健康安全事故的处理方法	建设工程职业健康安全事故的分类； 职业健康安全事故的处理原则、程序和统计
单元四	初步掌握建筑工程环境保护与文明施工的主要措施	建筑工程环境保护的要求
单元五	了解职业健康安全和环境管理体系的运行方法	职业健康安全管理体系的概念及作用； 环境管理体系的概念及作用

【思政导引】

上海"楼脆脆"事故——消除事故隐患，实现职业健康安全与环境保护

上海"楼脆脆"事故指的是 2009 年 6 月 27 日 5 时 30 分，上海市闵行区莲花南路、罗阳路口西侧"莲花河畔景苑"小区内一栋在建的 13 层住宅楼全部倒塌，由于倒塌的高楼尚未竣工交付使用，所以事故并没有酿成特大居民伤亡事故，但造成一名施工人员死亡。事故调查组认定其为重大责任事故，6 名事故责任人被依法判刑 3~5 年。该楼房倒塌是房改以来发生的第一起，引起了社会的广泛关注而上榜 2009 房地产十大新闻。因官方以两次堆土施工为事故缘由，遭网友抨击为"楼脆脆"。这起恶性事件提醒人们除关注价格

外,更应关注居住安全。

发生倒塌的一栋 13 层在建住宅楼由上海众欣建筑有限公司承建,开发商为上海梅都房地产开发有限公司。该小区现场施工的工人称,死者是 6 月 27 日早上到倒塌大楼安装门窗的。另一位工人早上 5 时 30 分正在距倒塌大楼 20 多米处工作,他目睹了大楼倒塌的过程,"一开始看到大楼向南倾倒,不到半分钟,就整个儿倒了下来,工人们都拼命往外逃。"工人朱师傅说,当时他正在距离大楼 20 多米处的地方捆扎钢筋。"我抬头一看,这栋楼正向南面倾倒,我看情况不妙,拼命往边上逃。"

记者当日在现场看到,该栋楼整体朝南侧倒下,13 层的楼房在倒塌中并未完全粉碎,但是,楼房底部原本应深入地下的数十根混凝土管桩被"整齐"地折断后裸露在外,非常触目惊心。该小区临河原本有六七栋在建的 13 层小高层,远远望去,沿河的这排楼房之间出现了一处"空当"。

"莲花河畔景苑"在建楼房倾覆现场

记者在现场注意到,连根倒地的地基桩体上,部分混凝土横切面在巨大力量的拉扯下,似乎出现少量蜂窝状空缝。记者还看到,作为地基桩体最为关键的力量支撑,暴露在外的地桩钢筋有拇指般粗。在倒塌大楼的底部,地基桩体散落一地,这些桩体基本为圆柱形的,有些是实心的,有些则为空心。在有些"圆柱体"的横截面上出现了一些小小的细孔,显得有些稀疏。

6 月 27 日,"莲花河畔景苑"在建楼房倒覆事故发生后,上海市政府迅速成立了由市安全生产监管局、市监察局、市建交委、市公安局、市总工会、市水务局、市检察院等组成的"6·27"事故调查组,进驻闵行区开展调查取证、论证分析,进行全过程详细调查。

据有关质检和调查部门初定:上海楼盘倒覆事故诱因之一是工地过高堆积建筑土方。在新闻发布会上,专家组组长江欢成院士表示,事发楼房附近有过两次堆土施工:第一次堆土施工发生在半年前,堆土距离楼约 20 m,离防汛墙 10 m,高 3~4 m。第二次堆土施工发生在 6 月下旬。6 月 20 日,施工方在事发楼盘前方开挖基坑,土方紧贴建筑物堆积在楼房北侧,堆土在 6 天内即高达 10 m。

上海岩土工程勘察设计研究院技术总监顾国荣是专家组成员之一。他表示,第二次堆土是造成楼房倒覆的主要原因。"土方在短时间内快速堆积,产生了 3 000 t 左右的侧

向力,加之楼房前方由于开挖基坑出现临空面,导致楼房产生 10 cm 左右的位移,对 PHC
(预应力高强混凝土、桩产生很大的偏心弯矩,最终破坏桩基,引起楼房整体倒覆。"

对倒覆楼盘事故的调查,上海市委、市政府态度明确、坚定,要求从规划、勘察、设计、
招标投标、施工许可、资质管理、施工图审查、工程监理等方面进行全方位、全过程、全环节
的调查。要兜底翻、彻底查、决不姑息。不管涉及什么问题,要一查到底;不管涉及什么单
位,要一追到底;不管涉及什么人,要一究到底。不仅事故技术原因的分析要准确、科学、
严谨,而且对事故调查结论,必须做到全面、公开和经得起历史检验,给社会和老百姓一个
明确的交代。

事故调查组表示,调查组将按照"四不放过"原则,以事实为依据,彻底调查事故发生
的前因后果,不遗漏每一个程序、不遗漏每一个环节、不遗漏每一个行为,还整个过程以本
来面目。以标准规范为依据,调查组将根据事故发生的直接原因和其他原因,提出防范类
似事故发生的指导性措施,避免类似事故再次发生。将以法律法规为依据,对事故涉及的
相关责任人员,不管涉及谁,将决不姑息、决不手软,依法、依纪、依规提出严肃的处理意
见,严格追究责任。

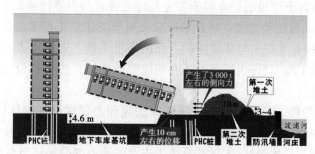

"莲花河畔景苑"在建楼房倾覆事故原因示意图

单元一 概 述

【单元导航】

问题1:何谓职业健康安全与环境管理?其特点是什么?
问题2:职业健康安全与环境管理的目的、任务是什么?

【单元解析】

码 10-1 微课-
概述

一、职业健康安全与环境管理的概念

职业健康安全是指影响作业场所内员工、临时工作人员、合同工作人员、合同方人员、
访问者和其他人员健康安全的条件和因素。

环境是指空气、水、土地、自然资源、植物、动物、人以及他们之间的相互关系。

职业健康安全与环境管理是在建立职业健康安全与环境管理的方针和目标的基础

上,识别与组织运行活动有关的危险源和环境因素,通过风险评价和环境影响评价,对重大危险源和环境因素进行管理和控制,达到安全生产和环境保护的目的。

二、职业健康安全与环境管理的目的与任务

(一)职业健康安全与环境管理的目的

(1)建设工程项目职业健康安全管理的目的是防止和减少生产安全事故、保护产品生产者的健康与安全、保障人民群众的生命与财产免受损失。

(2)建设工程项目环境管理的目的是保护生态环境,使社会的经济发展与人类的生存环境相协调。

(二)职业健康安全与环境管理的任务

职业健康安全与环境管理的任务是指建设生产组织(企业)为达到职业健康安全与环境管理的目的,而进行的组织、计划、控制、领导和协调的活动。包括七项管理任务,即制定、实施、实现、评审和保持职业健康安全与环境方针所需的组织结构、计划活动、职责、惯例、程序、过程和资源。

建设工程项目各个阶段的职业健康安全与环境管理的主要任务如下:

(1)建设工程项目决策阶段。建设单位应按照有关建设工程的法律法规和强制性标准的要求,办理各种有关安全与环境保护方面的审批手续。对需要进行环境影响评价或安全预评价的建设工程项目,组织或委托有相应资质的单位进行建设工程项目环境影响评价和安全预评价。

(2)工程设计阶段。设计单位应按照法律法规和工程建设强制性标准的要求,进行环境保护设施和安全设施的设计,防止因设计考虑不周而导致生产安全事故的发生或对环境造成不良影响。具体包括:①对涉及施工安全的重点部分和环节在设计文件中注明,并对防范生产安全事故提出指导意见;②对于采用新结构、新材料、新工艺的建设工程和特殊结构的建设工程,设计单位应在设计中提出保障施工作业人员安全和预防生产安全事故的措施建议;③在工程总概算中,应明确工程安全环保设施费用、安全施工和环境保护措施费等。

(3)工程施工阶段。建设单位在申请领取施工许可证时,应当提供建设工程有关安全施工措施的资料。

对于依法批准开工报告的建设工程,建设单位应当自开工报告批准之日起 15 日内,将保证安全施工的措施报送建设工程所在地的县级以上人民政府建设行政主管部门或者其他有关部门备案。

对于应当拆除的工程,建设单位应当在拆除工程施工 15 日前,将拆除施工单位资质等级证明,拟拆除建筑物、构筑物及可能涉及毗邻建筑的说明,拆除施工组织方案,堆放、清除废弃物的措施的资料报送建设工程所在地的县级以上的地方人民政府主管部门或者其他有关部门备案。

施工单位应当具备安全生产的资质条件,建设工程实行总承包的,由承包单位对施工现场的安全生产负责并自行完成工程主体结构的施工。

分包合同中应当明确各自的安全生产方面的权利和义务。总承包和分包单位对分包

工程的安全生产承担连带责任。分包单位应当接受总承包单位的安全生产管理,分包单位不服从管理导致生产安全事故的,由分包单位承担主要责任。

施工单位应依法建立安全生产责任制度,采取安全生产保障措施和实施安全教育培训制度。

(4)项目验收试运行阶段。项目竣工后,建设单位应向审批建设工程项目环境影响报告书、环境影响报告或者环境影响登记表的环保行政主管部门申请,对环保设施进行竣工验收。环保行政主管部门应在收到申请环保设施竣工验收之日起 30 日内完成验收。验收合格后,才能投入生产和使用。对于需要试生产的建设工程项目,建设单位应当在项目投入试生产之日起 3 个月内向环保行政主管部门申请对其项目配套的环保设施进行竣工验收。

三、建设工程职业健康安全与环境管理的特点

依据建设工程产品的特性,建设工程职业健康安全与环境管理具有复杂性、多变性、协调性、不符合性、持续性和经济性的特点。

同时,现代建设工程职业健康安全与环境管理在实施中还应注意把从过去的事故发生后吸取教训为主,转变为预防为主;从管事故变为管酿成事故的不安全因素,把酿成事故的诸因素查找出来,抓主要矛盾,发动全员、全部门参加,依靠科学的安全管理理论、程序和方法,将施工生产全过程中潜伏的危险处于受控状态(即全员、全企业、全工程、动态管理),消除事故隐患,实现职业健康安全与环境保护的目标。

【单元探索】

了解建设工程项目职业健康安全与环境管理相关的法律法规知识。

【单元练习】

请扫描二维码,做"概述"练习题。

码 10-2　"概述"
练习题

单元二　建设工程安全生产管理

【单元导航】

问题 1:建设工程安全生产管理的内容、基本原则和制度是什么?

问题 2:何谓危险源? 如何分类? 如何辨识?

问题 3:何谓安全控制? 其特点、目标和程序是什么?

问题 4:安全检查的类型和内容是什么?

码 10-3　微课-建
设工程安全生
产管理

【单元解析】

一、概述

(一)建设工程安全生产管理的内容

(1)建立安全生产制度。安全生产制度必须符合国家和地区的有关政策、法规、条例和规程,并结合施工项目的特点,明确各级各类人员安全生产责任制,要求全体人员必须认真贯彻执行。

(2)贯彻安全技术管理。编制施工组织设计时,必须结合工程实际,编制切实可行的工程安全技术措施,要求全体人员必须认真贯彻执行。执行过程中发现问题,应及时采取妥善的安全防护措施。要不断积累安全技术措施在执行过程中的技术资料,进行研究分析,总结提高,以利于以后工程的借鉴。

(3)坚持安全教育和安全技术培训。组织全体人员认真学习国家、地方和企业的安全生产责任制、安全技术规程、安全操作规程和劳动保护条例等。新工人进入岗位之前要进行安全纪律教育,特种专业作业人员要进行专业安全技术培训,考核合格后方能上岗。要使全体职工经常保持高度的安全生产意识,牢固树立"安全第一"的思想。

(4)组织安全检查。为了确保安全生产,必须要进行监督检查。安全检查员要经常查看现场,要及时排除施工中的不安全因素,纠正违章作业,监督安全技术措施的执行,不断改善劳动条件,防止工伤事故的发生。

(5)进行事故处理。人身伤亡和各种安全事故发生后,应立即进行调查,了解事故产生的原因、过程和后果,提出鉴定意见。在总结经验教训的基础上,有针对性地制订防止事故再次发生的可靠措施。

(6)将安全生产指标作为签订承包合同时的一项重要考核指标。

(二)建设工程安全生产管理的基本原则

(1)安全与危险并存原则。安全与危险在同一事物的运动中是相互对立、相互依赖而存在的。因为有危险,才要进行安全管理,以防止危险。

(2)安全与生产的统一原则。生产有了安全保障,才能持续、稳定发展。若生产活动中事故层出不穷,生产势必陷入混乱,甚至瘫痪状态。当生产与安全发生矛盾、危及职工生命或国家财产安全时,生产活动应停下来,整治、消除危险因素后,再进行生产。"安全第一"的提法,绝非把安全摆到生产之上。但是,忽视安全是一种错误。

(3)安全与质量的包含原则。从广义上看,质量包含安全工作质量,安全概念也内含着质量,交互作用,互为因果。安全第一,质量第一,两个第一并不矛盾。安全第一是从保护生产因素的角度提出的,而质量第一则是从关心产品成果的角度而强调的。

(4)安全与速度互保原则。速度应以安全做保障,安全就是速度。应追求安全加速度,竭力避免安全减速度。安全与速度呈正比例关系。一味强调速度,置安全于不顾的做法是极其有害的。当速度与安全发生矛盾时,暂时减缓速度,保证安全才是正确的做法。

(5)安全与效益的兼顾原则。安全技术措施的实施,定会改善劳动条件,调动职工的积极性,焕发劳动热情,带来经济效益,足以使原来的投入得以补偿。从这个意义上说,安全与效益是完全一致的,安全促进了效益的增长。

(三)建设工程安全生产管理制度

1.安全生产责任制

安全生产责任制是最基本的安全管理制度,是所有安全生产管理制度的核心。安全生产责任制是按照安全生产管理方针和"管生产的同时必须管安全"的原则,将各级负责人员、各职能部门及其工作人员和各岗位生产工人在安全生产方面应做的事情及应负的责任加以明确规定的一种制度。

企业实行安全生产责任制必须做到在计划、布置、检查、总结、评比生产的时候,同时计划、布置、检查、总结、评比安全工作。其内容大体分为两个方面:纵向方面是各级人员的安全生产责任制,即各类人员(从最高管理者、管理者代表到项目经理)的安全生产责任制;横向方面是各个部门的安全生产责任制,即各职能部门(如安全环保、设备、技术、生产、财务等部门)的安全生产责任制。只有这样,才能真正实现企业的全员、全方位、全过程的安全管理。

1)各级领导人员安全生产方面的主要职责

(1)项目经理。其主要安全生产职责是:①在组织与指挥生产过程中,认真执行劳动保护和安全生产的政策、法令和规章制度;②建立安全管理机构,主持制定安全生产条例,审查安全技术措施,定期研究解决安全生产中的问题;③组织安全生产检查和安全教育,建立安全生产奖惩制度;④主持总结安全生产经验和重大事故教训。

(2)技术负责人。其主要安全生产职责是:①对安全生产和劳保方面的技术工作负全面领导责任;②在组织编制施工组织设计或施工方案时,应同时编制相应的安全技术措施;③当采用新工艺、新材料、新技术、新设备时,应制定相应的安全技术操作规程;④解决施工生产中的安全技术问题;⑤制定改善工人劳动条件的有关技术措施;⑥对职工进行安全技术教育,参加重大伤亡事故的调查分析,提出技术鉴定意见和改进措施。

(3)作业队长。其主要安全生产职责是:①对施工项目的安全生产负直接领导责任;②在组织施工生产的同时,要认真执行安全生产制度,并制定实施细则;③进行分项、分层、分工种的安全技术交底;④组织工人学习安全技术操作规程,做到不违章作业;⑤经常检查施工现场,发现隐患要及时处理,发生事故要立即上报,并参加事故调查处理。

(4)班组长。其主要安全生产职责是:①模范地遵守安全生产规章制度,熟悉并掌握本工种的安全技术规程;②带领本班组人员遵章作业,认真执行安全措施,发现班组成员思想或身体状况反常,应采取措施或调离危险作业岗位;③定期组织安全生产活动,进行安全生产及遵章守纪的教育,发生工伤或事故应立即上报。

2)各专业人员在安全生产方面的主要职责

(1)施工员。其主要安全生产职责是:①认真贯彻施工组织设计或施工方案中安全技术措施计划;②遵守有关安全生产的规章制度;③加强施工现场管理,建立安全生产、文明施工的良好生产秩序。

(2)技术员。其主要安全生产职责是:①严格遵照国家有关安全的法令、规程、标准、制度,编制设计、施工和工艺方案,同时编制相应的安全技术措施;②在采用新工艺、新技术、新材料、新设备及施工条件变化时,要编制安全技术操作规程;③负责安全技术的专题研究和安全设备、仪表的技术鉴定。

(3)材料员。其主要安全生产职责是:①保证按时供应安全技术措施所需要的材料、工具设备;②保证新购买的安全网、安全帽、安全带及其他劳动保护用品、用具符合安全技术和质量标准;③对各类脚手架要定期检查,保证所供应的用具和材料的质量。

(4)财务员。其主要安全生产职责是:按照国家规定,提供安全技术措施费用,并监督其合理使用,不准挪作他用。

(5)劳资员。其主要安全生产职责是:①配合有关部门做好新工人、调换新工作岗位的工人和特殊工种的工人的安全技术培训和考核工作;②严格控制加班加点,对于因工伤或患职业病的职工建议有关部门安排适当工作。

(6)安全员。其主要安全生产职责是:①做好安全生产管理和监督检查工作;②贯彻执行劳动保护法规;③督促实施各项安全技术措施;④开展安全生产宣传教育工作;⑤组织安全生产检查,研究解决施工生产中的不安全因素;⑥参加事故调查,提出事故处理意见,制止违章作业,遇有险情有权暂停生产。

2. 安全教育制度

安全教育制度一般包括对管理人员(企业领导、技术干部、安全管理人员、班组长和安全员)、特种作业人员(电工作业、锅炉司炉、压力容器操作、起重机械操作、爆破作业、金属焊接或气割作业、煤矿井下瓦斯检验、机动车辆驾驶、机动船舶驾驶和轮机操作、建筑登高架设作业、其他符合特种作业基本定义的作业)和企业员工(新员工上岗前的三级教育、改变工艺和变换岗位教育、经常性教育)的安全教育。

3. 安全检查制度

安全检查制度是清除隐患、防止事故、改善劳动条件的重要手段。安全检查要深入生产现场,主要针对生产过程中的劳动条件、生产设备以及相应的安全卫生设施和员工的操作行为是否符合安全生产的要求进行检查。为保证检查的效果,应根据检查的目的和内容成立一个适应安全生产检查工作需要的检查组,配备适当的力量,绝不能敷衍走过场。

4. 安全措施计划制度

安全措施计划制度包括改善劳动条件、防止事故发生、预防职业病和职业中毒等内容。编制安全措施计划的步骤是:①工作活动分类;②危险源识别;③风险确定;④风险评价;⑤制订安全技术措施计划;⑥评价安全技术措施计划的充分性。

5. 安全监察制度

安全监察制度是指国家法律、法规授权的行政部门,代表政府对企业的生产过程实施职业安全卫生监察,以政府的名义,运用国家权力对生产单位在履行职业安全卫生职责和执行职业安全卫生政策、法律、法规和标准的情况依法进行监督、检举和惩戒制度。其监察活动既不受行业部门或其他部门的限制,也不受用人单位的约束。

安全监察具有特殊的法律地位。执行机构设在行政部门,设置原则、管理体制、职责、权限、监察人员任免均由国家法律、法规所确定。职业安全卫生监察机构与被监察对象没有上下级关系,只有行政执法机构和法人之间的法律关系。

6. 伤亡事故和职业病统计报告处理制度

伤亡事故和职业病统计报告处理制度包括依照国家法规的规定进行事故的报告、事故的统计、事故的调查和处理。

7. "三同时"制度

"三同时"制度是指凡是我国境内新建、改建、扩建的基本建设项目(工程),技术改建项目(工程)和引进的建设项目,其安全生产设施必须符合国家规定的标准,必须与主体工程同时设计、同时施工、同时投入生产和使用。安全生产设施主要是指安全技术方面的设施、职业卫生方面的设施、生产辅助性设施。

8. 安全预评价制度

安全预评价制度是指在建设工程项目前期,应用安全评价的原理和方法对工程项目的危险性、危害性进行预测性评价。

二、危险源的识别与风险评价

(一)危险源的定义及分类

危险源是可能导致人身伤害或疾病、财产损失、工作环境破坏或这些情况组合的危险因素和有害因素。危险因素是强调突发性和瞬间作用的因素,有害因素则强调是在一定时期内有慢性损害和累积作用的因素。危险源是职业健康安全控制的主要对象。

根据危险源在事故发生发展中的作用,一般把危险源分为两大类。

(1)第一类危险源。可能发生意外释放的能量载体或危险物质及其载体称为第一类危险源,第一类危险源是事故发生的前提和物理本质,决定事故的严重程度。

(2)第二类危险源。造成约束、限制能量措施失效或破坏的各种不安全因素称为第二类危险源,第二类危险源包括人的不安全行为、物的不安全状态、不良环境条件和管理缺陷。第二类危险源的出现是第一类危险源导致事故的必要条件,其出现的难易,决定事故发生的可能性大小。因此,事故都是两类危险源共同作用的结果。

(二)危险源的辨识方法

1. 专家调查法

专家调查法是向有经验的专家咨询、调查、辨识、分析和评价危险源的一类方法。其优点是简便、易行,缺点是受专家的知识、经验和占有资料的限制,可能出现遗漏。常用的专家调查法有头脑风暴法和德尔菲法。

(1)头脑风暴法是通过专家创造性的思考,产生大量的观点、问题和议题的方法。其特点是多人讨论,集思广益,可以弥补个人判断的不足,常采取专家会议的方式来相互启发、交换意见,使危险、危害因素的辨识更加细致、具体。

(2)德尔菲法是采用背对背的方式对专家进行调查的方法。其特点是避免了集体讨论中的从众性倾向,更能代表专家的真实意见。要求对调查的各种意见进行汇总统计处理,再反馈给专家,反复征求意见。

2. 安全检查表(SCL)法

安全检查表实际上就是实施安全检查和诊断项目的明细表。运用已编制好的安全检查表,进行系统的安全检查,辨识工程项目存在的危险源。安全检查表的内容一般包括分类项目、检查内容及要求、检查以后的处理意见等,可以用"是""否"作回答或"√""×"符号作标记,同时注明检查日期,并由检查人员和被检单位同时签字。安全检查表法的优点是简单易懂、容易掌握,可以事先组织专家编制检查项目,使安全检查做到系统化、完整化。缺点是一般只能做出定性评价。

(三)风险评价方法

风险评价是评估危险源所带来的风险大小及确定风险是否可容许的全过程。根据评价结果对风险进行分级,按不同级别的风险有针对性地采取风险控制措施。常用的风险评价方法是将安全风险的大小(R)用事故发生的可能性(ρ)与发生事故后果的严重程度(f)的乘积衡量,即 $R = \rho f$。根据计算结果,按表 10-1 对风险进行分级。其中,Ⅰ级为可忽略风险,Ⅱ级为可容许风险,Ⅲ级为中度风险,Ⅳ级为重大风险,Ⅴ级为不容许风险。

表 10-1　风险级别表

可能性(ρ)	后果(f)		
	轻度损失(轻微伤害)	中度损失(伤害)	重大损失(严重伤害)
很大	Ⅲ	Ⅳ	Ⅴ
中等	Ⅱ	Ⅲ	Ⅳ
极小	Ⅰ	Ⅱ	Ⅲ

(四)风险控制策划

1. 风险控制策划的原则

风险评价后,应分别列出所找出的所有危险源和重大危险源清单。有关单位和项目部一般需要对已经评价出的不容许风险和重大风险(重大危险源)进行优先排序,由工程技术主管部门的有关人员制订危险源控制措施和管理方案。对于一般危险源可以通过日常管理程序来实施控制。

2. 风险控制措施计划

不同的组织、不同的工程项目需要根据不同的条件和风险量来选择适合的控制策略和管理方案,如表 10-2 所示。

表 10-2　风险控制策略

风险	措施
可忽略风险	不采取措施且不必保留文件记录
可容许风险	不需要另外的控制措施,应考虑投资效果更佳的解决方案或不增加额外成本的改进措施,需要监视来确保控制措施得以维持
中度风险	应努力降低风险,但应仔细测定并限定预防成本,并在规定的时间期限内实施降低风险的措施。在中度风险与严重伤害后果相关的场合,必须进一步地评价,以便更准确地确定伤害的可能性,以及确定是否需要改进控制措施
重大风险	直至风险降低后才能开始工作。为降低风险有时必须配给大量的资源。当风险涉及正在进行中的工作时,就应采取应急措施
不容许风险	只有当风险已经降低时,才能开始或继续工作。如果无限的资源投入也不能降低风险,就必须禁止工作

三、施工安全技术措施

(一)安全控制

1. 安全控制的概念

安全控制是指生产过程中涉及的计划、组织、监控、调节和改进等一系列致力于满足生产安全所进行的管理活动。

2. 安全控制的目标

安全控制的目标是减少和消除生产过程中的事故,保证人员健康安全和财产免受损失。具体包括:减少或消除人的不安全行为的目标,减少或消除设备、材料的不安全状态的目标,改善生产环境和保护自然环境的目标。应做到"六杜绝",即杜绝因公受伤、死亡事故,杜绝坍塌伤害事故,杜绝物体打击事故,杜绝高处坠落事故,杜绝机械伤害事故,杜绝触电事故;做到"三消灭",即消灭违章指挥,消灭违章作业,消灭惯性事故;做到"二控制",即控制年负伤率,控制年安全事故率;做到"一创建",即创建安全文明示范工地。

3. 施工安全控制的特点

施工安全控制的特点包括:控制面广、控制的动态性、控制系统交叉性、控制的严谨性等。

4. 施工安全控制程序

施工安全控制程序包括:①确定每项具体建设工程项目的安全目标;②编制建设工程项目安全技术措施计划、落实"预防为主"方针;③安全技术措施计划的落实和实施(建立健全安全生产责任制,设置安全生产设施,采用安全技术和应急措施,进行安全教育和培训,安全检查,事故处理,沟通和交流信息,通过一系列安全措施的贯彻,使生产作业的安全状况处于受控状态);④安全技术措施计划的验证;⑤持续改进。

(二)施工安全技术措施的一般要求

(1)施工安全技术措施必须在工程开工前与施工组织设计一同编制。

(2)施工安全技术措施要有全面性。对于大中型工程项目、结构复杂的重点工程,除必须在施工组织设计中编制施工安全技术措施外,还应编制专项工程施工安全技术措施;对爆破、拆除、起重吊装、水下、基坑支护和降水、土方开挖、脚手架、模板等危险性较大的作业,必须编制专项施工安全技术方案。

(3)施工安全技术措施要有针对性。

(4)施工安全技术措施应力求全面、具体、可靠。

(5)施工安全技术措施必须包括应急预案。由于施工安全技术措施是在相应的工程施工实施之前制定的,具有许多不确定性,所以施工技术措施计划必须包括面对突发事件或紧急状态的各种应急设施、人员逃生和救援预案,以便在紧急情况下,能及时启动应急预案,减少损失,保护人员安全。

(6)施工安全技术措施要有可行性和可操作性。

(三)主要工程施工安全技术措施简介

1. 一般工程施工安全技术措施

(1)土石方开挖工程,应根据开挖深度、土质类别,选择开挖方法,确定保证边坡稳定或采取的支护结构措施,防止边坡滑动和塌方。

(2)脚手架、吊篮等的选用及搭设方案和安全防护措施的设计。

(3)高处作业的上下安全通道。

(4)安全网(平网、立网)的设置要求和范围。

(5)对施工电梯、井架(龙门架)等垂直运输设备的位置搭设要求,稳定性、安全装置等的要求。

(6)施工洞口的防护方法和主体交叉施工作业区的隔离措施。

(7)场内运输道路及人行通道的布置。

(8)编制临时用电的施工组织设计和绘制临时用电图纸,在建工程(包括脚手架具)的外侧边缘与外电架空线路的间距达到最小安全距离采取的防护措施。

(9)防火、防毒、防爆、防雷等安全措施。

(10)在建工程与周围人行通道及民房的防护隔离设置。

(11)起重机回转半径达到项目现场范围以外的要求,设置安全隔离设施。

2. 特殊工程施工安全技术措施

结构比较复杂、技术含量高的工程称为特殊工程。对于结构复杂、危险性大的特殊工程,应编制单项的安全技术措施,如爆破、大型吊装、沉箱、沉井、烟囱、水塔、特殊架设作业、高层脚手架、井架和拆除工程必须制定专项施工安全技术措施,并注明设计依据,做到有计算、有详图、有文字说明。

3. 季节性施工安全技术措施

(1)夏季气候炎热,高温时间持续较长,主要应做好防暑降温工作,避免员工中暑和因长时间暴晒造成的职业病。

(2)雨季进行作业,主要应做好防触电、防雷击、防水淹泡、防塌方、防台风和防洪等工作。

(3)冬季进行作业,主要应做好防冻、防风、防火、防滑、防煤气中毒等工作。

4. 应急措施

应急措施是在事故发生或各种自然灾害发生的情况下的应对措施。为了在最短的时间内达到救援、逃生、防护的目的,必须在平时就准备好各种应急措施和预案,并进行模拟训练,尽量使损失减小到最低限度。

(四)安全检查

1. 安全检查的主要类型

(1)全面安全检查。包括职业健康安全管理方针、管理组织机构及其安全管理的职责、安全设施、操作环境、防护用品、卫生条件、运输管理、危险品管理、火灾预防、安全教育和安全检查制度等项内容。对全面检查的结果必须进行汇总分析,详细探讨所出现的问题及相应对策。

(2)经常性安全检查。工程项目和班组应开展经常性安全检查,及时排除事故隐患。

工作人员必须在工作前、下班前,对所用的机械设备和工具进行仔细的检查,保证工作安全,发现问题立即上报。

（3）专业或专职安全管理人员的专业安全检查。

（4）季节性安全检查。

（5）节假日安全检查。

（6）要害部门重点安全检查。

2.安全检查的注意事项

深入基层、紧紧依靠职工,坚持领导与群众相结合的原则;建立检查的组织领导机构;做好检查的各项准备工作;明确检查的目的和要求;把自查与互查有机结合起来;坚持查改结合;根据用途和目的具体确定安全检查表的种类。

3.安全检查的主要内容

安全检查的主要内容包括查思想、查管理、查隐患、查整改、查事故处理。

4.施工安全生产规章制度的检查

施工安全生产规章制度一般包括:安全生产奖励制度;安全值班制度;各种安全技术操作规程;危险作业管理审批制度;易燃、易爆、剧毒、放射性、腐蚀性等危险物品生产、储运、使用的安全管理制度;防护物品的发放和使用制度;安全用电制度;加班加点审批制度;危险场所动火作业审批制度;防火、防爆、防雷、防静电制度;危险岗位巡回检查制度;安全标志管理制度。

【单元探索】

结合工程实际,进一步了解风险评价和控制策划的方法。

【单元练习】

请扫描二维码,做"建设工程安全生产管理"练习题。

码10-4　"建设工程安全生产管理"练习题

单元三　建设工程职业健康安全事故的分类和处理

【单元导航】

问题1:建设工程职业健康安全事故如何分类? 其处理原则和程序是什么?

问题2:职业健康安全事故如何统计?

码10-5　微课-建设工程职业健康安全事故的分类和处理

【单元解析】

一、建设工程职业健康安全事故的分类

建设工程职业健康安全事故分两大类型,即职业伤害事故和职业病。职业伤害事故

是指因生产过程及工作原因或与其相关的其他原因造成的伤亡事故。

(一)按事故发生的原因分类

《企业职工伤亡事故分类》(GB 6441—1986)中,将职业伤害事故分为20类,其中与建筑业有关的有12类,即物体打击、车辆伤害、机械伤害、起重伤害、触电、灼烫、火灾、高处坠落、坍塌、火药爆炸、中毒和窒息、其他伤害。

(二)按事故后果严重程度分类

1. 轻伤事故

造成职工肢体或某些器官功能性或器质性轻度损伤,表现为劳动能力轻度或暂时丧失的伤害,一般每个受伤人员休息1个工作日以上,105个工作日以下。

2. 重伤事故

一般指受伤人员肢体残缺或视觉、听觉等器官受到严重损伤,能引起人体长期存在功能障碍或劳动能力有重大损失的伤害,或者造成每个受伤人员损失105个工作日以上的失能伤害。

3. 死亡事故

(1)一般事故。指造成3人以下死亡,或10人以下重伤,或1 000万元以下直接经济损失的事故。

(2)较大事故。指造成3人以上10人以下死亡,或10人以上50人以下重伤,或1 000万元以上5 000万元以下直接经济损失的事故。

(3)重大事故。指造成10人以上30人以下死亡,或50人以上100人以下重伤,或5 000万元以上10 000万元以下直接经济损失的事故。

(4)特大伤亡事故。指造成30人以上死亡,或100人以上重伤,或10 000万元以上直接经济损失的事故。

上述所称的"以上"包括本数,所称的"以下"不包括本数。

二、职业健康安全事故的处理

(一)职业健康安全事故的处理原则

安全事故必须坚持"四不放过"的原则,即事故原因不清楚不放过,事故责任和员工没有受到教育不放过,事故责任者没有处理不放过,没有制定防范措施不放过。

(二)职业健康安全事故的处理程序

依据国务院令第75号《企业职工伤亡事故报告和处理规定》及《建设工程安全生产管理条例》,安全事故的报告和处理应遵循以下规定程序。

1. 事故报告

(1)伤亡事故发生后,负伤者或者事故现场有关人员应当立即直接或者逐级报告企业负责人。企业负责人接到重伤、死亡、重大死亡事故报告后,应当立即报告企业主管部门和企业所在地安全行政管理部门、劳动部门、公安部门、人民检察院、工会。

(2)企业主管部门和劳动部门接到死亡、重大死亡事故报告后,应当立即按系统逐级上报;死亡事故报至省、自治区、直辖市企业主管部门和劳动部门;重大死亡事故报至国务院有关主管部门、劳动部门。

（3）发生死亡、重大死亡事故的企业应当保护事故现场，并迅速采取必要措施抢救人员和财产，防止事故扩大。

2.安全事故调查

（1）参加调查组的单位。①轻伤、重伤事故，由企业负责人或其指定人员组织生产、技术、安全等有关人员以及工会成员参加事故调查组，进行调查；②死亡事故，由企业主管部门会同企业所在地设区的市（或者相当于设区的市一级）安全行政管理部门、劳动部门、公安部门、工会组成事故调查组，进行调查；③重大伤亡事故，按照企业的隶属关系由省、自治区、直辖市企业主管部门或者国务院有关主管部门会同同级安全行政管理部门、劳动部门、公安部门、监察部门、工会组成事故调查组，进行调查；④事故调查组应当邀请人民检察院派员参加，还可邀请其他部门的人员和有关专家参加。

（2）事故调查组的职责。①查明事故发生原因、过程和人员伤亡、经济损失情况；②确定事故责任人；③提出事故处理意见和防范措施的建议；④写出事故调查报告。

事故调查组在查明事故情况以后，如果对事故的分析和事故责任人的处理不能取得一致意见，劳动部门有权提出结论性意见；如果仍有不同意见，应当报上级劳动部门及有关部门处理；仍不能达成一致意见的，报同级人民政府裁决，但不得超过事故处理工作的时限。

3.安全事故处理

（1）事故调查组提出的事故处理意见和防范措施建议，由发生事故的企业及其主管部门负责处理。

（2）因忽视安全生产、违章指挥、违章作业、玩忽职守或者发现事故隐患、危害情况而不采取有效措施以致造成伤亡事故的，由企业主管部门或者企业按照国家有关规定，对企业负责人和直接责任人给予行政处分；构成犯罪的，由司法机关依法追究刑事责任。

（3）在伤亡事故发生后隐瞒不报、谎报、故意迟延不报、故意破坏事故现场，或者无正当理由，拒绝接受调查以及拒绝提供有关情况和资料的，由有关部门按照国家有关规定，对有关单位负责人和直接责任人给予行政处分；构成犯罪的，由司法机关依法追究刑事责任。

（4）在调查、处理伤亡事故中玩忽职守、徇私舞弊或者打击报复的，由其所在单位按照国家有关规定给予行政处分；构成犯罪的，由司法机关依法追究刑事责任。

（5）伤亡事故处理工作应当在90日内结案，特殊情况不得超过180日。伤亡事故处理结案后，应当公开宣布处理结果。

（三）安全事故统计规定

（1）企业职工伤亡统计实行以地区考核为主的制度，各级隶属关系的企业和企业主管单位要按当地安全生产行政主管部门的时间报送报表。

（2）安全生产行政主管部门的企业职工伤亡事故情况实行分级考核。企业报送主管部门应如实向同级安全生产行政主管部门报送。

（3）省级安全生产行政主管部门和国务院各有关部门及计划单列的企业集团的职工伤亡事故统计月报表、年报表应按时报送到国家安全生产行政主管部门。

【单元探索】

结合工程实际,进一步了解职业健康安全事故的处理方法。

【单元练习】

请扫描二维码,做"建设工程职业健康安全事故的分类和处理"
练习题。

码10-6 "建设
工程职业健康安
全事故的分类和
处理"练习题

单元四　建设工程环境保护的要求和措施

【单元导航】

问题1:建设工程环境保护的要求是什么?
问题2:建设工程环境保护和文明施工的措施有哪些?

【单元解析】

码10-7　微课-建
设工程环境保护的
要求和措施

一、建设工程环境保护的要求

(1)涉及依法划定的自然保护区、风景名胜区、生活饮用水水源保护区及其他需要特
别保护的区域,应当符合国家有关法律法规及该区域内建设工程项目环境管理的规定,不
得建设污染环境的工业生产设施;建设工程项目设施的污染物排放不得超过规定的排放
标准。

(2)开发利用自然资源的项目,必须采取措施保护生态环境。

(3)建设工程项目选址、选线、布局应当符合区域、流域规划和城市总体规划。

(4)应满足项目所在区域环境质量、相应环境功能区划和生态功能区划标准或要求。

(5)拟采取的污染防治措施应确保污染物排放达到国家和地方规定的排放标准,满
足污染物总量控制要求;涉及可能产生放射性污染的,应采取有效预防和控制放射性污染
措施。

(6)建设工程应当采用节能、节水等有利于环境与资源保护的建筑设计方案、建筑和
装修材料、建筑构配件及设备。建筑和装修材料必须符合国家标准,禁止生产、销售和使
用有毒、有害物质超过国家标准的建筑和装修材料。

(7)尽量减少建设工程施工中所产生的干扰周围生活环境的噪声。

(8)应采取生态保护措施,有效预防和控制生态破坏。

(9)对环境可能造成重大影响、应当编制环境影响报告书的建设工程项目,可能严重
影响项目所在地居民生活环境质量的建设工程项目,以及存在重大意见分歧的建设工程
项目,环保总局可以举行听证会,听取有关单位、专家和公众的意见,并公开听证结果,说
明对有关意见采纳或不采纳的理由。

(10)建设工程项目中防治污染的设施,必须与主体工程同时设计、同时施工、同时投

产使用。防治污染的设施必须经原审批环境影响报告书的环境保护行政主管部门验收合格后,该建设工程项目方可投入生产或者使用。

(11)禁止引进不符合我国环境保护规定要求的技术和设备。

(12)任何单位不得将产生严重污染的生产设备转移给没有污染防治能力的单位使用。

二、建设工程环境保护措施

(一)水污染的防治

1. 废水处理技术

废水处理的目的是把废水中所含的有害物质清理分离出来。废水处理可分为物理法、化学法、物理化学法及生物法。

(1)物理法:利用筛滤、沉淀、气浮等方法。

(2)化学法:利用化学反应来分离、分解污染物,或使其转化为无害物质的处理方法。

(3)物理化学法:主要有吸附法、反渗透法、电渗析法。

(4)生物法:利用微生物新陈代谢功能,将废水中呈溶解和胶体状态的有机污染物降解,并转化为无害物质,使水得到净化。

2. 施工过程水污染的防治措施

(1)禁止将有毒有害废弃物作土方回填。

(2)施工现场搅拌站废水、现制水磨石的污水、电石(碳化钙)的污水必须经沉淀池沉淀合格后再排放,最好将沉淀水用于工地洒水降尘或采取措施回收利用。

(3)施工现场要设置专用的油漆油料库,并对库房地面进行防渗处理,如采用防渗混凝土地面、铺油毡等措施。使用时,要采取防止油料跑、冒、滴、漏的措施,以免污染水体。

(4)施工现场用餐人数在100人以上的临时食堂,污水排放时可设置简易有效的隔油池,定期清理,防止污染。

(5)工地临时厕所、化粪池应采取防渗漏措施。中心城市施工现场的临时厕所可采用水冲式厕所,并采取防蝇、灭蛆措施,防止污染水体和环境。

(6)化学用品、外加剂等要妥善保管,库内存放,防止污染环境。

(二)噪声污染的防治

1. 施工现场噪声的控制措施

噪声控制技术可从声源、传播途径、接收者防护等三方面来考虑。

(1)声源控制。从声源上降低噪声,这是防止噪声污染的最根本的措施,如尽量采用低噪声设备和工艺代替高噪声设备与加工工艺,在声源处安装消声器消声等。

(2)传播途径的控制。包括吸音、隔音、消声、减振降噪等措施。

(3)接收者的防护。让处于噪声环境下的人员使用耳塞、耳罩等防护用品,减少相关人员在噪声环境中的暴露时间,以减轻噪声对人体的危害。

(4)严格控制人为噪声。进入施工现场不得高声喊叫、无故甩打模板、乱吹哨,限制高音喇叭的使用,最大限度地减少噪声扰民。凡在人口稠密区进行强噪声作业时,须严格控制作业时间,一般晚上10点到次日早上6点之间停止强噪声作业。确系特殊情况必须

昼夜施工,尽量采取降低噪声的措施,并会同建设单位找当地居委会、村委会或当地居民协调,出安民告示,求得群众谅解。

2.施工现场噪声的限值

根据国家标准《建筑施工场界环境噪声排放标准》(GB 12523—2011)的要求,凡超过《建筑施工场界环境噪声排放标准》(GB 12523—2011)(见表10-3)的,要及时进行调整,达到施工噪声不扰民的目的。

表10-3　建筑施工场界噪声限值表

施工阶段	主要噪声源	噪声限值/dB(A)	
		昼间	夜间
土石方	推土机、挖掘机、装载机等	75	55
打桩	各种打桩机械等	85	禁止施工
结构	混凝土搅拌机、振捣器、电锯等	70	55
装修	吊车、升降机等	65	55

(三)空气污染的防治

1. 大气污染物的分类

大气污染物的种类有数千种,已发现有危害作用的有100多种,其中大部分是有机物。大气污染物通常分为气体状态污染物和粒子状态污染物两类。

2. 施工现场空气污染的防治措施

(1)应配备相应的洒水设备,及时洒水,减少扬尘污染。

(2)施工现场垃圾渣土要及时清理出现场。

(3)高大建筑物清理施工垃圾时,要使用封闭式的容器或者采取其他措施处理高空废弃物,严禁凌空随意抛撒。

(4)施工现场道路应指定专人定期洒水清扫,形成制度,防止道路扬尘。

(5)对于细颗粒散体材料(如水泥、粉煤灰、白灰等)的运输、储存要注意遮盖、密封,防止和减少飞扬。

(6)车辆开出工地要做到不带泥沙,基本做到不撒土、不扬尘,减少对周围环境的污染。

(7)除设有符合规定的装置外,禁止在施工现场焚烧油毡、橡胶、塑料、皮革、树叶、枯草、各种包装物等废弃物品以及其他会产生有毒、有害烟尘和恶臭气体的物质。

(8)机动车都要安装减少尾气排放的装置,确保符合国家标准。

(9)工地茶炉应尽量采用电热水器。若只能使用烧煤茶炉和锅炉,则应选用消烟除尘型茶炉和锅炉,大灶应选用消烟节能回风炉灶,使烟尘降至允许排放范围为止。

(10)大城市市区的建设工程已不容许搅拌混凝土。在容许设置搅拌站的工地,应将搅拌站封闭严密,并在进料仓上方安装除尘装置,采用可靠措施控制工地粉尘污染。

(11)拆除旧建筑物时,应适当洒水,防止扬尘。

（四）施工现场固体废物的处理

1. 建设工程施工工地上常见的固体废物

建设工程施工工地上常见的固体废物包括建筑渣土、废弃的散装大宗建筑材料（包括水泥、石灰等）、设备、材料等的包装材料、生活垃圾、粪便等。

2. 固体废物的处理和处置

固体废物处理的基本思想是：采取资源化、减量化和无害化处理，对固体废物产生的全过程进行控制。固体废物的主要处理方法如下：

（1）回收利用。回收利用是对固体废物进行资源化、减量化的重要手段之一。粉煤灰在建设工程领域的广泛应用就是对固体废弃物进行资源化利用的典型范例。又如发达国家炼钢原料中有70%是利用回收的废钢铁，所以钢材可以看成是可再生利用的建筑材料。

（2）减量化处理。减量化是对已经产生的固体废物进行分选、破碎、压实浓缩、脱水等减少其最终处置量，降低处理成本，减少对环境的污染。在减量化处理的过程中，也包括与其他处理技术相关的工艺方法，如焚烧、热解、堆肥等。

（3）焚烧。用于不适合再利用且不宜直接予以填埋处置的废物，除有符合规定的装置外，不得在施工现场熔化沥青和焚烧油毡、油漆，亦不得焚烧其他可产生有毒有害和恶臭气体的废弃物。垃圾焚烧处理应使用符合环境要求的处理装置，避免大气的二次污染。

（4）稳定和固化。利用水泥、沥青等胶结材料，将松散的废物胶结包裹起来，减少有害物质从废物中向外迁移、扩散，使得废物对环境的污染减少。

（5）填埋。填埋是固体废物经过无害化、减量化处理的废物残渣集中到填埋场进行处置。禁止将有毒有害废弃物现场填埋，填埋场应利用天然或人工屏障。尽量使需处置的废物与环境隔离，并注意废物的稳定性和长期安全性。

（五）文明施工

文明施工是指保持施工现场良好的作业环境、卫生环境和工作秩序。因此，文明施工也是保护环境的一项重要措施。文明施工主要包括：规范施工现场的场容，保持作业环境的整洁卫生；科学组织施工，使生产有序进行；减少施工对周围居民和环境的影响；遵守施工现场文明施工的规定和要求，保证职工的安全和身体健康。

建设工程现场文明施工的基本要求主要有以下几点：

（1）施工现场必须设置明显的标牌，标明工程项目名称、建设单位、设计单位、施工单位、项目经理和施工现场总代表人的姓名，开工、竣工日期，施工许可证批准文号等。施工单位负责施工现场标牌的保护工作。

（2）施工现场的管理人员在施工现场应当佩戴证明其身份的证卡。

（3）应当按照施工总平面布置图设置各项临时设施。现场堆放的大宗材料、成品、半成品和机具设备不得侵占场内道路及安全防护等设施。

（4）施工现场的用电线路、用电设施的安装和使用必须符合安装规范和安全操作规程，并按照施工组织设计进行架设，严禁任意拉线接电。施工现场必须设有保证施工安全要求的夜间照明；危险潮湿场所的照明以及手持照明灯具，必须采用符合安全要求的电压。

（5）施工机械应当按照施工总平面布置图规定的位置和线路设置，不得任意侵占场内道路。施工机械进场必须经过安全检查,经检查合格的方能使用。施工机械操作人员必须建立机组责任制,并依照有关规定持证上岗,禁止无证人员操作。

(6)应保证施工现场道路畅通,排水系统处于良好的使用状态;保持场容场貌的整洁,随时清理建筑垃圾。在车辆、行人通行的地方施工,应当设置施工标志,并对沟井坎穴进行覆盖。

(7)施工现场的各种安全设施和劳动保护器具,必须定期进行检查和维护,及时消除隐患,保证其安全有效。

(8)施工现场应当设置各类必要的职工生活设施,并符合卫生、通风、照明等要求。职工的膳食、饮水供应等应当符合卫生要求。

(9)应当做好施工现场安全保卫工作,采取必要的防盗措施,在现场周边设立围护设施。

(10)施工现场发现文物、爆炸物、电缆、地下管线等应当停止施工,保护现场,及时向有关部门报告,并按规定处理。

(11)施工现场泥浆和污水未经处理不得排放,地面宜做硬化处理,有条件的现场可进行绿化布置。

【单元探索】

结合工程实际,进一步了解建设工程环境保护和文明施工的方法。

【单元练习】

请扫描二维码,做"建设工程环境保护的要求和措施"练习题。

码10-8 "建设工程环境保护的要求和措施"练习题

单元五 职业健康安全管理体系与环境管理体系

【单元导航】

问题1:何谓职业健康安全管理体系?其作用是什么?
问题2:何谓建设工程环境管理体系?其作用是什么?

码10-9 微课-职业健康安全管理体系与环境管理体系

【单元解析】

一、职业健康安全管理体系

(一)职业健康安全管理体系的概念及作用

1.职业健康安全管理体系的概念

职业健康安全管理体系(OHSMS)是20世纪80年代后期在国际上兴起的现代安全生产管理模式,它是继ISO 9000系列质量管理体系和ISO 14000系列环境管理体系之后又一个重要的标准化管理体系。组织实施职业健康安全管理体系的目的是辨别组织内部存在的危险(人的不安全行为、物的不安全状态、组织管理不力),控制其所带来的风险,从而避免或减少事故的发生。

2. 职业健康安全管理体系的作用

(1)为企业提高职业健康安全绩效提供一个科学有效的管理手段,促进企业职业健康安全管理水平的提高。

(2)提高全民的安全意识,有助于推动职业健康安全法规和制度的贯彻执行。

(3)能使组织的职业健康安全管理由被动强制行为转变为主动自愿行为。

(4)可以促进我国职业健康安全管理标准与国际接轨,有助于消除贸易壁垒。

(5)对企业产生直接和间接(改善劳动条件、增强劳动者身心健康、提高劳动效率)的经济效益。

(6)改善企业安全生产的自我约束机制,提升企业的社会关注力和责任感。

(二)《职业健康安全管理体系 要求及使用指南》(GB/T 45001—2020)的实施

1. GB/T 45001—2020 标准的特点

《职业健康安全管理体系 要求及使用指南》(GB/T 45001—2020)由中华人民共和国国家市场监督管理总局与中国国家标准化管理委员会于 2020 年 3 月 6 日联合发布,自 2020 年 3 月 6 日起实施。

(1)管理体系的结构系统采用的是 PDCA 循环管理模式。

《职业健康安全管理体系 要求及使用指南》(GB/T 45001—2020)中所采用的职业健康安全管理体系的方法是基于"策划—实施—检查—改进(PDCA)"的概念,PDCA 概念是一个迭代过程,可被组织用于实现持续改进。其框架体系如图 10-1 所示。

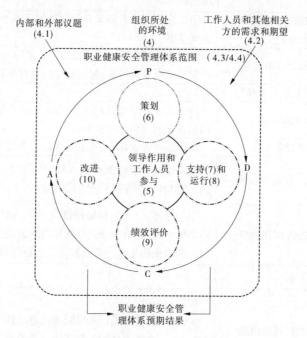

图 10-1　PDCA 与 GB/T 45001—2020 标准框架之间的关系

(2)通过建立 GB/T 45001—2020 标准,有利于加强企业健康安全的科学管理。

（3）GB/T 45001—2020 标准的内容全面充实，可操作性强，对企业职业健康安全管理有较强的推动力和促进作用。

（4）GB/T 45001—2020 标准重点强调的是以人为本、持续改进的动态管理思想。

（5）遵守法规的要求贯穿于 GB/T 45001—2020 体系标准的始终。

（6）GB/T 45001—2020 标准适用于各行各业，并作为企业认证的依据。

2.《职业健康安全管理体系 要求及使用指南》（GB/T 45001—2020）的总体结构及内容

《职业健康安全管理体系 要求及使用指南》（GB/T 45001—2020）的总体结构及内容如表 10-4 所示。

表 10-4　《职业健康安全管理体系 要求及使用指南》（GB/T 45001—2020）的总体结构及内容

项次	体系规范的总体结构	基本要求和内容
1	范围	本标准提出了对职业健康安全管理体系的要求，适用于任何有愿望建立职业健康安全管理体系的组织
2	规范性引用文件	本标准无规范性引用文件
3	术语和定义	共有 37 项术语和定义
4	组织所处的环境	
4.1	理解组织及其所处的环境	组织应确定与其宗旨相关并影响其实现职业健康安全管理体系与其结果的能力的内部和外部议题
4.2	理解工作人员和其他相关方的需求和期望	组织应有一个经最高管理者批准的职业健康安全方针，该方针应清楚阐明职业健康安全总目标和改进职业健康安全绩效的承诺
4.3	确定职业健康安全管理体系的范围	组织应界定职业健康安全管理体系的边界和适用性，以确定其范围
4.4	职业健康安全管理体系	组织应按照本标准的要求建立、实施、保持和持续改进职业健康安全管理体系，包括所需的过程及其相互作用
5	领导作用和工作人员参与	
5.1	领导作用和承诺	最高管理者应通过以下方式证实其在职业健康安全管理体系方面的领导作用和承诺
5.2	职业健康安全方针	最高管理者应建立、实施并保持职业健康安全方针
5.3	组织的角色、职责和权限	最高管理者应确保将职业健康安全管理体系内相关角色的职责和权限分配到组织内各层次并予以沟通
5.4	工作人员的协商和参与	组织应建立、实施和保持过程，用于在职业健康安全管理体系的开发、策划、实施、绩效评价和改进措施中与所有使用层次和智能的工作人员及其代表的协商和参与
6	策划	
6.1	应对风险和机遇的措施	6.1.1　总则 6.1.2　危险源辨识及风险和机遇的评价 6.1.3　法律法规要求和其他要求的确定 6.1.4　措施的策划

续表 10-4

项次	体系规范的总体结构	基本要求和内容
6.2	职业健康安全目标及其实现的策划	6.2.1　职业健康安全目标 6.2.2　实现职业健康安全目标的策划
7	支持	
7.1	资源	组织应确定并提供建立、实施、保持和持续改进职业健康安全管理体系所需的资源
7.2	能力	组织应确定影响或可能影响其职业健康安全绩效的工作人员所必需具备的能力
7.3	意识	工作人员应意识到职业健康安全方针和职业健康安全目标
7.4	沟通	7.4.1　总则 7.4.2　内部沟通 7.4.3　外部沟通
7.5	文件化信息	7.5.1　总则 7.5.2　创新和更新 7.5.3　文件化信息的控制
8	运行	
8.1	运行策划和控制	8.1.1　总则 8.1.2　消除危险源和降低职业健康安全风险 8.1.3　变更管理 8.1.4　采购
8.2	应急准备和响应	组织应保持和保留关于想要潜在紧急情况的过程和计划的文件化信息
9	绩效评价	
9.1	监视、测量、分析和评价绩效	9.1.1　总则 9.1.2　合规性评价
9.2	内部审核	9.2.1　总则 9.2.2　内部审核方案
9.3	管理评审	最高管理者应按策划的事件间隔对组织的职业健康安全管理体系进行评审，以确保其持续的适宜性、充分性和有效性
10	改进	
10.1	总则	组织应确定改进的机会，并实施必要的措施，以实现其职业健康安全管理体系的预期结果
10.2	事件、不符合和纠正措施	组织应建立、实施和保持包括报告、调查和采取措施在内的过程，以确定和管理事件与不符合
10.3	持续改进	组织应采取方式持续改进职业健康安全管理体系的适宜性、充分性和有效性

二、建设工程环境管理体系

(一)建设工程环境管理体系的概念及作用

1. 建设工程环境管理体系的概念

环境管理是随着科学技术的发展而产生的。科学技术的发展既带来了繁荣,也带来了环境保护问题。1993 年国际标准化组织成立了环境管理技术委员会,开始了对环境管理体系的国际通用标准的制定工作。1996 年公布了 ISO 14001《环境管理体系—规范及使用指南》,以后又公布了若干标准,形成了体系。我国从 1996 年开始以等同的方式,颁布了《环境管理体系规范及使用指南》(GB/T 24001—1996),此后又陆续颁布了其他有关标准,均作为我国的推荐性标准,以便于与国际接轨。

2. 建设工程环境管理体系的作用

(1)规范所有组织的环境行为,降低环境因素和法律风险,最大限度地节约能源和资源消耗,从而减少人类活动对环境造成的不利影响,保护人类生存和发展的需要。

(2)实现国民经济可持续发展的需要。

(3)建立市场经济体制的需要。

(4)国内外贸易发展的需要。

(5)实现环境管理现代化的需要。

(二)GB/T 24001(中国环境管理体系)—ISO 14001 环境管理体系实施

1. GB/T 24001—ISO 14001 标准的特点

(1)本标准适用于各种类型与规模的组织,并是组织作为认证依据的标准。

(2)本标准在市场经济驱动的前提下,促进各类组织提高环境管理水平、达到实现环境目标的目的。

(3)本标准着重强调污染预防、法律法规的符合性以及持续改进。

(4)本标准注重体系的科学性、完整性和灵活性。

(5)本标准具有与其他管理体系的兼容性。

2. GB/T 24001—ISO 14001 标准的应用原则

(1)本标准的实施强调自愿性原则,并不改变组织的法律责任。

(2)有效的环境管理需建立并实施结构化的管理体系。

(3)本标准着眼于采用系统的管理措施。

(4)环境管理体系不必成为独立的管理系统,而应纳入组织整个管理体系中。

(5)实施环境管理体系标准的关键是坚持持续改进和环境污染预防。

(6)有效地实施环境管理体系,必须有组织最高管理者的承诺和责任以及全员的参与。

3. 环境管理体系的基本运行模式

环境管理体系的结构系统,采用的是 PDCA 动态循环、不断上升的螺旋式管理运行模式,其形式与职业健康安全管理体系的运行模式相同(见图 10-1)。

4. GB/T 24001—ISO 14001 标准的总体结构及内容

GB/T 24001—ISO 14001 标准的总体结构及内容如表 10-5 所示。

表 10-5 GB/T 24001—ISO 14001 标准的总体结构及内容

项次	体系规范的总体结构	基本要求和内容
1	范围	本标准规定了组织能够用于提升环境绩效的环境管理体系要求,适用于任何有愿望建立职业健康安全管理体系的组织
2	规范性引用文件	无规范性引用文件
3	术语和定义	共有 19 项术语和定义
4	组织所处的环境	
4.1	理解组织及其所处的环境	组织应根据本标准的要求建立实施、保持和持续改进环境管理体系
4.2	理解相关方的需求和期望	最高管理者应确定本组织的环境方针
4.3	确定环境管理体系的范围	组织应建立、实施并保持
4.4	环境管理体系	组织应按照本标准的要求建立、实施、保持和持续改进环境管理体系
5	领导作用	
5.1	领导作用与承诺	最高管理者应通过以下方式证实其在职业健康安全管理体系方面的领导作用和承诺
5.2	环境方针	最高管理者应建立、实施并保持本组织环境的方针
5.3	组织的角色、职责和权限	最高管理者应确保将环境管理体系内相关角色的职责和权限分配到组织内各层次并予以沟通
6	策划	
6.1	应对风险和机遇的措施	6.1.1 总则 6.1.2 环境因素 6.1.3 合规义务 6.1.4 措施的策划
6.2	环境目标及其实现的策划	6.2.1 环境目标 6.2.2 实现环境目标的措施策划
7	支持	
7.1	资源	组织应确定并提供建立、实施、保持和持续改进职业健康安全管理体系所需的资源
7.2	能力	组织应确定影响或可能影响其职业健康安全绩效的工作人员所必须具备的能力
7.3	意识	工作人员应意识到职业健康安全方针和职业健康安全目标
7.4	信息交流	7.4.1 总则 7.4.2 内部信息交流 7.4.3 外部信息交流

续表 10-5

项次	体系规范的总体结构	基本要求和内容
7.5	文件化信息	7.5.1　总则 7.5.2　创新和更新 7.5.3　文件化信息的控制
8	运行	
8.1	运行策划和控制	组织应确保其运行及相关过程以受控的方式进行,以履行其环境管理的承诺
8.2	应急准备和响应	组织应保持和保留关于潜在紧急情况的应急准备和响应
9	绩效评价	
9.1	监视、测量、分析和评价	9.1.1　总则 9.1.2　合规性评价
9.2	内部审核	9.2.1　总则 9.2.2　内部审核方案
9.3	管理评审	最高管理者应按策划的事件间隔对组织的环境管理体系进行评审,以确保其持续的适宜性、充分性和有效性
10	改进	
10.1	总则	组织应确定改进的机会,并实施必要的措施,以实现其环境管理体系的预期结果
10.2	不符合和纠正措施	组织应建立、实施和保持包括报告、调查和采取措施在内的过程,以确定和管理事件与不符合
10.3	持续改进	组织应采取方式持续改进环境管理体系的适宜性、充分性和有效性

三、职业健康安全与环境管理体系的运用

(一)职业健康安全与环境管理体系的建立

(1)领导决策。最高管理者亲自决策,以便获得各方面的支持和所需的资源。

(2)成立工作组。最高管理者或授权管理者代表成立工作小组,负责建立职业健康安全与环境管理体系,工作小组的成员要覆盖组织的主要职能部门。

(3)人员培训。参加培训的人员有四个层次,即最高管理层、中层领导及技术负责人、具体负责建立体系的主要骨干人员、普通员工。

(4)初始状态评审。通过对组织过去和现在的职业健康安全与环境的信息、状态进行收集、调查分析、识别,获取现有的适用于组织的健康安全与环境的法律法规和其他要求,进行危险源辨识和风险评价、环境因素识别和重要环境因素评价。经过初始状态评审,形成初始状态评审报告,报告的主要内容包括:①初始状态评审目的、范围;②组织的

基本情况;③初始状态评审的程序和方法;④危险源与环境因素辨识、安全风险与环境影响评价;⑤组织现有管理制度评审状况和遵循的情况;⑥职业健康安全与环境法规和其他要求遵循情况评价;⑦以往的事故分析;⑧建立管理体系具备的条件及存在的主要问题分析;⑨提出组织制订方针和目标、指标框架的建议。

(5)制订方针、目标、指标和管理方案。方针是组织对其健康安全与环境行为的原则和意图的声明,也是组织自觉承担其责任和义务的承诺。方针不仅为组织确定了总的指导方向和行动准则,而且是评价一切后续活动的依据,并为更加具体的目标和指标提供一个框架。目标和指标制订的依据和准则为:依据并符合方针;考虑法律、法规和其他要求;考虑自身潜在的危险和重要环境因素;考虑商业机会和竞争机遇;考虑可实施性;考虑监测考评的现实性;考虑相关方的观点。管理方案是实现目标、指标的行动方案。

(6)管理体系策划与设计。管理体系策划与设计是依据制订的方针、目标、指标和管理方案,确定组织机构职责和筹划各种运行程序。文件策划的主要工作有:确定文件结构;确定文件编写格式;确定各层文件名称及编号;制订文件编写计划;安排文件的审查、审批和发布工作等。

(7)体系文件的编写。体系文件包括管理手册、程序文件、作业文件,在编写中要根据文件的特点考虑编写的原则和方法。体系文件具有法律性、系统性、证实性、可操作性、不断完善性、体现方式的多样性和符合性等特点。

(8)文件的审查、审批和发布。文件编写完成后应进行审查,经审查、修改、汇总后进行审批,然后再予以发布。

(二)职业健康安全与环境管理体系的运行

职业健康安全与环境管理体系运行是指按照已建立体系的要求来组织实施,重点围绕培训意识和能力,信息交流,文件管理,执行控制程序,监测,不符合、纠正和预防措施,记录等活动推进职业健康安全与环境管理体系的运行工作。在管理组织建立的基础上,体系运行活动的主要内容如下:

(1)培训意识和能力。制订培训计划,明确组织部门、时间、内容、方法和考核要求。

(2)信息交流。是确保各要素构成一个完整的、动态的、持续改进的体系和基础。

(3)文件管理。①对现有有效文件进行整理编号;②对适用的规范、规程等行业标准应及时购买补充;③对在内容上有抵触和过期的文件要及时作废并妥善处理。

(4)执行控制程序文件的规定。职业健康安全与环境管理体系的运行离不开程序文件的指导,程序文件及其相关的作业文件在组织内部都具有法定效力,必须严格执行,才能保证体系正确运行。

(5)监测。为保证职业健康安全与环境管理体系正确有效地运行,必须严格监测体系的运行情况。

(6)不符合、纠正和预防措施。

(7)记录。在职业健康安全与环境管理体系运行过程中及时按文件要求进行记录,并如实反映体系运行情况。

(8)管理体系的内部审核。内部审核是组织对其自身的管理体系进行的审核,是对体系是否正常进行以及是否达到了规定的目标所作的独立的检查和评价,是管理体系自

我保证和自我监督的一种机制。

(9)管理评审。管理评审是由组织的最高管理者对管理体系进行系统评价,判断组织的管理体系面对内部情况的变化和外部环境是否充分适应有效,由此决定是否对管理体系做出调整,包括方针、目标、机构和程序等。

【单元探索】

结合工程实际,进一步了解职业健康安全管理与环境管理体系的运用。

【单元练习】

请扫描二维码,做"职业健康安全管理体系与环境管理体系"练习题。

码 10-10　"职业健康安全管理体系与环境管理体系"练习题

【项目测试】

请扫描二维码,做"建设工程职业健康安全与环境管理"测试卷。

码 10-11　"建设工程职业健康安全与环境管理"测试卷

参 考 文 献

[1] 吴伟民,郑睿,胡慨,等.建筑工程施工组织与管理[M].2版.郑州:黄河水利出版社,2017.

[2] 重庆大学,同济大学,哈尔滨工业大学.土木工程施工(上、下册)[M].北京:中国建筑工业出版社,2003.

[3] 毛鹤琴.土木工程施工[M].武汉:武汉理工大学出版社,2007.

[4] 毛小玲,涂胜,危道军.建筑施工组织[M].武汉:武汉理工大学出版社,2008.

[5] 中华人民共和国全国人民代表大会.中华人民共和国民法典[M].北京:人民出版社,2020.

[6] 全国一级建造师执业资格考试用书编写委员会.建设工程项目管理[M].北京:中国建筑工业出版社,2022.

[7] 中华人民共和国住房和城乡建设部.建筑工程施工组织设计规范:GB/T 50502—2009[S].北京:中国建筑工业出版社,2009.

[8] 中华人民共和国住房和城乡建设部.建筑工程施工质量验收统一标准:GB 50300—2013[S].北京:中国建筑工业出版社,2014.

[9] 中华人民共和国国家质量监督检验检疫总局,中国国家标准化管理委员会.网络计划技术 第1部分:常用术语:GB/T 13400.1—2012[S].北京:中国标准出版社,2012.

[10] 中华人民共和国国家质量监督检验检疫总局,中国国家标准化管理委员会.网络计划技术 第2部分:网络图画法的一般规定:GB/T 13400.2—2009[S].北京:中国标准出版社,2009.

[11] 中华人民共和国国家质量监督检验检疫总局,中国国家标准化管理委员会.网络计划技术 第3部分:在项目管理中应用的一般程序:GB/T 13400.3—2009[S].北京:中国标准出版社,2009.

[12] 中华人民共和国住房和城乡建设部.工程网络计划技术规程:JGJ/T 121—2015[S].北京:中国建筑工业出版社,2015.

[13] 中华人民共和国住房和城乡建设部.建设工程项目管理规范:GB/T 50326—2017[S].北京:中国建筑工业出版社,2017.

[14] 中华人民共和国国家质量监督检验检疫总局,中国国家标准化管理委员会.环境管理体系 要求及使用指南:GB/T 24001—2016[S].北京:中国标准出版社,2016.

[15] 中华人民共和国国家市场监督管理总局,中国国家标准化管理委员会.职业健康安全管理体系 要求及使用指南:GB/T 45001—2020[S].北京:中国标准出版社,2020.